U0330569

住宅建筑规范实施指南

《住宅建筑规范》编制组　编

中国建筑工业出版社

图书在版编目(CIP)数据

住宅建筑规范实施指南/《住宅建筑规范》编制组编.
北京：中国建筑工业出版社，2006
ISBN 7-112-08295-1

Ⅰ.住… Ⅱ.住… Ⅲ.住宅—建筑规范—中
国—指南 Ⅳ.TU241-65

中国版本图书馆 CIP 数据核字(2006)第 038759 号

为配合《住宅建筑规范》宣传、培训、实施以及监督工作的开展，全面系统地介绍该标准的编制情况和技术要点，帮助工程建设管理和技术人员准确理解和深入把握标准的有关内容，建设部标准定额司组织中国建筑科学研究院等标准编制单位的有关专家，编制完成了本书。本书第一篇介绍了《规范》编制的概况，第二篇为条文释义，分“要点说明”和“实施与检查”两部分对条文进行详细解释。第三篇为 11 个专题论述，对一些受关注的问题进行专门论述。附录为相关法规和政策文件。

本书是全国开展《住宅建筑规范》培训工作的惟一制定辅导材料，也可作为住宅建设活动的各方主体、住宅管理者和住宅使用者理解、掌握《住宅建筑规范》的参考材料。

责任编辑：王　梅　咸大庆
责任设计：崔兰萍
责任校对：关　健　王雪竹

住宅建筑规范实施指南
《住宅建筑规范》编制组　编
*
中国建筑工业出版社出版、发行(北京西郊百万庄)
新　华　书　店　经　销
北 京 天 成 排 版 公 司 制 版
北京云浩印刷有限责任公司印刷
*
开本：787×1092 毫米　1/16　印张：17½　字数：423 千字
2006 年 5 月第一版　2006 年 5 月第一次印刷
印数：1—35000 册　定价：**45.00** 元
ISBN 7-112-08295-1
(14249)

本社网址：http：//www.cabp.com.cn
网上书店：http：//www.china-building.com.cn

编委会名单

前　言

由建设部组织编制、审查、批准，并与国家质量监督检验检疫总局联合发布的国家标准《住宅建筑规范》已于2006年3月1日起正式实施。该《规范》是我国批准发布的第一部以住宅建筑为一个完整对象，以住宅的功能、性能和重要技术指标为重点，以现行工程建设标准强制性条文和有关工程建设标准规范为基础，全文强制性的国家标准。同时，该《规范》也是在我国加入WTO以后，为使我国工程建设标准化工作适应市场经济发展和与国际接轨的需要，进一步推进工程建设标准体制改革所做的又一次探索。

工程建设标准是为在工程建设领域内获得最佳秩序，对建设工程的勘察、规划、设计、施工、安装、验收、运营维护及管理等活动和结果需要协调统一的事项所制定的共同的、重复使用的技术依据和准则，对促进技术进步，保证工程的安全、质量、环境和公众利益，实现最佳社会效益、经济效益、环境效益和最佳效率等，具有重要作用。几十年来，建设部围绕住宅建筑的建设，组织制定并发布实施了一大批标准规范，基本涵盖了住宅建筑的各个方面，对指导住宅建筑的建设活动发挥了重要作用。但是，由于这些与住宅建设活动有关的标准规范，绝大部分并非直接针对住宅建筑，许多技术要求都是既适用于住宅也适用于其他建筑，不仅针对性不强，而且也很难反映出住宅建筑的特点和要求。同时，还有一些与住宅建筑节能、节水、节地、节材有关的技术要求，也没能明确强制执行。特别是这些与住宅建设活动有关的标准规范，其目标都是针对实现住宅建筑的性能、功能提出的在建设活动中需要达到的技术要求，但是，住宅建筑的基本性能、功能究竟有哪些、是什么却没有一个明确的、系统的、完整的规定。随着我国社会主义市场经济体制的不断完善，特别是城镇住房制度改革进入新的发展阶段，房地产市场迅猛发展，住宅建筑作为商品，已经成为社会尤其是广大人民群众日益关注的热点和焦点，其要求也越来越呈多元化发展趋势，对于住宅建筑质量和性能的要求也越来越高，因此迫切需要从住宅建筑的性能、功能出发，确定统一的基本技术要求。

基于上述考虑，组织编制一部全文强制的适合我国国情的《住宅建筑规范》是非常必要和重要的。从2005年1月起，建设部组织中国建筑科学研究院等6个单位，开展了《住宅建筑规范》的编制工作。

《住宅建筑规范》从立项编制之日起就备受关注。在全国分六个片区专门征求了各地意见，召开了有关专题论证会，先后收到了以电子邮件、电话、信函等方式反馈的意见近5000余条。编制组在广泛搜集国内外有关标准和科研成果、深入开展调查研究以及认真研究征求意见的基础上，结合我国住宅建筑建设、使用和管理的实际需要，经过艰苦努力，完成了《住宅建筑规范》的编制。

《住宅建筑规范》具有五个明显的特征：一是全文强制。全部条文均作为工程建设强制性条文，必须严格执行。二是其规定既有现行标准的要求，涵盖现行有关的强制性条文，也有根据需要规定的应当达到的基本要求。三是以住宅建筑作为一个完整的对象。涉及内外部环境、结构、防火、功能、设备、设施、使用、维护、管理等各领域的技术要求。四是体现性能化原则，主要规定住宅建设在结构安全、火灾安全、使用安全，卫生、健康与环境，噪声控制，资源节约和合理利用以及其他涉及公众利益方面，必须达到的指标或性能要求。五是全面兼顾、突出重点。在系统完成《住宅建筑规范》有关内容的同时，重点突出与节能、节水、节材、节地有关的技术要求，以及维护公众利益、构建和谐社会、城乡统筹等方面的要求。

《住宅建筑规范》使用的对象是全方位的。该《规范》是参与住宅建设活动的各方主体必须遵守的准则，是管理者对住宅建设、使用及维护依法履行监督和管理职能的基本技术依据，同时，也是住宅使用者判定住宅是否合格和正确使用住宅的基本要求。针对该《规范》的实施工作，2006 年 3 月 31 日，建设部印发了《关于认真做好〈住宅建筑规范〉、〈住宅性能评定技术标准〉和〈绿色建筑评价标准〉宣贯培训工作的通知》（建办标函［2006］183 号），对加强《住宅建筑规范》的宣传、培训等工作进行了全面部署，提出了明确的要求。

为配合《住宅建筑规范》宣传、培训、实施以及监督工作的开展，全面系统地介绍该标准的编制情况和技术要点，帮助工程建设管理和技术人员准确理解和深入把握标准的有关内容，我们组织中国建筑科学研究院等标准编制单位的有关专家，编制完成了《住宅建筑规范实施指南》。

本《实施指南》是建设部开展《住宅建筑规范》师资培训和各省、自治区、直辖市建设行政主管部门开展该标准培训工作的惟一指定辅导材料，也可以作为工程建设管理和技术人员理解、掌握《住宅建筑规范》的参考材料。

建设部标准定额司

二〇〇六年四月

目　录

第一篇　编　制　概　况

一、任务来源及编制过程

根据建设部建标标函【2005】3号“关于请组织开展《住宅建筑技术规范》(暂定名)编制工作的函”和建标函【2005】84号“关于印发《2005年工程建设标准规范制订、修订计划(第一批)》的通知”的要求，由中国建筑科学研究院会同中国建筑设计研究院、中国城市规划设计研究院、建设部标准定额研究所、建设部住宅产业化促进中心、公安部消防局等单位编制《住宅建筑规范》(以下简称《规范》)，编制组成员共24人。

《规范》编制组成立暨第一次工作会议前，中国建筑科学研究院于2005年1月11日召开了院内专家座谈会，讨论如何开展此项工作，并在建设部标准定额司的支持和帮助下，于2005年1月14日和1月21日组织中国建筑设计研究院、中国城市规划设计研究院、建设部标准定额研究所等单位召开了工作会议，讨论了编制大纲、编制组组成、分工及进度，为编制组成立暨第一次工作会议做好了相应准备。

《规范》编制组成立暨第一次工作会议于2005年1月29日召开。建设部标准定额司杨榕副司长参加会议并做了讲话。杨榕副司长在讲话中，就编制《规范》的背景、目的、意义、原则和指导思想等方面做了全面介绍并提出了明确的要求，特别强调：编制《规范》是贯彻中央经济工作会议精神，落实建设部工作部署，制定并强制推行更严格的节能、节材、节水标准，推进工程建设标准体制改革，强化工程建设标准的实施与监督，适应我国社会主义市场经济体制发展和政府职能转变的一项重要举措。与会代表就《规范》编制大纲、编制工作分工、工作方式和编制进度计划进行了充分的讨论，初步形成共识。会议强调了本次编制要注重条文规定的系统性，体现住宅建设的政策要求和住宅建筑的目标、功能、性能及指标等各层次要求，政策要求放在总则，原则要求放在基本规定，具体要求放在后面章节。

《规范》编制组第二次工作会议于2005年2月26日至3月4日召开。会议内容为集中讨论、修改初稿，形成征求意见稿。建设部标准定额司杨榕副司长、杨瑾峰处长到会指导并做了讲话。会议还邀请了徐培福、徐正忠、徐义屏、宋序彤等专家讨论规范初稿。经会议讨论，确定将节能单列为一章，以突出节能要求。会议建议将规范名称改为“住宅建筑规范”。

《规范》(征求意见稿)于2005年3月10日发出后，引起了社会广泛关注。北京青年报、京华时报、北京晨报、北京晚报、北京电视台等媒体陆续报导此事。通过各种渠道反馈的意见和建议非常多。建设部标准定额司组织编制组专家于2005年3月22日至3月28日分别在上海、广州、重庆、兰州、长春、天津召开了分片征求意见座谈会，直接听取各地意见。

编制组对征求来的意见进行了认真研究、逐一处理，召开了分组讨论会，并相应修改了征求意见稿，形成了送审稿初稿。

《规范》编制组第三次工作会议于2005年4月21～22日在北京召开。会议内容为集中讨论、修改会前汇总、整理的送审稿初稿。建设部标准定额司陈重司长、杨榕副司长、杨瑾峰处长到会指导并参加会议讨论。会议邀请了王静霞、徐培福、徐义屏、宋序彤、邵卓民、赵冠谦等专家参加讨论。陈重司长在会上指出，这项工作受到部领导的高度重视，是社会经济发展的需要，公众非常关注，并对编制组成员和专家的辛勤劳动表示感谢。

《规范》编制组第三次工作会议后，由建设部标准定额司组织征求了建设部各业务司局的意见，建设部标准定额司、公安部消防局于2005年5月26日联合召开了《住宅建筑规范》(送审稿)初稿防火专题讨论会议，重点听取了公安部消防系统专家的意见。根据建设部各业务司局的意见和防火专题讨论会议的意见，编制组修改了送审稿初稿，形成了送审稿。

《规范》(送审稿)审查会于2005年6月21～22日在北京召开。建设部黄卫副部长、标准定额司陈重司长到会做了重要讲话。会议成立了由中国建筑学会理事长、原建设部副部长宋春华为主任委员的专家审查委员会，审查通过了规范送审稿。

《规范》编制组第四次工作会议于2005年6月22日召开。会议根据审查会的审查意见，经讨论、修改形成报批稿及其编制说明。

在《规范》编制过程中，始终得到建设部标准定额司等单位领导、专家的具体指导和帮助。

二、编制原则和指导思想

1. 全文强制。

2. 以住宅建筑作为一个完整的对象，涉及内外部环境、结构、功能、设备、设施、使用、维护、管理等各领域的技术要求。

3. 体现性能化原则，主要规定住宅建设在结构安全、火灾安全、使用安全，卫生、健康与环境，噪声控制，资源节约和合理利用以及其他涉及公众利益方面，必须达到的指标或性能要求。

4. 全面兼顾、突出重点。在系统完成《住宅建筑规范》有关内容的同时，重点突出与节能、节水、节材、节地有关的技术要求，以及维护公众利益、构建和谐社会、城乡统筹等方面的要求。

5. 内容上主要依据现行标准，地位上应当高于现行标准。其规定可以是现行标准的要求，也可以根据需要规定应当达到的基本要求，涵盖现行有关的强制性条文，尽量避免与现有标准和强制性条文产生矛盾，必要时，应当提出对现行标准修改的建议。

三、《规范》审查会及审查意见

建设部标准定额司于2005年6月21～22日在北京组织召开了《住宅建筑规范》(送审稿)审查会议。《规范》(送审稿)审查委员会在听取了编制组关于《规范》(送审稿)编制过程、主要内容、重点审查内容的汇报后，分四组对《规范》(送审稿)进行了逐章、逐条的审查，经过认真讨论，提出了如下审查意见：

1. 会议认为，《规范》(送审稿)是主要依据现行相关标准，总结近年来我国城镇住宅建设、使用和维护的实践经验和研究成果，参照发达国家通行做法制定的第一部以功能和性能要求为基础的全文强制的标准。在编制过程中，编制组采用网络、信函、座谈会等方式广泛地征求了有关方面的意见，对主要问题进行了专题论证，按照编制原则和指导思想，对《规范》内容进行了反复讨论、协调和修改，使《规范》具有科学性、完整性和协调性。

2. 会议认为，《规范》(送审稿)充分考虑了我国城镇住宅建设、使用和维护的实际情况，集中规定了城镇住宅的基本功能和性能要求，结构完整，内容充实。《规范》(送审稿)突出了住宅建筑的安全、健康、环保、能源和其他资源节约与合理利用及其他公众利益的要求。《规范》的实施对贯彻国家技术经济政策，构建和谐社会，大力发展节能省地型住宅，推进住宅建筑的可持续发展和工程建设标准体制改革具有重要意义，在促进住宅产业现代化的同时，将取得良好的经济效益、社会效益和环境效益。

3. 会议对《规范》(送审稿)提出了修改意见和建议。

4. 会议通过《规范》(送审稿)。建议编制组按会议提出的意见和建议修改并与相关规范衔接，尽快上报建设部批准发布。

四、《规范》内容简介

《规范》包括总则、术语、基本规定、外部环境、建筑、结构、室内环境、设备、防火与疏散、节能、使用与维护等内容，适用于城镇住宅的建设、使用和维护。

1. 总则

本章规定了制定本规范的目的、本规范的适用范围、住宅建设的基本原则、本规范与相关法律、行政法规及技术标准的关系等内容。本规范适用于新建住宅的建设、建成之后的使用和维护及既有住宅的使用和维护。本规范阐述了住宅建设节能、节地、节水、节材和环境保护等原则要求，并重点突出了住宅建筑节能的技术要求。

2. 术语

本章规定了本规范中较为重要和常用的术语。

3. 基本规定

第一节“住宅基本要求”从安全、环保、卫生和节能的角度，将住宅作为一个完整的对象，提出了住宅建设在结构安全、火灾安全、使用安全，卫生、健康与环境，噪声控制，资源节约和合理利用以及其他涉及公众利益方面，必须满足的性能或功能要求。这些要求都是原则性的，不涉及具体的指标，同时，其实现途径或过程将依存于国家现行标准。

第二节“许可原则”中规定了住宅建设过程中选材(设备)、“三新”核准以及拆改结构构件和加层改造时应遵循的许可原则，目的是通过把好材料、工艺、技术、产品和设备的质量关，确保住宅的安全性能和相关性能。

第三节专门针对“既有住宅”的继续使用、改造和改建提出了鉴定要求和改造要求，目的是在确保其安全性能的前提下，对既有住宅提出合理处理方案，从而推进既有住宅的节能改造，并考虑其在防火与抗震方面的安全要求。

4. 外部环境

本章通过相邻关系、公共服务设施、道路交通、室外环境、竖向等五个方面，提出保障住宅外部环境的基本要求，对重要问题作了规定，较全面地反映住宅外部环境的功能、性能要求。

5. 建筑

本章条文主要针对住宅建筑设计时需要强制执行的内容提出规定。第一节“套内空间”规定了：每套住宅必备的基本空间；厨房、卫生间必备的基本设施；外窗窗台、阳台栏杆等防护设施高度；卧室、起居室(厅)的室内净高和局部净高要求；阳台排水措施要求。第二节“公共部分”规定了：走廊和公共部位通道的净宽和局部净高；外廊、内天井及上人屋面等临空处栏杆净高；楼梯梯段净宽、踏步高度、扶手高度、楼梯栏杆垂直杆件间净空等要求。强调了住宅与附建公共用房的出入口应分开布置，七层及七层以上的住宅必须设置电梯。第三节“无障碍要求”规定了住宅应进行无障碍设计的部位及其无障碍设计的基本要求。第四节“地下室”规定了：住宅不应成套布置在地下室以及布置在半地下室时的措施；住宅地下机动车库、住宅地下自行车库的基本要求；住宅地下室防水措施。

6. 结构

本章是住宅建筑的结构要求，主要根据现行国家标准《建筑结构可靠度设计统一标准》GB 50068—2001的精神和本规范的编制原则，规定了住宅结构的基本性能要求。

第一节“一般规定”包括结构设计使用年限、抗震设计原则、工程勘察和场地、结构和结构构件的可靠性、裂缝、住宅周边永久性边坡的安全要求。

第二节“材料”规定住宅结构材料性能基本要求，主要包括结构钢材(包括钢筋)、混凝土、砖、砌块、砌筑砂浆、木材、结构胶等，不包括非结构构件的要求。

第三节“地基基础”规定了地基基础设计原则、地基承载力和变形要求、基坑开挖和支护要求、桩基础及地基处理后的检测要求。

第四节“上部结构”对住宅上部结构的概念设计、抗震设计、薄弱部位加强提出原则要求；针对不同材料结构(钢结构、混凝土结构、砌体结构、木结构)的特点，提出特殊要求；针对围护结构和非结构构件提出了连接措施及安全性、适用性等原则要求。

7. 室内环境

本章涉及声、光、通风、潮湿和空气污染5个方面。第一节“噪声和隔声”规定了关窗状态下卧室、起居室白天和夜间的允许噪声级；楼板计权标准化撞击声压级性能；楼板、分户墙、外窗和户门的空气声隔声性能；水、暖、电、气管线孔洞密封要求；电梯的布置；管道井和设备用房的隔声和减振措施。第二节“日照、采光、照明与自然通风”规定了冬季日照；卧室、起居室(厅)、厨房的窗地面积比；照明要求；自然通风要求。第三节“防潮”规定了屋面、外墙、外窗不渗水的要求；屋面、外墙的内表面不结露的要求。第四节“室内空气污染物”规定了室内空气污染物的浓度限值。

8. 设备

本章包括给水排水、采暖通风与空调、燃气、电气四个专业，内容涵盖了住宅建筑中与节能、节水、节材方面有关的条款。在给水排水中，对住宅中涉及的给水排水系统的水质提出要求；在节水措施方面提出应充分利用城市给水管网的水压直接供水及对入户管的水压作出限制；对住宅中采用集中热水供应系统配水点的最低水温给出规定；提倡使用节水型卫生器具和配件，对坐便器的一次冲水量给出规定；对住宅建设中水设施和雨水利用设施提出要求。在采暖、通风与空调中，对采用集中采暖系统的住宅的采暖计算温度等给出规定，热媒应采用热水，不提倡直接电热采暖。在燃气中，对燃气质量、压力等提出要求；对地下室、半地下室及高层住宅内采用的燃气种类和安全措施给出要求；对燃气管道的设置给出规定。在电气中，对电气线路的选材、配线提出要求；对住宅设置电源总断路器等提出要求。

9．防火与疏散

本章从保证居民的生命安全和减少财产损失目标出发，规定了住宅建筑防止起火、人员疏散安全、防止火灾扩大及蔓延、灭火及救援等方面的基本原则和要求。本章对现行标准中有关住宅的相关条文进行了整合、改写，规定了实现安全目标的性能要求、基本准则以及实施过程所必须达到的指标，力图体现性能化原则，同时体现规范的完整性和系统性。本章的编制考虑到住宅建筑的技术发展趋势和要求，以及各地区经济发展不平衡的因素。

10．节能

本章共3节，实质性内容与现行的3本居住建筑节能设计标准一致。第一节“一般规定”规定了降低住宅的采暖和空气调节能耗的手段；节能设计的两种设计方法；围护结构内部的保温材料不得受潮；照明及用电设备的节能；充分利用自然条件降低能耗。第二节“规定性指标”列出了住宅建筑节能设计规定性指标的主要内容，并规定具体的指标应按不同的建筑热工设计分区根据节能目标分别确定。现行的3本居住建筑节能设计标准中有多张表格列出了具体的指标，本规范不再重复。第二节还规定了冷水机组和单元式空气调节机的最低性能系数、能效比。第三节“性能化设计”规定了住宅建筑节能的性能化设计的控制目标及其数值的确定；按严寒和寒冷地区、夏热冬暖地区、夏热冬冷地区详细地列出了性能化设计的控制目标的数值及计算条件和方法，与现行的3本居住建筑节能设计标准一致。

11．使用与维护

本章就住宅建成后使用和维护的要点作了规定。本章具体规定了住宅交付用户使用应具备的条件，开发企业应移交给物业管理企业和用户的相关技术资料，用户使用住宅的注意事项，物业管理企业在住宅维护中应关注的重点部位和职责等。

五、本指南的编制情况

根据建设部建标标便［2005］30号“关于请组织开展《住宅建筑规范》实施导则编制工作的函”的要求，由中国建筑科学研究院会同《住宅建筑规范》的有关参编单位和专家，开展《住宅建筑规范》实施导则(后更名为“《住宅建筑规范》实施指南”，以下简称《指南》)的编制工作。

1．编制目的

（1）使使用者准确理解《规范》的规定。

（2）推动《规范》的贯彻实施。

（3）作为《规范》宣贯培训的技术资料。

2．编制原则

（1）以“系统掌握住宅建筑技术和管理要求，全面理解规范条文的准确内涵，大力促进《规范》的贯彻实施”为目的，达到既方便准确理解，又保证正确执行的效果。对一些理解和执行中可能出现的问题给予说明，从而体现《指南》的适用性、指导性。

（2）为体现《规范》的系统性和协调性，维护《规范》的权威性，统一规范的不同使用者，包括住宅建设活动的各方主体、住宅管理者和住宅使用者对规范的正确理解。

3. 内容说明

第一篇主要介绍《规范》编制的任务来源及编制过程、编制原则和指导思想、《规范》审查会及审查意见、《规范》主要内容等。

第二篇包括十一章，对应于《规范》各章条文。原则上节的设置与《规范》对应，各章在正文前所加的“概述”主要描述本章条文的编写思路、相关标准，概略论述本章的质量控制技术要点，体现完整性、系统性，突出重点环节的过程控制及针对性技术措施。指南重点论述了有关技术要求纳入《规范》的原因、相关技术要点和控制环节、达到《规范》要求的途径、与相关条文的协调关系、经常发生的问题等，以便于执行者系统掌握和全面理解。【要点说明】主要包括条文含义的说明、相关标准的规定、可能引起的不准确理解等内容。【实施与检查】包括两个含义，一是住宅建设活动的各方主体、住宅管理者和住宅使用者，为了保证《规范》的正确执行，应当采取的措施、程序和方法；二是作为《规范》实施的监督和检查机构，如何采取有效的程序和方法，得到使用者是否正确执行《规范》的结论。通过“做”和“查”两个方面来指导使用者贯彻实施。另外，指南还对相关现行标准实施以来具有共性的问题、意见以及编制过程中收集到的意见和建议给予了说明。

第三篇包括十一个专题论述。

附录中收录了与《规范》条文或实施过程相关的部分法规和政策文件。

《规范》自 2006 年 3 月 1 日起实施以来，接收到来自全国各地的大量咨询电话、邮件及相关意见和建议。在《指南》编制过程中，编写组考虑了相关问题，并力求反映在《指南》中。应注意的是，《指南》中凡与《规范》不一致的内容，应以《规范》为准。今后，在《规范》的实施过程中，还会提出大量的问题、意见和建议。请各单位在《规范》实施过程中，总结实践经验，积累资料，随时将有关意见和建议反馈给中国建筑科学研究院（地址：北京市北三环东路 30 号；邮政编码：100013；E-mail：buildingcode@vip. sina. com），同时欢迎读者对本《指南》提出意见和建议。

第二篇 《住宅建筑规范》释义

第1章 总 则

1.0.1 为贯彻执行国家技术经济政策，推进可持续发展，规范住宅的基本功能和性能要求，依据有关法律、法规，制定本规范。

【要点说明】

本条阐述制定本规范的目的。中央经济工作会议明确提出，要大力发展节能省地型住宅，制定并强制推行更严格的节能节材节水标准。贯彻落实中央经济工作会议精神，促进能源资源的节约和合理利用，实现经济社会的可持续发展，标准化作为重要的技术基础工作，具有十分重要的作用。由于目前的绝大部分标准规范并非直接针对住宅建筑，许多技术要求针对性不强，也很难明确住宅建筑的特点和要求，同时还有一些与住宅建筑节能、节水、节地、节材有关的技术要求，没能明确强制执行。随着住宅房地产市场的迅猛发展，住宅已经成为社会尤其是广大人民群众日益关注的热点和焦点，其要求也越来越呈多元化发展趋势，因此迫切需要从住宅的总体性能出发，为住宅建筑确定统一的基本技术要求。本规范以中央提出的大力发展节能省地型住宅为契机，力图以住宅为突破口，将住宅建筑作为一个完整的对象，以住宅的功能和性能要求为基础，在现有《工程建设标准强制性条文》和现行有关标准的基础上，全文提出对住宅建筑的强制性要求，它体现了与国外技术法规相同的特点。

1.0.2 本规范适用于城镇住宅的建设、使用和维护。

【要点说明】

本条阐述本规范的适用范围。本规范适用于城镇新建住宅的建设、建成之后的使用和维护及既有住宅的使用和维护。

1.0.3 住宅建设应因地制宜、节约资源、保护环境，做到适用、经济、美观，符合节能、节地、节水、节材的要求。

【要点说明】

本条阐述住宅建设的基本原则。本规范重点突出了住宅建筑节能的技术要求。条文规定统筹考虑了维护公众利益、构建和谐社会等方面的要求。

1.0.4 本规范的规定为对住宅的基本要求。当与法律、行政法规的规定抵触时，应按法律、行政法规的规定执行。

【要点说明】

本规范的规定为住宅的强制性要求。当与法律、行政法规的规定抵触时，应按法律、行政法规的规定执行。当有关标准与本规范的规定抵触时，应按本规范的规定执行。

1.0.5　住宅的建设、使用和维护，尚应符合经国家批准或备案的有关标准的规定。

【要点说明】

本规范主要依据现行标准制定。本规范条文有些是现行标准的条文，有些是以现行标准条文为基础改写而成的，还有些是根据规范的系统性等需要新增的。

本规范主要对住宅的性能、功能、目标提出了要求，在住宅的建设、使用和维护过程中，尚应符合相关标准的规定。若未直接违反本规范的规定，但不符合相关法律、法规和标准的要求时，亦不能免除相关责任人的责任。

第2章 术 语

2.0.1 住宅建筑 residential building

供家庭居住使用的建筑(含与其他功能空间处于同一建筑中的住宅部分)，简称住宅。

【要点说明】

《住宅设计规范》GB 50096—1999(2003年版)将“住宅”定义为“供家庭居住使用的建筑”。本条将“住宅”改为“住宅建筑”，增加“简称住宅”。本定义也适用于与其他功能空间处于同一建筑中的住宅部分。

定义中的关键词是“家庭”。定义说明，本规范主要是按照家庭的居住要求来规定的。成家前或离散后的单身男女以及孤寡老人作为家庭的特殊形式，居住在普通住宅中时，其居住使用要求与普通家庭相近。作为特殊人群，居住在单身公寓或老年公寓时，则应另行考虑其特殊的居住要求。本规范中对此未作专门规定。目前，我国除有《住宅设计规范》外，还有《老年人居住建筑设计标准》和《宿舍建筑设计规范》。

2.0.2 老年人住宅 house for the aged

供以老年人为核心的家庭居住使用的专用住宅。老年人住宅以套为单位，普通住宅楼栋中可设置若干套老年人住宅。

2.0.3 住宅单元 residential building unit

由多套住宅组成的建筑部分，该部分内的住户可通过共用楼梯和安全出口进行疏散。

2.0.4 套 dwelling space

由使用面积、居住空间组成的基本住宅单位。

【要点说明】

参照《住宅设计规范》GB 50096—1999(2003年版)中套型(dwelling size)的定义“按不同使用面积、居住空间组成的成套住宅类型”改写而成。

2.0.5 无障碍通路 barrier-free passage

住宅外部的道路、绿地与公共服务设施等用地内的适合老年人、体弱者、残疾人、轮椅及童车等通行的交通设施。

【要点说明】

在《城市道路和建筑物无障碍设计规范》JGJ 50—2001中居住区部分明确提出道路、绿地与公共服务设施是涉及范围，除道路外还包括不能算级别的小路，故改为“无障碍通路”。加上“体弱者”，意思更完整。

2.0.6 绿地 green space

居住用地内公共绿地、宅旁绿地、公共服务设施所属绿地和道路绿地(即道路红线内的绿地)等各种形式绿地的总称，包括满足当地植树绿化覆土要求、方便居民出入的地下或半地下建筑的屋顶绿地，不包括其他屋顶、晒台的绿地及垂直绿化。

2.0.7 公共绿地 public green space

满足规定的日照要求、适合于安排游憩活动设施的、供居民共享的集中绿地。

2.0.8 绿地率 greening rate

居住用地内各类绿地面积的总和与用地面积的比率(%)。

【要点说明】

根据《城市居住区规划设计规范》GB 50180—93(2002 年版)中的定义改写而成。英文部分采用《园林基本术语标准》CJJ/T 91—2002 中的“greening rate”。

2.0.9 入口平台 entrance platform

在台阶或坡道与建筑入口之间的水平地面。

2.0.10 无障碍住房 barrier-free residence

在住宅建筑中，设有乘轮椅者可进入和使用的住宅套房。

2.0.11 轮椅坡道 ramp for wheelchair

坡度、宽度及地面、扶手、高度等方面符合乘轮椅者通行要求的坡道。

2.0.12 地下室 basement

房间地面低于室外地平面的高度超过该房间净高的 1/2 者。

2.0.13 半地下室 semi-basement

房间地面低于室外地平面的高度超过该房间净高的 1/3，且不超过 1/2 者。

2.0.14 设计使用年限 design working life

设计规定的结构或结构构件不需进行大修即可按其预定目的使用的时期。

2.0.15 作用 action

引起结构或结构构件产生内力和变形效应的原因。

2.0.16 非结构构件 non-structural element

连接于建筑结构的建筑构件、机电部件及其系统。

第3章　基　本　规　定

概　　述

本章从安全、环保、卫生和节能等角度，提出了住宅建设在结构安全、火灾安全、使用安全，卫生、健康与环境，资源节约和合理利用以及其他涉及公众利益等方面，必须满足的性能或功能要求，体现的是将住宅作为一个完整的对象，其应满足的基本要求或具有的基本性能(功能)。这些要求都是原则性的，其实现途径或过程依存于国家现行标准。同时，具体技术指标在本规范的其他相应章节或国家(地方)现行标准中有规定。

住宅作为由各种材料、设备按照一定程序组合而成的具有一定功能的整体，其质量直接取决于这些材料及设备的质量。同时，住宅在使用维护环节的基本要求，直接关系到其功能的可持续性。因此，在许可原则方面规定了住宅建设过程中选材(设备)、“三新”核准以及拆改结构构件和加层改造时应遵循的原则，目的是通过把好材料、工艺、技术和设备的质量关，严格其建设与使用各环节的基本要求，以确保住宅的安全性能和使用功能。

既有住宅量大面广，对其改造、改建和继续使用应给予充分的重视和关注，本章对此提出了专门的要求，目的是确保其安全性能。同时，为更好地贯彻《节约能源法》，强调既有住宅改造时，应同步考虑节能、防火和抗震改造。

3.1　住宅基本要求

3.1.1　住宅建设应符合城市规划要求，保障居民的基本生活条件和环境，经济、合理、有效地使用土地和空间。

【要点说明】

本条包含三层含义：

1. 住宅建设应符合城市规划要求。

《中华人民共和国城市规划法》第十八条规定：“编制城市规划一般分总体规划和详细规划两个阶段进行……”；第十九条规定：“城市总体规划应当包括：城市的性质、发展目标和发展规模，城市主要建设标准和定额指标，城市建设用地布局、功能分区和各项建设的总体部署，城市综合交通体系和河湖、绿地系统，各项专业规划，近期建设规划。”；第二十条规定：“城市详细规划应当在城市总体规划或者分区规划的基础上，对近期建设区域内各项建设做出具体规划。城市详细规划应当包括：规划地段各项建设的具体用地范围，建筑密度和高度等控制指标，总平面布置、工程管线综合规划和竖向规划。”

国家标准《城市用地分类与规划建设用地标准》GBJ 137—90 第 2.0.5 条中表 2.0.5 规定：“城市用地分类(大类)——居住用地、公共设施用地、工业用地、仓储用地、对外交通用地、道路广场用地、市政公用设施用地、绿地、特殊用地、水域和其他用地”等十类用地。

根据以上国家法规、标准的规定，居住用地是构成城市建设用地的重要组成部分，即在居住用地上的住宅建设必须符合城市规划各阶段、各层次的规划要求，有法律法规的依据。

2. 保障居民的基本生活条件和环境，经济、合理、有效地使用土地和空间。

以人为本，是规划的基本原则。因此，保障居民的基本生活条件(如：与其相适应的住房，满足其物质与文化生活需求的各项设施，为其提供安全、卫生、健康、方便、舒适和优美的居住生活环境等)是居住用地规划与建设的主要目标。住宅的配套服务、交通、基础设施、灾害防治等都离不开城市总体规划的统筹安排。

我国山多地少，城市用地紧缺，必须在规划与建设中经济、合理、有效地使用土地和空间。

3. 住宅建设具有较强的外部效应，如城市景观、环境影响、交通影响、城市公共空间塑造等，涉及诸多公共利益。因此，住宅建设应符合城市规划要求。

【实施与检查】

住宅建设既要符合有关法律法规和标准的要求，又要符合城市规划各阶段、各层次的要求；因地制宜，科学合理地利用原有用地的地形地貌、植被、水系及环境景观；讲求科学合理的建筑密度与容积率；合理利用地下空间和有机组合建筑高度以及倡导公共设施的共享等措施，是实现保障居民的基本生活条件和环境，经济、合理、有效地使用土地和空间的优选途径。

3.1.2　住宅选址时应考虑噪声、有害物质、电磁辐射和工程地质灾害、水文地质灾害等的不利影响。

【要点说明】

噪声干扰是目前倍受各方关注的重要问题之一，因它既影响居民的安宁，更影响居住用地环境质量的提升。洪涝灾害、泥石流等，会造成对建筑场地的毁灭性破坏。同时，据有关资料显示，主要存在于土壤和石材中的氡是无色无味的致癌物质，将对人体产生极大伤害。电磁辐射对人体有两种影响：一是电磁波的热效应，当人体吸收到一定量的时候就会出现高温生理反应，最后导致神经衰弱、白细胞减少等病变；二是电磁波的非热效应，当电磁波长时间作用于人体时，就会出现如心率、血压等生理改变和失眠、健忘等生理反应，对孕妇及胎儿的影响较大，后果严重者可以导致胎儿畸形或者流产。为此，电磁污染已被公认为是在大气污染、水质污染、噪声污染之后的第四大公害。联合国人类环境大会已将电磁辐射列为必须控制的主要污染物之一。它无色无味无形，可以穿透包括人体在内的多种物质，人体如果长期暴露在超过安全的辐射剂量下，细胞就会被大面积杀伤或杀死，并产生多种疾病。能制造电磁辐射污染的污染源无处不在，如电视广播发射塔、雷达站、通信发射台、变电站，高压电线等。此外，如油库、煤气站、有毒物质车间等均有发生火灾、爆炸和毒气泄漏的可能。为此，住宅选址时应考虑噪声、有害物质、电磁辐射和工程地质灾害、水文地质灾害等的不利影响。现行国家标准《民用建筑工程室内环境污染控制规范》GB 50325 对工程勘察设计做了专门的规定。

【实施与检查】

一般而言，城市总体规划中用地布局已经考虑到有害物质、电磁辐射和工程地质灾害、水文地质灾害等的不利影响，尤其对居住用地的布局更加注意环境的要求，因此，住宅应按照城市规划要求进行选址，满足国家相关检测和安全规定的要求。

3.1.3　住宅应具有与其居住人口规模相适应的公共服务设施、道路和公共绿地。

【要点说明】

为满足居民居住生活多样化需求，不同规模和类型的公共服务设施、道路和公共绿地等配套设施需要与不同规模的人口相配，既保证居民得到生活所需要的服务，也能够支撑公共服务设施的正常经营和运转，并且不造成浪费。因此要求住宅应具有与其居住人口规模相适应的公共服务设施、道路和公共绿地。

【实施与检查】

居住用地配套公建的配置原则是"分级、对口、配套"，其公共服务设施的配建，主要反映在配建的项目和面积指标两个方面。这两个方面的确定依据，主要是考虑居民在物质与文化生活方面的多层次需要，以及公共服务设施项目本身的经营管理的要求，即配建项目和面积(规模)与其服务人口规模相对应时，才能方便居民使用和发挥配套项目最大的经济效益。

居住用地道路与公共绿地设置，也应与其居住的人口规模相适应，如规划用地容量为居住小区级规模，则道路路面宽度为 6m 即可，人均公共绿地不低于 $1m^2$ 即可。如果用地的居住规模已达 5 万人口，则应采用与其人口规模相适应的相关指标，再采用小区级指标就不能满足要求了。

3.1.4　住宅应按套型设计，套内空间和设施应能满足安全、舒适、卫生等生活起居的基本要求。

【要点说明】

"套"是住宅的重要量化单位。对于大多数居住者而言，住宅的基本要求是指一套住宅应具有的基本条件。在住宅的商品交易中，普通消费者的购买对象是一套住宅，而不是一栋住宅或一个小区，本规范中的多数条文规定是针对一套住宅提出的。因此，本条要求住宅应按套型设计，目的是保证套内空间和设施能满足安全、舒适、卫生等生活要求。

【实施与检查】

住宅按套型设计要特别注意从以下两个方面考虑。一是考虑居住者的生活模式。"套"所对应的是一个家庭，对一个多口之家，首先要保证每人有睡觉的地方，其次不能让其成员住在一个无法满足生理分室要求的小套型里，所谓"住得下"的基本要求应予满足。二是考虑基本的领域范围。对于商品住宅，领域感、独立性、私密性等指标非常重要，具体体现在对套型边界的界定，各种设备、设施的拥有和使用权利，以及水、暖、电、燃气、通信等设备仪表的分户计量的基本要求也应予以满足。

3.1.5　住宅结构在规定的设计使用年限内必须具有足够的可靠性。

【要点说明】

结构的可靠性是指结构在规定的时间内、在规定的条件下完成预定功能的能力，可采用同条件下结构完成预定功能的概率(即可靠度)或结构不能完成预定功能的概率(即失效概率)来描述。结构的可靠度或失效概率可采用以概率理论为基础的极限状态设计方法分析确定。

结构可靠性是安全性、适用性和耐久性的总称。住宅结构在规定的设计使用年限内应具有足够的可靠性，具体体现在：(1)在正常施工和正常使用过程中，能够承受可能出现的各种作用；(2)在正常使用过程中具有良好的工作性能，满足适用性要求；(3)在正常维护条件下具有足够的耐久性能，即在规定的工作环境和预定的使用年限内结构材料性能的恶化不应导致结构出现不可接受的失效概率；(4)在设计规定的偶然事件发生时和发生后，结构能保持必要的整体稳定性，结构仅发生局部损坏或失效而不产生连续倒塌事故。

【实施与检查】

为使住宅结构达到建设目标设定的可靠性要求，应当根据建设目标要求和建设场地环境条件，合理确定结构体系类型，选择适用的结构材料，按照国家现行相应标准提供的技术途径，综合考虑并实现住宅结构在安全、适用和耐久性等方面的目标要求。

3.1.6　住宅应具有防火安全性能。

【要点说明】

一般地说，建筑防火应考虑三个原则：一是从设计上保证建筑物内的火灾隐患降低到最低点；二是最快地知晓火情和最及时地依靠固定的消防设施自动灭火；三是保证建筑结构具有规定的耐火强度，以利于建筑内的居住者在相应的时间内，能安全疏散出去。

所谓的建筑防火安全系统，就是根据上述基本原则建立起来的一整套用于防范建筑火灾的建筑设计构造和各类自动与手动设施。住宅作为建筑的一种类型，除具有建筑物的共性外，还有其自身的特点和形式。住宅建筑的多样化、多功能化和综合化以及新材料的大量应用，对防火设计的方法和相应的技术法规提出了新的、更高的要求。

另外，防火安全性能不是单一的，例如疏散安全性能、防止火势扩大性能和防止延烧性能等都属于防火安全性的范畴。

住宅防火是建筑防火设计中比较薄弱的部分，存在较多火灾或火灾隐患的原因是多方面。住宅防火所暴露出的一些问题需要认真对待和解决。

【实施与检查】

建筑防火的根本目的在于综合确保建筑的防火安全性能，也就是使建筑的防火条件满足相应的标准。住宅防火的基本要求应包括：划分耐火等级，确定防火间距，提出防火构造要求，满足安全疏散规定，建立火灾报警、灭火和救援体系等。

3.1.7　住宅应具备在紧急事态时人员从建筑中安全撤出的功能。

【要点说明】

所谓的紧急事态是指发生火灾、爆炸和地震等突发事件，导致居民需要最短时间内从建筑中全部撤离的紧急状态。一旦住宅遭遇突发事件，其平常状态使用的设施受到影响和破坏，如正常的供电和照明系统瘫痪、电梯停止运行，这势必严重影响住宅内部居民的安全快速撤离。“住宅应具备在紧急事态时人员从建筑中安全撤出的功能”包含两层含义：一是住宅建筑本身应具备抵抗突发事件、延缓事态和破坏扩展的能力，为居民的撤出赢得时间；二是住宅在设计和建造过程中，应综合设置安全疏散设施，如安全疏散通道、安全出口、应急照明等，并且在紧急事态时能正常运行，满足居民面临突发事件时可以通过这些疏散设施安全撤离的需要。

【实施与检查】

安全撤出的功能要求不是单一的，应该与住宅防火功能要求一并考虑。安全疏散的措施和设施包括：安全疏散楼梯应防滑、安全疏散通道、安全出口、安全疏散距离、应急照明等。同时，在住宅使用过程中，应加强对这些安全措施和设施的维护，确保其在紧急状态下能按设定的状态正常运转。

3.1.8 住宅应满足人体健康所需的通风、日照、自然采光和隔声要求。

【要点说明】

通风、日照、自然采光和隔声性能是保证住宅室内舒适度、满足人体健康的基本要素。

足够的通风可以保证室内外空气的交换、提高室内空气质量，从而提高居住者的舒适感，有助于健康。

日照对人的生理和心理健康都是非常重要的，但是住宅的日照又受地理位置、朝向、外部遮挡等许多外部条件的限制不是很容易达到比较理想的状态的，尤其是在冬季，太阳的高度角比较小，楼与楼之间的相互遮挡更加严重。

充足的天然采光有利于居住者的生理和心理健康，同时也有利于降低人工照明能耗。住宅能否获取足够的天然采光与窗地面积比密切相关。

构件(或产品)的空气声计权隔声量是衡量构件(或产品)隔声性能的指标。

【实施与检查】

设计住宅时，应注意楼的朝向、楼与楼之间的距离和相对位置以及楼内平面的布置，通过精心的计算，使大部分居住空间在冬季能够获得充足的日照。

楼板、分户墙的空气声计权隔声量高可以有效地衰减上下、左右邻室之间的声音传递，户门的空气声计权隔声量高可以有效地衰减走廊、楼梯与户内的声音传递，外窗的空气声计权隔声量高则可以有效地衰减户外传入户内的声音。

外窗通常都是隔声的薄弱环节，应该加以足够的重视，尤其是沿街住宅的外窗更应该采用高隔声量的产品。高隔声量的外窗对住宅满足相应要求是至关重要的。

3.1.9 住宅建设的选材应避免造成环境污染。

【要点说明】

住宅建设中选用的无机非金属材料，如混凝土、砂、石、预制构件、新型墙材、石材、陶瓷等，可能含有放射性元素，会给室内外环境造成放射性污染；人造板材可能会释放甲醛；涂料、胶粘剂、水性处理剂等有机材料，可能会释放甲醛、甲苯二异氰酸酯等有机物，造成室内环境污染，严重影响居民的身体健康。因住宅建设特别是装修过程中选用的材料不合格而造成人身伤害的案例屡见不鲜，材料带来的污染问题必须高度重视。另外，住宅建设选用的一些材料可能会影响住宅周围的外部环境甚至造成污染，如大面积使用玻璃、高反射的材料等会对周围环境带来“不舒适眩光”。因此，住宅建设的选材一定要经过严格检测和控制，避免造成室内外环境污染。

【实施与检查】

现行国家标准《民用建筑工程室内环境污染控制规范》GB 50325 对民用建筑建设过程中材料的选择和检测提出明确的要求，住宅建设的选材应符合其相关规定。对于其他可能带来污染的材料，也应该经过有资质的检测机构的检测，确定不会给室内外环境带来污染后方可使用。

3.1.10　住宅必须进行节能设计，且住宅及其室内设备应能有效利用能源和水资源。

【要点说明】

近年来，我国的建筑能耗总量增长迅速，已成为社会终端用能的重要组成部分。据统计，2004年我国的建筑能耗量达到了4.61亿吨标准煤，占全社会终端能耗总量的27.47%。随着城市化的进程和人民生活质量的改善，这个比例还会持续上升，必然会给我国的能源供应和环境带来巨大的压力。因此实施建筑节能已势在必行。

我国目前人均水资源量为2202m³，是世界平均量的1/4，是世界13个缺水国家之一。缺水是我国各个城市共同面临的问题，668座城市有2/3面临缺水，其中有400个城市常年供水不足，有110个城市严重缺水，由于缺水每年影响工业产值2000多亿元。住宅设计中的水资源有效利用具有重要的意义。

【实施与检查】

实施建筑节能，就是在保证甚至提高室内热舒适度的前提下，减少其单位面积的能耗。建筑节能是一个系统工程，涉及建筑材料、建筑设备、仪器仪表等的生产和选用，包括围护结构保温隔热、制冷、采暖、热水、照明、动力等多专业或学科。发达国家建筑节能成功的经验表明，制定并执行严格的节能标准是实现建筑节能目标的有效途径。我国政府从上世纪80年代就开始制定建筑节能标准。1986年颁布实施了我国第一本《民用建筑节能设计标准(采暖居住建筑部分)》，即节能30%标准，1995年进行了修订，即节能50%标准；随后又相继颁布了《夏热冬冷地区居住建筑节能设计标准》(2001年)、《夏热冬暖地区居住建筑节能设计标准》(2003年)、《公共建筑节能设计标准》(2005年)和《建筑节能照明标准》(2004年)以及一系列的检测和验收标准。可以说我国建筑节能的标准体系已经形成。这些标准的颁布实施，为我国建筑节能工作的开展提供了依据。

节水器具及五金配件的应用、中水和雨水在住宅中的利用都是有效利用水资源的措施。

3.1.11　住宅建设应符合无障碍设计原则。

【要点说明】

无障碍设施，是残疾人走出家门、参与社会生活的基本条件，也是方便老年人、妇女儿童和其他社会成员的重要措施。加强无障碍建设，是物质文明和精神文明的集中体现，是社会进步的重要标志，对提高人的素质、培养全民公共道德意识、推动精神文明建设等也具有重要的社会意义。

1994年11月亚太经社理事会成员国在泰国曼谷会议上一致通过了《建立残疾人无障碍自然环境导则》及其事例，以保证残疾人独立、平等地参与社会活动的权力。我国作为亚太经社理事会成员国，有责任认真贯彻实施该导则。

我国无障碍设施的建设是从无障碍设计规范的提出与制定开始的。1985年4月，在全国人大六届三次会议和全国政协六届三次会议上，部分人大代表、政协委员提出“在建筑设计规范和市政设计规范中考虑残疾人需要的特殊设置”的建议和提案。1986年7月，建设部、民政部、中国残疾人福利基金会共同编制了我国第一部《方便残疾人使用的城市道路和建筑物设计规范(试行)》，于1989年4月1日实施。1990年12月全国人大常委会颁布的《中华人民共和国残疾人保障法》规定：“国家和社会逐步实行方便残疾人的城市道路和建筑物设计规范，采取无障碍措施”。1998年4月，建设部发出《关于做好城市无障碍设施建设的通知》（建规［1998］93号），主要内容是有关部门应加强城市道路、大型公共建筑、居住区等建设的无障碍规划、设计审查和批后管理、监督。1998年6月，建设部、民政部、中国残疾人联合会联合发布《关于贯彻实施方便残疾人使用的城市道路和建筑物设计规范的若干补充规定的通知》（建标［1998］177号），主要内容是切实有效加强工程审批管理，严格把好工程验收关，公共建筑和公共设施的入口、室内，新建、在建高层住宅，新建道路和立体交叉中的人行道，各道路路口、单位门口，人行天桥和人行地道，居住小区等均应进行有关无障碍设计。

2001年6月，建设部、民政部、中国残疾人联合会又联合发布了《城市道路和建筑物无障碍设计规范》JGJ 50—2001，并于2001年8月1日起正式实施。

【实施与检查】

为保证残疾人及其他行动不便者能独立、平等参与社会活动，首先要保证他们“走”出家门，因此住宅建设满足无障碍的要求是保障残疾人平等参与社会的关键的第一步。《城市道路和建筑物无障碍设计规范》JGJ 50—2001对于居住区和建筑物的无障碍实施范围和无障碍设计都做了明确的详细规定，住宅在设计和建造中，所有涉及无障碍的设施和部位(如道路、公共服务设施、住宅入口、坡道、走道、地面、楼梯、电梯、住房等)都应满足标准的要求。

3.1.12　住宅应采取防止外窗玻璃、外墙装饰及其他附属设施等坠落或坠落伤人的措施。

【要点说明】

近年来，住宅建筑的外窗窗扇及外窗玻璃、外墙装饰(如饰面砖、石材等)及其他附属设施(如空调机、花盆等)坠落以致伤人等安全事故时有发生，危及到居民的人身安全。

住宅建筑外窗窗扇及外窗玻璃坠落的原因很多，有的是由于遭受来自室内的人体或物体的碰撞而坠落的，有的是由于向外平开遭受侧向风压而坠落的，还有的是由于五金系统损坏或质量不合格而在开关过程中意外坠落的。现行行业标准《建筑玻璃应用技术规程》JGJ 113对可能发生因碰撞而造成建筑玻璃高处坠落的情况做出了强制性的防护要求。

近年来，建筑师和住宅建设方为追求住宅外立面的美观和耐候性，纷纷采用不同颜色和规格的饰面砖或石材等作为外墙装饰。但是粘结材料、安装工艺及施工过程不尽完善，会造成一些安全隐患，导致外墙装饰物脱落、坠落甚至伤人的事故发生。目前国家对采用饰面砖、石材及其他外墙装饰的做法没有明文禁止，但也没有相关的标准予以规范，因此本规范明确提出住宅建设过程中应采取足够的安全防护措施。另外，随着生活水平的提高，家用空调器的使用越来越普遍，空调机已成为住宅的重要组成部分。同时，住宅在使用中，居民为了提高居住美观，可能会在外窗台、阳台等摆放花盆等。如何防止空调机、花盆及其他附属设施的坠落甚或伤人也成为建筑师和建设方需要认真对待的问题。

有效防护分为两种情况：一是有效防止外窗玻璃、外墙装饰及其他附属设施坠落，这也是最根本、最有效的办法；二是即使坠落，也有相应的防护措施，可以避免造成人身伤害。

【实施与检查】

针对可能造成外窗玻璃坠落的原因，可以设置警示和护栏等措施避免人体或物体的碰撞、高层住宅的外窗避免向外平开、提高五金系统的质量和可靠性等。对于外墙装饰或其他附属设施，应在设计和施工过程中，采用更先进的材料和工艺、提高其力学性能和耐候性，尽量避免由于工程质量或安装缺陷而导致坠落。同时，如有可能，可以在住宅周围设置一定距离的隔离带，使人远离住宅的外墙。

3.2 许 可 原 则

3.2.1 住宅建设必须采用质量合格并符合要求的材料与设备。

【要点说明】

住宅是由各种不同的材料、产品和设备有机结合而成的一个整体，因此要建造出安全、适用的合格住宅，离不开质量合格的材料和设备。《建设工程勘察设计管理条例》第二十七条中也明确规定“设计文件中选用的材料、构配件、设备，应当注明其规格、型号、性能等技术指标，其质量要求必须符合国家规定的标准”。

【实施与检查】

住宅建设过程中，所有进场的材料和产品都应具备合格证书、质检报告，并根据需要实施现场抽检，确保住宅建设过程中采用的材料和设备属于合格产品。

3.2.2 当住宅建设采用不符合工程建设强制性标准的新技术、新工艺、新材料时，必须经相关程序核准。

【要点说明】

“不符合工程建设强制性标准”是指与现行工程建设强制性标准不一致的情况，或直接涉及建设工程质量安全、人身健康、生命财产安全、环境保护、能源资源节约和合理利用以及其他社会公共利益，且工程建设强制性标准没有规定又没有现行工程建设国家标准、行业标准和地方标准可依的情况。

“相关程序核准”是指当工程建设中拟采用不符合工程建设强制性标准的新技术、新工艺、新材料时，应当由该工程的建设单位依法取得行政许可(简称“三新核准”)。“三新核准”的依据是《行政许可法》和《建设工程勘察设计管理条例》。

【实施与检查】

工程建设中拟采用不符合工程建设强制性标准的新技术、新工艺、新材料时，应依法获得核准，否则不得采用。同时，获得核准的程序应符合《“采用不符合工程建设强制性标准的新技术、新工艺、新材料核准”行政许可实施细则》(建标［2005］124号)的要求。

3.2.3 未经技术鉴定和设计认可，不得拆改结构构件和进行加层改造。

【要点说明】

住宅在设计和建造过程中，其承载能力和安全性能是经过严格计算的，一经建成投入使用后，应严格按照其设计的功能和状态进行使用。结构构件的拆改会影响到住宅的承载能力，而加层改造则会明显加大荷载，这些改动会影响到住宅的结构安全性、危及居民的生命财产安全。《建筑装饰装修管理规定》(建设部46号部令)明确规定，凡涉及拆改主体结构和明显加大的，必须由房屋安全鉴定单位进行使用安全审定。

【实施与检查】

任何单位和个人在对住宅实施拆改结构构件或加层改造前，应向当地建设行政主管部门申请、经过设计单位的重新计算和质检部门的鉴定，获得批准后方可进行。

3.3 既有住宅

3.3.1 既有住宅达到设计使用年限或遭遇重大灾害后，需要继续使用时，应委托具有相应资质的机构鉴定，并根据鉴定结论进行处理。

【要点说明】

依据《建筑结构可靠度设计统一标准》GB 50068—2001，住宅的设计使用年限一般为50年。当住宅达到设计使用年限后，其结构安全性和可靠度可能已下降，如果需要继续使用，应进行安全鉴定，根据鉴定结果决定是否继续使用。另外当住宅遭遇火灾、爆炸、风灾、地震及洪水等重大灾害后，其结构或承重构件会遭到不同程度的损坏或发生潜在危害，可能会影响到结构稳定和承载能力，若继续使用，其安全性无法保证。因此，当住宅遭遇重大灾害后，也应进行安全鉴定，根据鉴定结果决定是否继续使用。

“具有相应资质的机构”是指当地县级以上的房屋安全鉴定机构。根据《城市危险房屋管理规定》(建设部129号部令)明确要求，市、县人民政府房地产行政主管部门应设立房屋安全鉴定机构(以下简称鉴定机构)，负责房屋的安全鉴定，并统一启用“房屋安全鉴定专用章”。

【实施与检查】

既有住宅达到设计使用年限或遭遇重大灾害后，房屋的产权单位或产权人若需要继续使用，那么应委托当地的房屋安全鉴定机构按照规定的程序进行鉴定，并根据鉴定结果进行处理：观察使用、处理使用、停止使用或整体拆除。

3.3.2 既有住宅进行改造、改建时，应综合考虑节能、防火、抗震的要求。

【要点说明】

本条强调的是既有住宅改造改建应同步综合考虑节能的要求和防火与抗震的安全要求。《民用建筑节能管理规定》(建设部143号部令)明确规定，民用建筑工程扩建和改建时，应当对原建筑进行节能改造。《建设工程抗御地震灾害管理规定》(建设部38号部令)也明确规定，新建、改建、扩建工程必须进行抗震设防，不符合抗震设防标准的工程不得进行建设。

【实施与检查】

既有住宅改造、改建时，应符合建筑节能标准要求，同时改造和改建应确保住宅结构安全、满足防火和抗震的标准要求。既有建筑节能改造应考虑建筑物的寿命周期，对改造的必要性、可行性以及投入收益比进行科学论证。

第4章 外 部 环 境

概 述

住宅的功能、性能应综合体现在住宅建筑本身与户外环境两个方面。从狭义环境的角度看，良好的外部环境是保证住宅具有卫生、健康的内部环境和良好居住生活品质的外部条件；从广义环境的角度看，配套服务设施、交通、空间关系与场地利用等都是住宅功能的延伸，与住宅共同为居住者提供物质与精神生活条件。据此，外部环境是住宅成为合格产品的极其重要的组成部分。

本章立足以人为本，以为居住者创造安全、卫生(健康)、方便、舒适和优美的居住生活环境为目的，重点对住宅的外部环境提出基本标准，以较全面地反映住宅外部环境的功能、性能，包括：建筑物的相邻关系、配套服务设施、道路交通、绿地、竖向等五个方面，以现有的《工程建设标准强制性条文(房屋建筑部分)》为基础，结合现行标准规范中有关的强制性条文，对这五个部分的重要内容作了规定。

4.1 相 邻 关 系

4.1.1 住宅间距，应以满足日照要求为基础，综合考虑采光、通风、消防、防灾、管线埋设、视觉卫生等要求确定。住宅日照标准应符合表4.1.1的规定；对于特定情况还应符合下列规定：

1 老年人住宅不应低于冬至日日照2h的标准；

2 旧区改建的项目内新建住宅日照标准可酌情降低，但不应低于大寒日日照1h的标准。

住宅建筑日照标准　　表4.1.1

建筑气候区划	Ⅰ、Ⅱ、Ⅲ、Ⅶ气候区		Ⅳ气候区		Ⅴ、Ⅵ气候区
	大城市	中小城市	大城市	中小城市	
日照标准日	大 寒 日			冬 至 日	
日照时数(h)	≥2	≥3		≥1	
有效日照时间带(h)(当地真太阳时)	8～16			9～15	
日照时间计算起点	底 层 窗 台 面				

注：底层窗台面是指距室内地坪0.9m高的外墙位置。

【要点说明】

本条取自《城市居住区规划设计规范》GB 50180—93(2002年版)第5.0.2条第5.0.2.1款。本条提出确定住宅间距的基本原则和需要考虑的要素，即日照、采光、通风、消防、防灾、管线埋设、视觉卫生等要求，其中，重点是保证住宅基本卫生条件的最基本指标——住宅建筑日照标准。

在执行本条时，首先应明确执行住宅建筑日照标准的基本概念，即为住宅建筑主要房间能获得应有日照环境提供外部条件；其次，要结合建筑单体设计，充分利用日照条件，才能达到目的。

在一般情况下，满足日照要求时，住宅采光、通风、消防、防灾、管线埋设、视觉卫生等要求也基本可以达到，因此目前没有采光、通风、视觉卫生等要求的量化标准。采光、通风、视觉卫生等要求与地方差异、生活习惯等有关，例如在低于北纬25°的地区，由于气候原因住宅建筑在满足日照标准的同时，尚应重视视觉卫生要求，建议通过制定地方标准解决具体问题。

在本条规定中有对特定情况的两款规定：

第一款：老年人住宅不应低于冬至日日照2h的标准。

老年人居住建筑系指专为老年人设计，供其起居生活使用，符合老年人生理、心理要求的居住建筑，包括老年人住宅、老年公寓、托老所等。由于老年人的生理机能、生活规律及其健康需求决定了其活动范围的局限性和对环境的特殊要求，因此为老年人服务的各项设施应有更高的标准而提出本款标准。同时，在执行本规定时不附带任何条件。

第二款：旧区改建的项目内新建住宅日照标准可酌情降低，但不应低于大寒日日照1h的标准。

“旧区改建的项目内新建住宅日照标准可酌情降低，”系指在旧区改建时确实难以达到规定的标准时才能这样做。为避免在旧区改建中执行本标准时可能出现的偏差和保障居民的切身利益，无论在什么情况下，降低后的住宅日照标准规定：“不得低于大寒日日照1h的标准”。此外，可酌情降低的规定只适用于各申请建设项目内的新建住宅本身。任何其他情况下的住宅建筑日照标准仍须符合表4.1.1中规定。

【实施与检查】

在本条的执行中，重点应在项目建设的规划设计审批过程中进行控制。目前普遍采用的方法是间距系数控制，但存在两方面的问题：一是，如果间距系数定得偏小，仍然难以满足日照标准要求；二是，建筑的高度、形体及群体组合都更加复杂，间距系数控制难以解决所有的问题。鉴于目前计算机技术的发展和普及，在规划设计和管理过程中可使用计算机辅助工具，对建设项目进行日照分析测算，以保证住宅能切实达到日照标准，也可在实际项目中采用实地观测和通过计算机模拟日照分析等方法进行检查。

4.1.2　住宅至道路边缘的最小距离，应符合表4.1.2的规定。

住宅至道路边缘最小距离(m)　　表4.1.2

路面宽度 / 与住宅距离			<6m	6~9m	>9m
住宅面向道路	无出入口	高层	2	3	5
		多层	2	3	3
	有出入口		2.5	5	—
住宅山墙面向道路		高层	1.5	2	4
		多层	1.5	2	2

注：1. 当道路设有人行便道时，其道路边缘指便道边线；

2. 表中“—”表示住宅不应向路面宽度大于9m的道路开设出入口。

【要点说明】

本条根据国家标准《城市居住区规划设计规范》GB 50180—93(2002年版)中强制性条文第8.0.5条改写而成。本条中高层住宅指七层及七层以上的住宅；多层住宅指六层及六层以下的住宅。

道路边缘距建筑物的距离主要考虑住宅建筑在底层开窗开门时不影响道路的通行，建筑外装饰、设备、窗等一旦脱落能保障居民出入、过往行人和车辆的安全(不碰头、不被上部坠落物砸伤)，以及利于工程管线的铺设和减少对底层住户的视线干扰，维护住宅建筑底层住户的私密性等因素而提出。本条对住宅建筑至道路边缘的最小距离提出要求。为便于使用，本条将国家标准《城市居住区规划设计规范》GB 50180—93(2002年版)表8.0.5中道路级别改为"路面宽度"，并用相关数据表示。

在执行本条时应重视以下几点：

1. 宽度大于9m的道路，一般为城市道路，车流量也较大，为此不允许住宅面向道路开设出入口；

2. 当道路设有人行道时，其道路边缘计至人行道边线；

3. 住宅、围墙等与道路之间(距离)的用地应进行绿化或以其他措施加以隔离，以避免路人和车辆进入，保障其安全和减少对底层住户的视线干扰。

【实施与检查】

在本条的执行中，重点应在项目建设的规划设计审批过程中进行控制。实施中，应在城市建设监管过程中进行检查。

4.1.3 住宅周边设置的各类管线不应影响住宅的安全，并应防止管线腐蚀、沉陷、振动及受重压。

【要点说明】

本条根据国家标准《城市居住区规划设计规范》GB 50180—93(2002年版)中强制性条文第10.0.2条第4款改写而成，重点强调市政基础设施和建筑安全。

管线综合是居住用地规划及住宅建设中必不可少的组成部分。管线综合的目的就是在符合各种管线的技术规范前提下，统筹安排好各自的空间，解决诸管线与城市管网之间的密切关系，处理好管线之间或与建筑物、道路和绿地之间的矛盾，使之各得其所，并为各管线的设计、施工及管理提供良好条件。管线的合理间距是根据施工、检修、防压、避免相互干扰及管道表井、检查井大小等因素而决定的。

居住用地管线综合规划与城市工程管线综合规划的内容一致，主要包括：确定工程管线在地下敷设时的排列顺序和工程管线间的最小水平净距、最小竖向净距；确定工程管线在地下敷设时的最小覆土深度；确定工程管线在架空敷设时管线及杆线的平面位置及周围建(构)筑物、道路、相邻工程管线间的最小水平净距和最小竖向净距。

如果工程管线布置不当，使管线受腐蚀、沉陷、振动或受重压，不但使管线本身受到破坏，也将对住宅建筑的安全(如地基基础)和居住生活质量(如停水、停电)造成极不利的影响。为不影响住宅建筑的安全和防止管线受腐蚀、沉陷、振动及受重压，必须强调工程管线布置的相关要求及规定。

为便于使用，执行本条时应重视以下几点：

1. 工程管线的平面位置和竖向位置均应采用城市统一的坐标系统和高程系统。

2. 管线布局应结合居住用地道路网规划，在不妨碍工程管线正常运行、检修和合理占用土地的情况下，使线路短捷。

3. 居住用地的管线布局，凡属压力管线（如给水管、电力管线、燃气管、暖气管等）均与城市干线网有密切关系，应与其有机衔接；凡重力自流的管线应与地区排水方向协调及与城市雨污水干管相联。在进行管线综合时，应与周围的城市市政条件及本区的竖向规划设计互相配合，多加校验，才能使管线综合方案切合实际。

4. 编制工程管线综合规划设计时，应减少管线在道路交叉口处交叉。

5. 工程管线之间及其与建(构)筑物之间的最小水平净距应符合有关规定。

6. 管线埋深和交叉时的相互垂直净距，应符合有关规定，并应考虑以下因素：

(1) 保证管线受到荷载而不受损伤；

(2) 保证管体不冻坏或管内液体不冻凝；

(3) 便于与城市干线衔接；

(4) 符合有关的技术规范的坡度要求；

(5) 符合竖向规划要求；

(6) 有利避让需保留的地下管线及人防通道。

7. 严寒或寒冷地区给水、排水、燃气等工程管线应根据土壤冰冻深度确定管线覆土深度；热力、电信、电力电缆等工程管线以及严寒或寒冷地区以外的地区的工程管线应根据土壤性质和地面承受荷载的大小确定管线的覆土深度。工程管线的最小覆土深度应符合有关规定。

8. 工程管线宜采用地下敷设方式。地下管线的走向，宜沿道路或与主体建筑平行布置，并力求线型顺直、短捷和适当集中，尽量减少转弯，并应使管线之间及管线与道路之间尽量减少交叉。

9. 工程管线在道路下面的规划位置，应布置在人行道或非机动车道下面。电信电缆、给水输水、燃气输气、污雨水排水等工程管线可布置在非机动车道或机动车道下面。

10. 工程管线在道路下面的规划位置宜相对固定。从道路红线向道路中心线方向平行布置的次序，应根据工程管线的性质、埋设深度等确定。分支线少、埋设深、检修周期短和可燃、易燃和损坏时对建筑物基础安全有影响的工程管线应远离建筑物。布置次序宜为：电力电缆、电信电缆、燃气配气、给水配水、热力干线、燃气输气、给水输水、雨水排水、污水排水。

11. 工程管线在庭院内建筑线向外方向平行布置的次序，应根据工程管线的性质和埋设深度确定，其布置次序宜为：电力、电信、污水排水、燃气、给水、热力。

当燃气管线可在建筑物两侧中任一侧引入均满足要求时，燃气管线应布置在管线较少的一侧。

12. 当工程管线交叉敷设时，自地表面向下的排列顺序宜为：电力管线、热力管线、燃气管线、给水管线、雨水排水管线、污水排水管线。

13. 当需设置综合管沟时，综合管沟内宜敷设电信电缆管线、低压配电电缆管线、给水管线、热力管线、污雨水排水管线；综合管沟内相互无干扰的工程管线可设置在管沟的同一个小室；相互有干扰的工程管线应分别设在管沟的不同小室。电信电缆管线与高压输电电缆管线必须分开设置；给水管线与排水管线可在综合管沟一侧布置，排水管线应布置在综合管沟的底部。

14. 各种工程管线不应在竖向重叠直埋敷设。

15. 消防车道下的管道和暗沟等，应能承受消防车辆的压力。

16. 地下管线不宜横穿公共绿地和庭院绿地。

【实施与检查】

在本条的执行中，重点应在项目建设的规划设计审批过程中进行控制；实施中，应在城市建设监管过程中进行检查。

4.2 公共服务设施

4.2.1 配套公共服务设施(配套公建)应包括：教育、医疗卫生、文化、体育、商业服务、金融邮电、社区服务、市政公用和行政管理等9类设施。

【要点说明】

本条根据国家标准《城市居住区规划设计规范》GB 50180—93(2002年版)中强制性条文第6.0.1条“配套公共服务设施(配套公建)应包括：教育、医疗卫生、文化体育、商业服务、金融邮电、社区服务、市政公用和行政管理及其他八类设施”，并参考于2005年11月1日国家颁布施行的全国统一建设用地指标《城市社区体育设施建设用地指标》及国家十五科技攻关课题《居住区及其环境的规划设计研究》的相关规定和研究成果，综合当前的实际需要编写而成。

随着我国经济水平的快速提升，城市的居住用地建设得到了长足的发展。物质生活水平的提高促使城市居民对居住质量提出了更高的要求，这些要求不仅表现在对住宅户型功能合理与舒适度的追求，区位、周边环境、配套设施等与居住息息相关的外部环境条件也日渐成为居民选择住所时考虑的重点。作为保障居住用地广大居民日常生活便利性的重要物质设施，居住区公共服务设施建设的数量、质量以及种类不仅直接影响到居民的生活水平、生活方式和生活质量，而且在一定程度上体现并影响到社会的文明程度，是关系到城市整体功能合理配置的重要因素。据此，配套公共服务设施是居住用地中与住宅相匹配的不可缺少的必要设施，也是决定外部环境质量优劣的重要因素之一。因此有必要将公共服务设施的配置规定纳入本规范。

将“文化体育设施”分列为“文化设施”和“体育设施”两类。居住用地配套公共服务设施由八类增加为九类是非常必要的，也是合理的。大众健身的体育设施短缺问题急待解决，而且已经有比较充足的研究基础和实施条件。国家颁布施行的全国统一建设用地指标《城市社区体育设施建设用地指标》(由国家体育总局负责，中国城市规划设计研究院编制)为“体育设施”从“文化体育设施”中分出来提供了重要的技术支持。

在执行本条时应重视以下几点：

1. 配套公共服务设施不局限于居住用地内，而应与城市协调互补，倡导设施共享；

2. 配套公共服务设施应满足基本保障要求；

3. 配套公共服务设施中应重视为老、助老设施的设置；

4. 配套公共服务设施中应加强便民利民设施的设置；

5. 合理设置公共服务设施，避免烟、味、尘、声对居民的污染和干扰。

【实施与检查】

在本条的执行中，重点应在项目建设的规划设计审批过程中结合规划居住用地周围的公共设施统筹控制。实施中，应在城市建设监管过程中进行检查。

4.2.2　配套公建的项目与规模，必须与居住人口规模相对应，并应与住宅同步规划、同步建设、同期交付。

【要点说明】

本条根据国家标准《城市居住区规划设计规范》GB 50180—93(2002年版)中强制性条文第6.0.2条改写而成。

居住用地配套公建的配置原则是“分级、对口、配套”，其公共服务设施的配建，主要反映在配建的项目和面积指标两个方面。这两个方面的确定依据，主要是考虑居民在物质与文化生活方面的多层次需要，以及公共服务设施项目对自身经营管理的要求，即配建项目和面积(规模)与其服务人口规模相对应时，才能方便居民使用和发挥配套项目最大的经济效益。

居住者在入住后，随之而来的是满足居住者衣、食、住、用、行等物质生活以及文化、体育等精神生活的各种需求。简言之，应有相应配套设施满足其居住生活需求。但在已投入使用的众多居住小区案例中，往往出现应配设施项目不全、规模太小或如托幼、学校、卫生站等公益性公建项目未建的情况，降低了居住者的生活品质和居住用地环境质量。据此，考虑配套设施的设置规模提出了“必须与人口规模相对应”；考虑不影响入住者的生活需求，提出了配套设施“应与住宅同步规划、同步建设”的规定。此外，考虑公共服务设施类别多样，主管和建设单位各异，要求同步建设较易作到，而同时投入使用则有一定难度。为此，将“同时投入使用”改为“同期交付”的要求。

【实施与检查】

在本条的执行中，重点在项目建设的规划审批过程中进行控制。实施中，应在城市建设监管过程中进行检查。各类配套服务设施的行业行政主管部门应明确对居住区配套服务设施的实施与检查的具体要求，从行业管理的角度进行实施与检查。

4.3　道　路　交　通

4.3.1　每个住宅单元至少应有一个出入口可以通达机动车。

【要点说明】

随着生活水平不断提高，在老年人口增多、购物方式多样和居住密度一般较高的情况下，出现了很多诸如机动车能进入小区，而往往无法到达住宅单元的现象，不仅对急救、运物、消防乃至搬家等造成不便，而且降低了居住的安全性，也损害了居住者的权益。条文中“通达机动车”指机动车能到达住宅单元门，但不包括通过地下车库到达住宅单元门的情况。

制定本条的主要理由如下：

1. 购物方式改变、购物量一般较大，要求运载工具能到达住宅单元门口；

2. 老年人(高龄老人)、残疾人占有相当比重，其出行、医疗、急救要求车辆能驶至住宅单元门口；

3. 更利于消防车的通行。

在执行本条时应重视以下几点：

1. 住宅单元门前，应设置相应的缓冲地段，以利于各类车辆的临时停放和保障居民出入安全。

2. 当一个住宅单元有两个出入口时，应选择与外围道路交通联系最方便的出入口设置缓冲地段，以强化其对外通达性。

【实施与检查】

在本条的执行中，重点应在项目建设的规划设计审批过程中进行控制。实施中，应在城市建设监管过程中进行检查。消防、交通等行政主管部门应明确对居住区道路交通设施的实施与检查的具体要求。

4.3.2 道路设置应符合下列规定：

1 双车道道路的路面宽度不应小于 6m；宅前路的路面宽度不应小于 2.5m；

2 当尽端式道路的长度大于 120m 时，应在尽端设置不小于 12m×12m 的回车场地；

3 当主要道路坡度较大时，应设缓冲段与城市道路相接；

4 在抗震设防地区，道路交通应考虑减灾、救灾的要求。

【要点说明】

本条根据国家标准《城市居住区规划设计规范》GB 50180—93（2002 年版）中对第 8.0.2 条、第 8.0.5 条等条款进行综合性改写而成，目的在于突出解决常见和比较重要的几个问题。

1. 良好的路网结构和道路宽度，应该是在满足交通功能的前提下，尽可能地采用低限的道路宽度、道路长度和道路面积。居住用地内的道路宽度一般应以考虑非机动车与人行为主，不能引进城市公共电、汽车交通，又由于居住用地内一般多采用人车混行方式，为此，车行道的最小宽度为 6m 即可。宅间路是主要供居民出入住宅的道路。在基本满足自行车与人行交通的情况下，还应满足急救、运物、搬运家具及清运垃圾等要求。按照居住用地内有关车辆低速缓行的通行宽度要求，轮距在 2～2.5m 之间，为此，宅间路路面宽度一般为 2.5～3m，既可满足双向各一辆自行车的交会，也能适应一辆中型机动车（如 130 型搬家货车、救护车等）的通行。在执行第 1 款时应重视以下几个问题：

（1）如果在车行道两侧各安排一条宽度为 1.5m 的人行道或在一侧安排宽度为 3m 的人行道，则道路宽度为 9m 即可满足一般功能需要；

（2）居住用地内道路往往也是工程管线埋设的通道，必须重视其相关建筑线之间的最小极限宽度的要求；

（3）宅间路路面宽度不宜太宽，上限达 3m 即可满足一般功能要求；

（4）当宅间路必需兼顾大货车、消防车通行的要求时，则路面两边至少还应留出宽度不小于 1m 的路肩。

2. 过长的尽端路会影响行车视线，致使车辆交会前较难及早采取避让措施，并影响到自行车与行人的正常通行，对消防、急救等车辆的紧急出入尤为不利。应注意的是，当用地有条件时，最好应结合车型及建筑布局的实际状况，按不同的回车方式设置相应规模的回车场地。

3. 当居住用地内主要道路的坡度大于 8%时，不应直接与城市道路相接，而应设缓冲段迫使车辆减速后，再进入城市道路。以保证行车安全和城市道路的畅通。在执行本款时还应注意居住用地内道路与城市道路交接时，应尽量采用正交(交角在 90°±15°范围内)，以简化路口的交通组织。按道路设计规定，交叉角度不宜小于 75°。当其道路交角超出上述范围时，可在居住用地道路出口路段增设平曲线弯道来满足要求；在山区及用地有限制地区，可允许出现交角小于 75°的交叉口。

4. 根据国家标准《建筑抗震设计规范》GB 50011—2001 规定："抗震设防烈度为 6 度及以上地区的建筑，必须进行抗震设计"，把基本烈度六度地区作为新建工程需考虑抗震设防的起点。据此，凡属此类地区的居住用地的道路规划，必须考虑防灾、减灾、救灾的要求和人员避震疏散的需要。即居住用地内的道路规划，必须保证有畅通的救灾和疏散通道，并在因地震诱发的如电气火灾、水管破裂、燃气泄漏等次生灾害发生时，也能保证消防、救护、工程救险等车辆的出入。在执行本款时应重视以下几点：

(1) 居住用地的主要道路，至少应有两个对外出入口，以避免其主要道路呈尽端式道路格局，保证消防、救灾、疏散等的可靠性；

(2) 在抗震设防地区，居住用地内的主要道路应采用柔性路面；

(3) 在居住用地路网中宜设置小广场和空地，并应结合道路两侧的绿地，划定疏散避难场地；

(4) 重视抗震设防地区消防车道的设置，以利抗震救灾、避灾之用。

【实施与检查】

在本条的执行中，重点应在项目建设的规划审批过程中进行控制实施，在城市建设监管过程中进行检查。消防、交通等行政主管部门应明确对居住区道路交通标准的实施与检查的具体要求。

4.3.3 无障碍通路应贯通，并应符合下列规定：

1 坡道的坡度应符合表 4.3.3 的规定。

坡道的坡度　　表 4.3.3

高度(m)	1.50	1.00	0.75
坡　　度	≤1∶20	≤1∶16	≤1∶12

2 人行道在交叉路口、街坊路口、广场入口处应设缘石坡道，其坡面应平整，且不应光滑。坡度应小于 1∶20，坡宽应大于 1.2m。

3 通行轮椅车的坡道宽度不应小于 1.5m。

【要点说明】

本条根据行业标准《城市道路和建筑物无障碍设计规范》JGJ 50—2001 第 4.1.2 条、4.1.3 条、7.2.5 条、7.3.1 条等多条规定综合改写，以突出重点。

据有关资料显示，残疾人口约占总人口的 5%，其中尚不包括老年人口中具有视听障碍和行动不便者。随着我国进入老年型社会，出现老年人口逐年增长，高龄老人逐年增多的现实状况，为保证他们出行安全、方便及提高他们的生活质量，无障碍设计是势在必行。

为方便出行、游玩和交往，对无障碍通行的坡道坡度和高度，人行道在交叉路口、街坊路口、广场入口应设缘石坡道、坡面、坡面坡度及宽度，以及通行轮椅车的坡道宽度提出相应要求，以利于乘轮椅者和盲人的通行。在执行本条时应重视以下几点：

1. 居住用地各级道路的人行道纵坡不宜大于2.5%。在人行步道中设台阶时，应同时设轮椅坡道和扶手；

2. 居住用地公共绿地进行无障碍设计时应重视其设置范围和相关设置要求：

(1) 设置范围包括小游园、组团绿地和儿童活动场地。

(2) 各级公共绿地的入口与通路及休息凉亭等设施的平面应平缓防滑；地面有高差时，应设轮椅坡道和扶手。

(3) 在休息坐椅旁应设轮椅停留位置。

(4) 小区级公共绿地入口地段应设盲道，绿地内的台阶、坡道和其他无障碍设施的位置应设提示盲道。

(5) 组团级绿地和儿童活动场的入口应设提示盲道。

【实施与检查】

在本条的执行中，重点应在项目建设的规划设计审批过程中进行控制。实施中，应在城市建设监管过程中重点检查无障碍通路是否贯通。其他相关行政主管部门应明确对居住用地无障碍措施的实施与检查的具体要求。

4.3.4 居住用地内应配套设置居民自行车、汽车的停车场地或停车库。

【要点说明】

本条根据国家标准《城市居住区规划设计规范》GB 50180—93(2002年版)中强制性条文第8.0.6条改写，并补充了“居民自行车停车场库”的内容。

在若干年前我国已享有“自行车王国”的美誉，即自行车早已成为我国居民出行的主要代步和运载日常用品的工具。迄今，虽因居民经济收入增加、生活品质提高，国家也鼓励小汽车产业的发展，促使小汽车迅猛进入普通家庭，但自行车因具有轻便、灵活和经济的优点，其数量仍占有相当比重。与此同时，停车场库严重不足是目前居住用地内存在的难题之一。在执行本条时应重视以下几点：

1. 设置停车场(库)时，应根据各城市的经济发展水平、人民生活水准和居住用地的不同档次，合理确定停车泊位数量及停车方式。

2. 机动车停车场(库)产生的噪声和废气应进行处理，不得影响周围环境。

【实施与检查】

在本条的执行中，重点应在项目建设的规划设计审批过程中进行控制。实施中，应在城市建设监管过程中进行检查，并由交通行政管理部门结合城市的交通发展政策明确具体要求，进行同步管理。

4.4 室 外 环 境

4.4.1 新区的绿地率不应低于30%。

【要点说明】

本条取自国家标准《城市居住区规划设计规范》GB 50180—93(2002年版)中强制性条文第7.0.2.3条。

绿地率是衡量居住用地环境质量的重要标志。它既是居住用地生态环境的基本保证，也是与建筑密度、建筑面积密度(容积率)、建筑层数相关指标共同控制居住用地开发强度的重要指标之一。

“新区建设的绿地率不应低于30%”规定的主要依据：根据各地居住用地规划和建设实践，绿地率达到30%，可获得较好的空间环境效果；与1982年国家颁布的《城市园林绿化管理暂行条例》中规定“城市新建区的绿化用地，应不低于总用地面积的30%”相一致；与国家标准《城市居住区规划设计规范》GB 50180—93(2002年版)中的居住用地建筑层数、密度、建筑间距等相关指标协调。

执行本条时应重视以下几点：

1. 明确与绿地率相关用地的涵义，即：

(1) 绿地率系指公共绿地、宅旁绿地、配套公建所属绿地和道路绿地等四类绿地(其中包括满足当地植树绿化覆土要求、方便居民出入地下或半地下建筑的屋顶绿地)面积的总和与居住用地总面积的比率(%)；

(2) 公共绿地系指满足规定的日照要求、适于安排游憩活动设施的、供居民共享的集中绿地，包括居住用地内的小游园、组团绿地，以及宽度不小于8 m、面积不低于400 m^2的块状带状绿地；

(3) 宅旁绿地系指不属于公共绿地范畴的住宅建筑四周的绿化用地、私家庭院及后退道路红线的绿带；

(4) 公共服务设施所属绿地系指居住用地内配套公建如托幼、学校、会所等设施自配的绿地；

(5) 道路绿地系指道路红线内的绿地，包括行道树和绿化分隔带。

2. 应保证生态品质和强化生态效应，即：

(1) 居住用地规划，应保护和利用原有自然生态环境与良好景观，并应对古树名木采取保护措施，尽量提高地面渗水率；

(2) 绿化树种的配置和布置方式应根据当地的气候、土壤和环境功能等条件确定，既能增加植物的存活率，又使其具有地域特色；

(3) 绿化种植应采用适的树种、乔灌草合理搭配，乔木树冠覆盖率宜达到基地面积的25%，为生物多样化、遮阴、纳凉、游憩、交往提供条件和提高生态效应；

(4) 利用绿地系统，积极提高垂直绿化和屋顶绿化水平，作为绿地系统的补充；保持一定的渗透地面，减少热岛效应，调节微小气候，提高居住区物理环境舒适度。

3. 绿地系统应与体育设施统筹考虑，联为有机整体。为居民提供强身健体、休憩、交往的良好环境。

4. 在抗震设防地区的居住用地绿地系统规划，应结合抗震避灾规划要求设置利于避灾、疏散的绿地，即绿地系统应具备防灾、减灾、救援、避难等公共安全的功能。

5. 住宅建筑周围环境的空气、土壤、水体等不应构成对人体的危害，确保卫生安全。

【实施与检查】

在本条的执行中，重点应在项目建设的规划设计审批过程中进行控制。实施中，应在城市建设监管过程中进行检查。其他相关城市绿化行政主管部门应对居住区绿地的实施与检查提出具体要求。

4.4.2　公共绿地总指标不应少于1m^2/人。

【要点说明】

本条是国家标准《城市居住区规划设计规范》GB 50180—93(2002年版)中强制性条文第7.0.5条改写，即将其中的“组团不少于0.5m²/人，小区级(含组团)不少于1m² 人”合并为“公共绿地总指标不应少于1m²/人”。理由是：居住用地中应有的公共绿地面积总指标，是以人均面积指标确定的。根据国家标准《城市用地分类与规划建设用地标准》GBJ 137—90用地分类规定，本规范中所提居住用地与国家标准《城市居住区规划设计规范》GB 50180—93(2002年版)中的小区及小区级以下的用地基本对应。居住用地的公共绿地，是为居民提供游憩、健身、交往和陶冶情操的公共活动场地。它既是组成居住用地中必不可少的用地，也是居民离不开的活动场所。无论规划布局如何，其公共绿地总指标不应少于1m²/人的规定。

执行本条时应重视以下几点：

1. 公共绿地一般由绿地、水面与铺地构成，其绿地与水面面积不应低于70%；

2. 公共绿地总指标，应根据居住用地规划布局形式统一安排、灵活使用，即既可集中使用，也可分散设置或集中与分散相结合的方式安排均可；

3. 公共绿地应满足有不少于2/3的绿地面积在标准的建筑日照阴影线范围之外的日照环境要求；

4. 集中的公共绿地不应小于4000m²，其他公共绿地不应小于400m²，以利人的活动和相关设施的设置；

5. 集中公共绿地面积不宜过大，应结合居住用地具体条件，采用适宜尺度。

【实施与检查】

在本条的执行中，重点应在项目建设的规划设计审批过程中进行控制。实施中，应在城市建设监管过程中进行检查。其他相关城市绿化行政主管部门应对居住区绿地的实施与检查提出具体要求。

4.4.3 人工景观水体的补充水严禁使用自来水。无护栏水体的近岸2m范围内及园桥、汀步附近2m范围内，水深不应大于0.5m。

【要点说明】

据有关资料显示，我国水资源严重匮乏，人均水资源是世界平均水平的1/4，目前全国年缺水量约400亿m³，用水形势相当严峻。为贯彻“节水”政策及避免不切实际地大量采用人工水景的不良行为，提出“人工景观水体的补充水严禁使用自来水”的强制性规定。

同时，为保障游人，特别是儿童安全，根据城镇建设工程行业标准《公园设计规范》CJJ 48—92中相关要求，规定：“无护栏的水体、园桥、汀步附近2.0m范围以内的水深不应大于0.5m”，否则应设护栏。

执行本条时应重视以下几点：

1. 人工景观水体包括人造水景的湖、小溪、瀑布及喷泉等，但属体育活动的游泳池不属此列；

2. 应利用中水和雨水收集回用等措施，解决人工水景、绿地浇灌及洗车的水源问题；

3. 采用水景应因地制宜，应杜绝“无米之炊”的人工水景方案。

【实施与检查】

在本条的执行中，重点应在项目建设的规划设计审批过程中进行控制。实施中，应在城市建设监管过程中进行检查。其他相关城市绿化、环保、供水等行政主管部门应对居住区绿地的实施与检查提出具体要求。

4.4.4 受噪声影响的住宅周边应采取防噪措施。

【要点说明】

噪声干扰是目前倍受各方关注的重要问题之一，因它既影响居民的安宁，更影响居住用地环境质量的提升。本条对受噪声影响的住宅提出在其周边采取防噪措施的原则性规定。

执行本条时，应重视以下几点：

1. 重视沿城市道路，特别是面向城市主要道路布置的住宅的防噪声的措施。原因是据有关数据显示，城市中80%的噪声是由交通产生的，汽车行驶中产生的噪声是加剧城市噪声污染的重要因素；

2. 重视居住用地中有噪声污染项目的合理分布，如学校、商场、活动场地、机动车停车场以及锅炉房等；

3. 除重视建筑防噪措施与布局方式外，采用绿地隔离带或利用地形变化降低噪声也是一种防噪声的有效办法。

【实施与检查】

在本条的执行中，重点应在项目建设的规划设计审批过程中进行控制。实施中，应在城市建设监管过程中进行检查。环保行政主管部门应对居住区绿地的实施与检查提出具体要求。

4.5 竖　　向

4.5.1 地面水的排水系统，应根据地形特点设计，地面排水坡度不应小于0.2%。

【要点说明】

本条根据行业标准《城市用地竖向规划规范》CJJ 83—99第8.0.2条制定，提出地面排水的基本要求。

居住用地的排水系统如果规划不当，可能会造成地面积水和地下室渗漏，既污染环境，又使居民出行困难，还有可能危及建筑基础的安全。为此，应保障地面排水坡度不小于0.2%，利于排水畅通。

执行本条时应重视以下几点：

1. 居住用地内应有排除地面及路面雨水至城市排水系统的措施，排水方式应根据城市规划的要求确定，有条件的地区应采用雨水回收利用措施；

2. 采用车行道排泄地面雨水时，雨水口形式及数量应根据汇水面积、流量、道路纵坡等确定；

3. 单侧排水的道路及低洼易积水的地段，应采取排雨水时不影响交通和路面清洁的措施。

【实施与检查】

在本条的执行中，重点应在项目建设的规划设计审批过程中进行控制。实施中，应在城市建设监管过程中进行检查。

4.5.2　住宅用地的防护工程设置应符合下列规定：

1　台阶式用地的台阶之间应用护坡或挡土墙连接，相邻台地间高差大于1.5m时，应在挡土墙或坡比值大于0.5的护坡顶面加设安全防护设施；

2　土质护坡的坡比值不应大于0.5；

3　高度大于2m的挡土墙和护坡的上缘与住宅间水平距离不应小于3m，其下缘与住宅间的水平距离不应小于2m。

【要点说明】

本条根据行业标准《城市用地竖向规划规范》CJJ 83—99第4.0.2条、5.0.3条综合改写而成。

当地面坡度较大时，直接建设有难度。为此，应分成台地以利建设。台地连接处应设挡土墙或护坡，以保障建(构)筑物和人车的安全。

执行本条时应重视以下几点：

1. 当用地自然坡度大于8%时，宜规划为台阶式；

2. 台地划分应与规划布局和总平面布置相协调，应满足使用性质相同的用地或功能联系密切的建(构)筑物布置在同一台地或相邻台地的布局要求；

3. 台地的长边应平行于等高线布置；

4. 台地高度、宽度和长度应结合地形并满足使用要求确定；

5. 用地的规划高程应高于多年平均地下水位；

6. 用地的防护工程设置，宜根据规划地面形式及所防护的灾害类别确定，主要采用护坡、挡土墙或堤、坝等。防护工程的设置还应符合相关要求。

【实施与检查】

在本条的执行中，重点应在项目建设的规划设计审批过程中进行控制。实施中，应在城市建设监管过程中进行检查。

第5章　建　　筑

概　述

本章主要依据《住宅设计规范》GB 50096—1999(2003年版)、《城市道路和建筑物无障碍设计规范》JGJ 50—2001、《汽车库建筑设计规范》JGJ 100—98等规范中的强制性条文提出。对住宅提出强制执行标准的主要目的是：保证基本居住生活质量的要求，体现了强制性条文坚持以人为本、维护公众利益的特性。

5.1　套　内　空　间

5.1.1　每套住宅应设卧室、起居室(厅)、厨房和卫生间等基本空间。

【要点说明】

本条根据国家标准《住宅设计规范》GB 50096—1999(2003年版)第3.1.1条(工程建设标准强制性条文)改写而成。明确要求每套住宅至少应设卧室、起居室(厅)、厨房和卫生间等四个基本空间。具体表现为独立门户，套型界限分明，不允许共用卧室、起居室(厅)、厨房及卫生间。

实行住宅商品化以来，居民对居住领域感和安全感越来越重视，对套型的概念和重要性十分明确。本条规定了套型的基本配置，同时作为本节的第一条规定，限定了有关套内空间的规定内容在于控制卧室、起居室(厅)、厨房和卫生间等四个基本空间的功能质量。

在征求意见中质疑最多的是，没有起居室(厅)是否也可构成一套住宅？例如，在老人住宅(公寓)中，卧室完全可以不与起居室(厅)、厨房等空间配套。论证结果是否定的。因为在工程建设标准中，住宅标准的控制单位是“套”，而老年人居住建筑标准的控制单位是“栋”。老年人居住建筑不用每个卧室配套一个起居室(厅)，但每栋楼应配有公共活动室。

另外的质疑是，为什么不把阳台列为基本空间？《住宅设计规范》中，阳台列为设施而不是空间。在住宅中，阳台虽然十分普遍，但不是必备的。而且，从使用功能上分析，底层的庭院、顶层的露台与阳台类似，均可代替阳台。因此，不强行规定。

【实施与检查】

在本条的执行中，重点应在工程设计图纸审批过程中进行控制。目前审图机构与设计单位存在争议的问题是，起居室(厅)与厨房之间没有分隔时是否符合本规定。《住宅设计规范》中相应规定了起居室(厅)最小面积为$12m^2$，厨房最小面积为$4m^2$，所以当两个空间面积相加大于$16m^2$时，认定为符合本条规定。由于房间最小面积的规定最终没有列入本规范，因此，当起居室(厅)和厨房两个空间面积相加小于$16m^2$时，按违反一般规范处理；当这两个空间面积相加小于 $12m^2$ 时，则按违反强制性条文处理。

5.1.2　厨房应设置炉灶、洗涤池、案台、排油烟机等设施或预留位置。

【要点说明】

本条根据国家标准《住宅设计规范》GB 50096—1999(2003 年版)第 3.3.3 条(工程建设标准强制性条文)改写而成。要求厨房应设置相应的设施或预留位置，合理布置厨房空间。用通俗的话说，就是不但要摆得下这套基本的厨房设施，而且有适当的操作空间。

对厨房设施的配置要求各有侧重：对于案台、炉灶侧重于位置和尺寸；位置要考虑操作流程顺当和使用方便，尺寸要考虑炉灶的标准尺寸和操作空间；对洗涤池侧重于与给排水系统的连接；对排油烟机侧重于位置和通风口，排油烟机的位置包括安装该设备的墙面。

在厨房设计中，上述设施与热水器产生矛盾的情况很多，但由于热水器的热源供应方式较多，在套内空间位置也比较灵活，可在阳台、卫生间等其他地方设置，集中热水供应或太阳能热水系统可不与厨房发生关系，因此，本条中没有相关的统一规定。

【实施与检查】

在本条的执行中，容易产生争议的问题是炉灶位置与排油烟机的位置产生矛盾，有的炉灶位置上方不能安装排油烟机，有的从排油烟机到通风口排气管无法接通。设计单位与审图单位应加强图纸审查，及时修正。在施工阶段或者样板房装修阶段发现该问题，仍应认真解决，否则对入住后投诉的处理困难。

5.1.3　卫生间不应直接布置在下层住户的卧室、起居室(厅)、厨房、餐厅的上层。卫生间地面和局部墙面应有防水构造。

【要点说明】

本条根据国家标准《住宅设计规范》GB 50096—1999(2003 年版)第 3.4.3 条(工程建设标准强制性条文)改写而成，增加了卫生间不应直接布置在下层住户的餐厅上层的要求，增加了局部墙面应有防水构造的要求。

本条要求进一步严格区别套内外的界限，区别的界限不仅在左邻右舍，也有上下的关系。在《住宅设计规范》第 3.4.3 条原文中有“可布置在本套内的卧室、起居室(厅)和厨房上方”的条文仍可作为本条的补充。

【实施与检查】

在本条的执行中，要特别注意对局部修改设计时的审查。近年在房地产开发建设期间，开发单位常常要求设计者进行局部平面调整，此时如果忽视本规定，常会引起住户的不满和投诉。本条还将对住户自行装修行为具有约束力，可作为处理自行装修行为引发纠纷的依据。

5.1.4　卫生间应设置便器、洗浴器、洗面器等设施或预留位置；布置便器的卫生间的门不应直接开在厨房内。

【要点说明】

本条根据国家标准《住宅设计规范》GB 50096—1999(2003 年版)第 3.4.1 条、第 3.4.2 条改写而成。要求卫生间应设置相应的设施或预留位置。设置设施或预留位置时，应保证其位置和尺寸准确，并与给排水系统可靠连接。为了保证家庭饮食卫生，要求布置便器的卫生间的门不直接开在厨房内。

在《住宅设计规范》中，卫生间的定义是“供居住者进行便溺、洗浴、盥洗等活动的空间”。因此，一套住宅的卫生间可以是一间，也可以是一组空间。本条要求一套住宅的卫生间具有便器、洗浴器、洗面器等设施的基本条件，不要求每个卫生间均配置齐全，可以各有侧重。规定不允许直接在厨房内开门的卫生间是“布置便器的”，其他不受此限制。

《住宅设计规范》第3.4.2条原文中还有“布置便器的卫生间的门不应直接开向起居室(厅)”规定，根据反馈意见，不宜强制执行。

【实施与检查】

在本条在执行过程中出现的问题比较复杂，集中在两个方面。一是施工验收阶段，对未安装便器工程的争议，目前的解决方案是：采取同层排水的卫生间允许只留孔洞位置而不配置便器，否则不予验收。第二种常见的争议是，当起居室(厅)与厨房之间没有分隔时，如何判断布置便器的卫生间的门是否直接开在厨房内。根据《住宅设计规范》第3.4.2条，开向起居室(厅)也不允许，可按违反一般规范执行。

5.1.5 外窗窗台距楼面、地面的净高低于0.90m时，应有防护设施。六层及六层以下住宅的阳台栏杆净高不应低于1.05m，七层及七层以上住宅的阳台栏杆净高不应低于1.10m。阳台栏杆应有防护措施。防护栏杆的垂直杆件间净距不应大于0.11m。

【要点说明】

本条根据国家标准《住宅设计规范》GB 50096—1999(2003年版)第3.7.2条、第3.7.3条及第3.9.1条(工程建设标准强制性条文)改写而成，集中表述对窗台、阳台栏杆的安全防护要求。

没有邻接阳台或平台的外窗窗台，应有一定高度才能防止坠落事故。我国近期因设置低窗台引起的法律纠纷时有发生。《住宅设计规范》GB 50096—1999(2003年版)明确规定：“窗台的净高或防护栏杆的高度均应从可踏面起算，保证净高0.90m”。有效的防护高度应保证净高0.90m，距离楼(地)面0.45m以下的台面、横栏杆等容易造成无意识攀登的可踏面，不应计入窗台净高。当窗外有阳台或平台时，可不受此限。

根据人体重心稳定和心理要求，阳台栏杆应随建筑高度增高而增高。本条按住宅层数提出了不同的阳台栏杆净高要求。由于封闭阳台不改变人体重心稳定和心理要求，故封闭阳台栏杆也应满足阳台栏杆净高要求。

阳台栏杆设计应防止儿童攀登。根据人体工程学原理，栏杆的垂直杆件间净距不大于0.11m时，才能防止儿童钻出。

【实施与检查】

在本条在执行过程中需特别注意的是：1)低窗台的净高应从可踏面起算，保证净高0.90m。距离楼(地)面0.45m以下的台面被认定为可踏面。在事故责任认定中，首先确定由造成台面0.45m以下的当事人负责。2)七层及七层以上住宅楼的阳台栏杆高度，如果分段设计为1.05m和1.10m是允许的。3)即使在设计阶段就确定封闭阳台，其栏杆也应满足阳台栏杆净高要求，不允许按窗台高度设计。

5.1.6 卧室、起居室(厅)的室内净高不应低于2.40m，局部净高不应低于2.10m，局部净高的面积不应大于室内使用面积的1/3。利用坡屋顶内空间作卧室、起居室(厅)时，其1/2使用面积的室内净高不应低于2.10m。

【要点说明】

本条根据国家标准《住宅设计规范》GB 50096—1999(2003 年版)第 3.6.2 条、第 3.6.3 条(工程建设标准强制性条文)改写而成。

本条对住宅室内净高、局部净高提出要求，以满足居住活动的空间需求。根据普通住宅层高为 2.80m 的要求，不管采用何种楼板结构，卧室、起居室(厅)的室内净高不低于 2.40m 的要求容易达到。对住宅装修吊顶时，不应忽视此净高要求。局部净高是指梁底处的净高、活动空间上部吊柜的柜底与地面距离等。一间房间中低于 2.40m 的局部净高的使用面积不应大于该房间使用面积的 1/3。

居住者在坡屋顶下活动的心理需求比在一般平屋顶下低。利用坡屋顶内空间作卧室、起居室(厅)时，若净高低于 2.10m 的使用面积超过该房间使用面积的 1/2，将造成居住者活动困难。

【实施与检查】

工程实践中，违反本规定的现象多数出现在利用坡屋顶内空间作卧室、起居室(厅)时，对屋顶坡度的计算不够精确，特别在房间出入口处、室内主要通道等局部出现大面积净高低于 2.10m 时，应及时纠正。

5.1.7　阳台地面构造应有排水措施。

【要点说明】

本条根据国家标准《住宅设计规范》GB 50096—1999(2003 年版)第 3.7.5 条改写而成。阳台是用水较多的地方，其排水处理好坏，直接影响居民生活。我国新建住宅中因上部阳台排水不当对下部住户造成干扰的事例时有发生，为此，要求阳台地面构造应有排水措施。

本条在征求意见阶段的条文为“阳台地面构造应有防水措施”，反馈意见认为一般理解地面防水措施就是要求设防水层，阳台则不需要，建议改为应有排水措施。

【实施与检查】

执行中应区别阳台是否有给水设施、封闭阳台还是开敞阳台、当地雨量等不同情况，选择有效的排水措施。

5.2　公 共 部 分

5.2.1　走廊和公共部位通道的净宽不应小于 1.20m，局部净高不应低于 2.00m。

【要点说明】

“走廊和公共部位通道的净宽不应小于 1.20m”是根据国家标准《住宅设计规范》GB 50096—1999(2003 年版)第 4.2.2 条改写而成。“局部净高不应低于 2.00m”是征求意见稿后应各方要求增加的。增加的理由：公共部位通道及局部净高过低影响搬运物件通行，十分不便。

走廊和公共部位通道的净宽不足或局部净高过低将严重影响人员通行及疏散安全。本条根据人体工程学原理提出了通道净宽和局部净高的最低要求。有意见认为局部净高统一规定不应低于 2.10m 更好。最终与《民用建筑设计通则》协调，选用“不应低于 2.00m”。

【实施与检查】

本条在实施中应重点检查门厅出入口处通道的净宽和楼梯过梁底的净高。住宅公共部位装修改造，也应执行本规定，避免面层材料过厚影响通道宽度，吊顶层材料过厚影响局部净高。

5.2.2 外廊、内天井及上人屋面等临空处栏杆净高，六层及六层以下不应低于1.05m；七层及七层以上不应低于1.10m。栏杆应防止攀登，垂直杆件间净距不应大于0.11m。

【要点说明】

本条根据国家标准《住宅设计规范》GB 50096—1999(2003年版)第4.2.1条(工程建设标准强制性条文)改写而成。外廊、内天井及上人屋面等处一般都是交通和疏散通道，人流较为集中，故临空处栏杆高度应能保障安全。

征求意见期间，收集到关于增加“栏杆离地面或屋面0.10m高度内不应留空”规定的意见。其目的是，避免0.10m高度内的留空造成坠物伤人。但该规定与栏杆高度不计算可踏面的要求经常矛盾，而且许多场合0.10m高度内的留空是没有危险的。因此没有采纳该意见。

本条按住宅层数提出了不同的栏杆净高的要求与本规范第5.1.5条规定一致。

【实施与检查】

在本条的实施与检查过程中需特别注意：1)外廊、内天井及上人屋面等临空处栏杆的形式很多，包括女儿墙，实际案例中所有需要防护的部位都应符合此规定。其净高应从可踏面起算，保证净高0.90m。距离楼(地)面0.45m以下的台面被认定为可踏面。在事故责任认定中，首先确定由造成台面0.45m以下的当事人负责，屋面增加保温防水层时应特别检查是否造成台面。2)七层及七层以上住宅楼的各种临空处栏杆高度，如果分段设计为1.05m和1.10m是允许的。3)公共部分的窗台，允许按窗台高度设计，保证净高0.90m。目前《民用建筑设计通则》也已明确住宅窗台应保证净高0.90m。4)“栏杆垂直杆件间净距不应大于0.11m”包括整个防护区域，可踏面以上的栏杆垂直杆件间净距也不应大于0.11m。

5.2.3 楼梯梯段净宽不应小于1.10m。六层及六层以下住宅，一边设有栏杆的梯段净宽不应小于1.00m。楼梯踏步宽度不应小于0.26m，踏步高度不应大于0.175m。扶手高度不应小于0.90m。楼梯水平段栏杆长度大于0.50m时，其扶手高度不应小于1.05m。楼梯栏杆垂直杆件间净距不应大于0.11m。楼梯井净宽大于0.11m时，必须采取防止儿童攀滑的措施。

【要点说明】

本条根据国家标准《住宅设计规范》GB 50096—1999(2003年版)第4.1.2条、第4.1.3条、第4.1.5条(工程建设标准强制性条文)改写而成，集中表述对楼梯的相关要求。楼梯梯段净宽系指墙面至扶手中心之间的水平距离。从安全防护的角度出发，本条提出了减缓楼梯坡度、加强栏杆安全性等要求。住宅楼梯梯段净宽不应小于1.10m的规定与国家标准《民用建筑设计通则》GB 50352—2005对楼梯梯段宽度按人流股数确定的一般规定基本一致。同时，考虑到实际情况，对六层及六层以下住宅中一边设有栏杆的梯段净宽要求放宽为不小于1.00m。

【实施与检查】

在本条实施与检查过程中需特别注意的是：1)梯段净宽应以最不利点测算，如有突出的柱子、内收的扶手，均应以最窄处测算梯段净宽。2)六层及六层以下住宅，如果梯段两边都是实墙，其净宽不应小于 1.10m 而不是 1.00m。3)当楼梯水平段栏杆长度大于 0.50m 时，应将整个水平段栏杆高度设计为 1.05m，不允许分段设计。4)"楼梯栏杆垂直杆件间净距不应大于 0.11m"包括整个防护区域，可踏面以上的栏杆垂直杆件间净距也不应大于 0.11m。5)套内楼梯可不执行本条的规定。

5.2.4 住宅与附建公共用房的出入口应分开布置。住宅的公共出入口位于阳台、外廊及开敞楼梯平台的下部时，应采取防止物体坠落伤人的安全措施。

【要点说明】

本条根据国家标准《住宅设计规范》GB 50096—1999(2003 年版)第 4.5.4 条、第 4.2.3 条(工程建设标准强制性条文)改写而成，提出住宅建筑出入口的设置及安全措施要求。

为了解决使用功能完全不同的用房在一起时产生的人流交叉干扰的矛盾，保证防火安全疏散，要求住宅与附建公共用房的出入口分开布置。分别设置出入口将造成建筑面积分摊量增加，这是正常情况，应在工程设计前期全面衡量，不可因此降低安全要求。

出入口应分开布置的目的是避免互相干扰和便于安全防范。因此，本条所指附建公共用房不包括本楼自用的自行车库、配电、维修、仓库、物业等用房。

为防止阳台、外廊及开敞楼梯平台上坠物伤人，要求对其下部的公共出入口采取防护措施。位于阳台、外廊及开敞楼梯平台下部的住宅的公共出入口，人流集中，物体坠落伤人事件频繁发生。《住宅设计规范》第 4.2.3 条原文是"应采取设置雨罩等防止物体坠落伤人的安全措施。"有意见认为规定过于具体，本条不特指设置雨罩，允许采取各种措施。

【实施与检查】

在本条实施与检查过程中需特别注意的是：1)为小区其他住宅服务的用房，如会所等，不论其装修如何豪华，应与本楼出入口分隔。2)共用地下停车库与各住宅单元直接连通的出入口，应有门分隔。3)采取设置雨罩作为防止物体坠落伤人的安全措施时，应保证雨罩的进深突出阳台、外廊及开敞楼梯平台等 0.5m 以上。

5.2.5 七层以及七层以上的住宅或住户入口层楼面距室外设计地面的高度超过 16m 以上的住宅必须设置电梯。

【要点说明】

本条根据国家标准《住宅设计规范》GB 50096—1999(2003 年版)第 4.1.6 条(工程建设标准强制性条文)制定。针对当前房地产开发中追求短期经济利益，牺牲居住者利益的现象，为了维护公众利益，保证居住者基本的居住条件，严格规定了住宅须设电梯的层数、高度要求。顶层为两层一套的跃层住宅时，若顶层住户入口层楼面距该住宅建筑室外设计地面的高度不超过 16m，可不设电梯。

关于住宅电梯的配置条文，从制定《住宅设计规范》以来始终有大量质疑，但总体执行情况越来越好。

【实施与检查】

《住宅设计规范》第 4.1.6 条有如下 4 款注释进一步明确实施时应注意的情况。

1 底层作为商店或其他用房的多层住宅，其住户入口层楼面距该建筑物的室外设计地面高度超过 16m 时必须设置电梯。

2 底层做架空层或贮存空间的多层住宅，其住户入口层楼面距该建筑物的室外设计地面高度超过 16m 时必须设置电梯。

3 顶层为两层一套的跃层住宅时，跃层部分不计层数。其顶层住户入口层楼面距该建筑物室外设计地面的高度不超过 16m 时，可不设电梯。

4 住宅中间层有直通室外地面的出入口并具有消防通道时，其层数可由中间层起计算。

上述 4 款注释是针对 1998 年住宅全面实行商品化之前，在配置电梯方面的各种消极对策制定的。针对当前新的现实情况，在本条的实施与检查过程中还需特别注意：层数的计算方法，应执行本规范第 9.1.6 条的规定，并符合防火安全疏散的有关规定。

5.2.6 住宅建筑中设有管理人员室时，应设管理人员使用的卫生间。

【要点说明】

根据居住实态调查，随着居住生活模式变化，住宅管理人员和各种服务人员大量增加，特别是电梯管理人员、保安人员、地下车库管理人员等长时间在住宅建筑中执行任务的人员大量增加，若住宅建筑中不设相应的卫生间，将造成公共卫生难题。

本条文在征求意见期间，有意见认为可在第 4 章做规定。经协调认为，明确在设有管理人员室的建筑中设置更便于实施与检查。

【实施与检查】

本条的实施与检查重点是工程图纸审查，对设有管理人员值班室的住宅建筑，应确认设有供管理人员使用的卫生间并与给排水系统连接。

5.3 无障碍要求

5.3.1 七层及七层以上的住宅，应对下列部位进行无障碍设计：

1 建筑入口；

2 入口平台；

3 候梯厅；

4 公共走道；

5 无障碍住房。

【要点说明】

本条根据行业标准《城市道路和建筑物无障碍设计规范》JGJ 50—2001 第 5.2.1 条（工程建设标准强制性条文）改写而成，列出了七层及七层以上的住宅应进行无障碍设计的部位。

建筑无障碍设计是时代进步与人民需求的体现。目前建筑无障碍设计在国际上已普遍实施，它不仅体现了人文思想，同时也是社会文明与进步的标志。

住宅的使用者，包括健全人以及行走有困难的老年人、残疾人、病弱者、携重物者、婴幼儿与妇女。按照建筑无障碍设计的理论，要求建筑物的使用功能、水平与竖向交通流线及设施配件等，均应保证通行和使用上的安全和便利，在设计上应做到：健全人能够达到的地方和使用的设施，弱势群体亦应能够达到和使用。

但是，我国最普遍的住宅形式是多层不设电梯的住宅，出门爬楼梯在所难免，所以只能规定对七层及七层以上的住宅进行无障碍设计。

该标准原文对高层、中高层住宅要求进行无障碍设计的部位还包括电梯轿厢。由于该规定在住宅中强制执行存在现实问题，本条不予列入。

本条文在征求意见期间，有意见认为，既然规定七层及七层以上的住宅必须设置电梯，那么应相应规定设电梯的住宅应进行无障碍设计。经过论证认为，近年来大量出现多层住宅设电梯的单元式住宅，虽然为进行无障碍设计打下一定基础，但其入口处到电梯间要实现无障碍有很大难度。既然允许六层及六层以下住宅不设置电梯，那么要求六层及六层以下设置电梯的住宅进行无障碍设计的理由就不充分。因此，对六层及六层以下设置电梯的住宅也不列为强制执行无障碍设计的对象。

【实施与检查】

本条执行重点是明确无障碍设计的范围，凡确定为应进行无障碍设计的部位，必须严格执行以上各项规定。工程设计图纸审查时，应逐项落实建筑物的入口、入口平台、候梯厅、公共走道、无障碍住房等部位的措施。

5.3.2 建筑入口及入口平台的无障碍设计应符合下列规定：

1 建筑入口设台阶时，应设轮椅坡道和扶手；

2 坡道的坡度应符合表 5.3.2 的规定；

坡道的坡度　　表 5.3.2

高度(m)	1.00	0.75	0.60	0.35
坡　度	≤1∶16	≤1∶12	≤1∶10	≤1∶8

3 供轮椅通行的门净宽不应小于 0.80m；

4 供轮椅通行的推拉门和平开门，在门把手一侧的墙面，应留有不小于 0.50m 的墙面宽度；

5 供轮椅通行的门扇，应安装视线观察玻璃、横执把手和关门拉手，在门扇的下方应安装高 0.35m 的护门板；

6 门槛高度及门内外地面高差不应大于 15mm，并应以斜坡过渡。

【要点说明】

本条根据行业标准《城市道路和建筑物无障碍设计规范》JGJ 50—2001 第 7 章相关规定改写而成。该规范规定高层、中高层居住建筑入口设台阶时，必须设轮椅坡道和扶手。本条规定不受住宅层数限制。在征求意见期间争论激烈，有意见认为对多层住宅的入口形式有重大影响，难以执行；而且仅仅入口无障碍，马上又需爬楼梯，意义不大。多数意见坚持认为有意义，认为居住建筑入口是老年人摔伤事故的多发地点，应是无障碍设计的重点部位。无论层数多少，进行无障碍设计时，建筑入口及入口平台的无障碍设计应符合本条的规定。

本条按不同的坡道高度给出了最大坡度限值，并取消了坡道长度要求。在征求意见阶段，表 5.3.2 选取了与第 4 章相同的数据。经协调认为，原规范的标准是对城市道路和建筑物的规定，本章内容只涉及居住建筑物，不可能采用特长的坡道。因此，将长坡道的规定放在第4章中。表5.3.2相当于规定，住宅建筑的坡道，高度不应高于1.00m，长度不应长于16.00m，否则应分段设置。

【实施与检查】

本条的实施与检查重点是在工程图纸审查和施工验收时，特别注意第4、5款的规定。强制执行相应无障碍设计已得到各方面的重视和理解。工程造价适度提高也是可以承受的。

5.3.3 七层及七层以上住宅建筑入口平台宽度不应小于2.00m。

【要点说明】

本条根据行业标准《城市道路和建筑物无障碍设计规范》JGJ 50—2001第7.1.3条改写而成。为避免轮椅使用者与正常人流的交叉干扰，要求七层及七层以上住宅建筑入口平台宽度不小于2.00m。

七层及七层以上住宅均应设有电梯。近年出现的中高层单元式住宅入口处平台的常见宽度在1.50m左右。本条要求进一步落实无障碍设计措施。

【实施与检查】

重点落实在规划设计阶段，对于中高层单元式住宅入口，在规划设计时若不留有余地，后期单元门的安装位置将很难确定。

5.3.4 供轮椅通行的走道和通道净宽不应小于1.20m。

【要点说明】

本条根据行业标准《城市道路和建筑物无障碍设计规范》JGJ 50—2001第7.1.3条改写而成，给出了供轮椅通行的走道和通道的最小净宽限值。

供轮椅通行的走道指七层及七层以上的住宅建筑中的公共走道；供轮椅通行的通道指通往无障碍住房的通道。

【实施与检查】

本条的实施与检查重点是七层及七层以上的住宅建筑中的所有公共走道，包括各层电梯间到各户门之间的走道。同时对设在六层及六层以下住宅建筑首层中的无障碍住房，要认真检查其通道的净宽是否符合要求。

5.4 地 下 室

5.4.1 住宅的卧室、起居室(厅)、厨房不应布置在地下室。当布置在半地下室时，必须采取采光、通风、日照、防潮、排水及安全防护措施。

【要点说明】

本条根据国家标准《住宅设计规范》GB 50096—1999(2003年版)第4.4.1条改写而成。住宅建筑中的地下室，由于通风、采光、日照、防潮、排水等条件差，对居住者健康不利，故规定住宅的卧室、起居室(厅)、厨房不应布置在地下室。其他房间如储藏间、卫生间、娱乐室等不受此限。本条在征求意见阶段有反复修改，《住宅设计规范》的原意是不应将整套住宅都设在地下室。为了明确表达，允许其他房间设在地下室，采用现在的表述。

由于半地下室有对外开启的窗户，条件相对较好，若采取采光、通风、日照、防潮、排水及安全防护措施，可布置卧室、起居室(厅)、厨房。在大多数城市住宅开发中，半地下室的日照问题是最难解决的，但不排除部分地区太阳高度角条件允许或者采用复式住宅的形式，仍能满足日照要求。

对地下室和半地下室，本规范术语部分有定义。

【实施与检查】

在本条的实施与检查过程中需特别注意：1)设在地下室的卫生间应满足本章第5.1.4条的规定。2)允许管理人员值班室等设在地下室。3)半地下室的采光、通风、日照、防潮、排水及安全防护措施应达到相应标准。

5.4.2 住宅地下机动车库应符合下列规定：

1 库内坡道严禁将宽的单车道兼作双车道。

2 库内不应设置修理车位，并不应设置使用或存放易燃、易爆物品的房间。

3 库内车道净高不应低于2.20m。车位净高不应低于2.00m。

4 库内直通住宅单元的楼(电)梯间应设门，严禁利用楼(电)梯间进行自然通风。

【要点说明】

本条根据行业标准《汽车库建筑设计规范》JGJ 100—98的相关规定和住宅地下车库的实际情况制定。

汽车库内的单车道是按一条中心线确定坡度及转弯半径的，如果兼作双车道使用，即使有一定的宽度，汽车在坡道及其转弯处仍然容易发生相撞、刮蹭事故。因此，严禁将宽的单车道兼作双车道。

地下车库在通风、采光方面条件差，而集中存放的汽车由于其油箱储存大量汽油，是易燃、易爆因素，且地下车库发生火灾时扑救难度大，因此，设计时应排除其他可能产生火灾、爆炸事故的因素，不应将修理车位及使用或存放易燃、易爆物品的房间设置在地下车库内。

关于“库内车道净高不应低于2.20m。车位净高不应低于2.00m。”，有意见认为将造成车库限高标志2.20m，但实际高于2.00m的车无法进入车位的现象。经论证，车库中车位低于车道是正常现象。

多项实例检测结果表明，住宅的地下车库中有害气体超标现象十分严重。如果利用楼(电)梯间为地下车库自然通风，将严重污染住宅室内环境，必须加以限制。

【实施与检查】

在本条的实施与检查过程中需特别注意：1)按照车道有关规定审查坡度和转弯半径。2)确认没有存放易燃、易爆物品的房间。3)检查地下车库的通风系统，同时确认从车库直接进入住宅单元的楼(电)梯间的通风系统与地下车库隔开。

5.4.3 住宅地下自行车库净高不应低于2.00m。

【要点说明】

住宅的地下自行车库属于公共活动空间，其净高至少应与公共走廊净高相等，故规定其净高不应低于2.00m。

本条以整个地下自行车库作为一个空间规定其净高。由于放置自行车的位置可以很低，本条没有规定局部净高。作为住宅建筑的公共活动空间，可参照第5.1.6条，其局部净高低于2.00m的空间面积不宜大于1/3。

【实施与检查】

参照本章关于净高的实施与检查方法，重点检查人员活动集中的通道等部位，允许局部空间低于 2.00m。

5.4.4 住宅地下室应采取有效防水措施。

【要点说明】

住宅的地下室包括车库、储藏间等，均应采取有效防水措施。有反馈意见认为应明确提出地下室防水措施就是要求设防水层等，由于本规范不指定具体措施，没有采纳该意见。

【实施与检查】

虽然“有效防水措施”存在操作性问题，但在工程建设中已有大量实施经验，各地可采用当地成熟的防水技术，满足本条规定要求。

第6章　结　　构

概　　述

本章是对住宅建筑结构的基本要求，共4节25条，涵盖了工程地质勘察、地基基础、上部结构、建筑外围护结构、非结构构件等方面的原则规定，是保证住宅建筑结构安全性、适用性和耐久性的基本要求。

根据《住宅建筑规范》的编制原则和全文强制的特点，本章内容主要围绕住宅结构的性能要求展开。技术内容上，主要依据现行工程建设标准强制性条文，并体现国家标准《建筑结构可靠度设计统一标准》GB 50068—2001以及相关的岩土工程勘察、地基基础、荷载、建筑抗震、结构设计、建筑幕墙等标准规范的精神实质；篇幅上，除住宅结构中带有普遍性、影响大的问题和环节外，对有关材料结构的具体设计、施工、质量验收等过程不再作详细规定，这方面的具体要求应遵照国家现行有关强制性标准的规定。

6.1节主要包括住宅结构设计使用年限、荷载和地震作用考虑原则、抗震设计原则、岩土工程勘察和场地要求、结构和结构构件的可靠性(安全性、适用性、耐久性)要求、住宅周边环境(如永久性边坡)的安全要求等基本规定。

6.2节主要对住宅结构材料性能提出原则要求。对常用结构材料，如钢材(包括钢筋)、混凝土、砖、砌块、砌筑砂浆、木材、结构胶等的物理力学性能提出了比较具体的要求；对钢材的化学成分也提出了要求。由于建造住宅结构的材料种类较多，本节的规定不可能、也不必要完全涵盖，因此增加了6.2.1条的原则规定。对于非结构材料，因十分庞杂，其性能要求因使用功能、使用环境和设计要求的不同而有较大差异，不易在本规范中具体规定，所以本节没有涉及。在本章第6.4.9条中提出了非结构构件的原则要求，涉及到了非结构材料。

6.3节规定了地基基础设计原则、地基承载力和变形要求、基坑开挖和支护要求、工程桩及地基处理后的检测要求。基坑开挖和地基处理虽然是住宅建造过程中的个别环节，但过去的经验表明，这些环节是比较容易出安全问题的，因此，本节中还是给出了原则要求。

6.4节对住宅上部结构(主体结构)的概念设计、抗震设计、薄弱部位的加强提出了原则要求；针对不同材料结构(钢结构、混凝土结构、砌体结构、木结构)的特点，提出了相对具体的要求；针对住宅围护结构和非结构构件提出了安全性、适用性等方面的原则要求。

结构是住宅建筑的骨架，直接影响住宅的安全性和耐久性。我国地域广大，各地经济技术条件、自然资源、环境、气候、生活习惯等方面，客观上存在较大差异，使得住宅结构材料、结构体系种类繁多，不同材料和结构体系在构造设计上存在一定的差异。为了保证住宅结构的可靠性，应对勘察、设计、施工、验收、使用维护等环节提出相应要求。勘察、设计是住宅建筑的根本，应遵守安全、适用、经济、美观的基本原则，并在保证安全的前提下，尽量做到经济、适用、节材、节地、节能；充分考虑当地的自然条件、工程地质条件、水文地质条件、生活习惯、技术水平和经济发展水平，做到因地制宜；地基、基础、地下室、上部结构、围护结构等应通盘考虑，优化设计。施工图审查单位，应对结构概念设计进行把握，抓住重点环节和因素，发现结构设计中可能存在的安全隐患；对设计依据和设计标准(包括抗震设防标准)、各种作用取值及组合、作用效应分析及组合、结构的整体性和整体稳定性、结构的极限承载能力和正常使用能力、结构的耐久性、结构构件和节点构造设计要求等，应予以重点审查；对围护结构(尤其是幕墙结构)和非结构构件的安全性，应引起充分重视，予以特别关注。施工单位应依据设计文件和有关规范标准的要求进行施工，杜绝弄虚作假，保证结构工程质量。施工质量监理单位，应熟悉设计文件和有关规范标准的要求，以独立第三方的姿态，切实完成结构施工全过程的质量监督和管理。有关质量监督部门，应认真履行工程验收职责。

需要强调指出，合格的结构施工质量是实现结构设计意图和设计目标的基本保证，也是保证结构安全的十分重要的环节。虽然本章没有直接对结构施工技术和施工质量验收提出专门的条文，但作为住宅结构性能要求的构成部分或影响环节，其主要精神已反映在本章有关条文中。2001年以来，我国陆续发布实施了一系列的施工质量验收规范，与住宅结构直接相关的包括(但不限于)：《建筑工程施工质量验收统一标准》GB 50300—2001、《建筑地基基础工程施工质量验收规范》GB 50202—2002、《砌体工程施工质量验收规范》GB 50203—2002、《混凝土结构工程施工质量验收规范》GB 50204—2002、《钢结构工程施工质量验收规范》GB 50205—2001、《木结构工程施工质量验收规范》GB 50206—2002等，应根据住宅结构的实际情况，遵照执行。

根据本规范编写要求，经过编制组讨论，住宅地下室中的人民防空工程的结构设计要求，在本规范中暂未涉及。这方面的设计要求，应按国家标准《人民防空地下室设计规范》GB 50038—2005的有关规定执行。

6.1 一 般 规 定

6.1.1 住宅结构的设计使用年限不应少于50年，其安全等级不应低于二级。

【要点说明】

本条依据国家标准《建筑结构可靠度设计统一标准》GB 50068—2001第1.0.5条和第1.0.8条制定。结构设计使用年限是设计规定的结构或结构构件不许进行大修即可按其预定目的使用的时期，即房屋建筑在正常设计、正常施工、正常使用和包括必要的检测、防护及维修在内的正常维护下所应达到的使用年限。在设计使用年限内，结构应具有设计规定的可靠度。在达到设计规定的设计使用年限后，结构或结构构件的可靠度可能会降低，但从技术上讲，并不意味着其已完全失去继续使用的安全保障。结构或结构构件能否继续安全使用，应进行可靠性鉴定，并依据鉴定结论执行。结构设计使用年限的选取应符合表2-6-1的规定。

设计使用年限分类 表 2-6-1

类别	设计使用年限(年)	示例
1	5	临时性结构
2	25	易于替换的结构构件
3	50	普通房屋和构筑物
4	100	纪念性建筑和特别重要的建筑结构

安全等级是结构设计时，根据结构或结构构件破坏可能产生后果(如危及人身安全、造成财产损失、产生社会影响等)的严重性而划分的设计等级，其划分应符合表 2-6-2 的规定。建筑物中，各类结构构件的安全等级宜与整个结构的安全等级相同；当对建筑结构中部分结构构件的安全等级进行调整时，可高于整个结构的安全等级。不同安全等级对应着不同的设计要求，具体体现在不同材料结构设计规范中。

建筑结构的安全等级 表 2-6-2

安全等级	破坏后果	建筑物类型
一级	很严重	重要的房屋
二级	严重	一般的房屋
三级	不严重	次要的房屋

注：1. 对特殊的建筑物，其安全等级应根据具体情况另行确定；
2. 地基基础设计安全等级及按抗震要求设计时建筑结构的安全等级，尚应符合国家现行有关规范的规定。

在非抗震设计时，无论采用何种材料结构，均应依据结构设计使用年限、安全等级及工程实践经验确定结构重要性系数 γ_0，并应符合表 2-6-3 的规定。

结构重要性系数 表 2-6-3

结构或结构构件	结构重要性系数 γ_0
安全等级为一级或设计使用年限为 100 年及以上	不应小于 1.1
安全等级为二级或设计使用年限为 50 年	不应小于 1.0
安全等级为三级或设计使用年限为 5 年	不应小于 0.9
设计使用年限为 25 年	遵照各类材料结构设计规范的规定

住宅一般不属于国家标准《建筑结构可靠度设计统一标准》GB 50068—2001 中所说的特别重要或破坏后果很严重的建筑结构，通常情况下，其设计使用年限取 50 年，安全等级取二级。考虑到住宅结构的可靠性与居民的生命财产安全息息相关，而且随着市场经济的发展，住宅已经或正在成为最为重要的耐用消费商品之一。因此，本规范规定住宅的设计使用年限应取 50 年或更长时间，其安全等级应取二级或更高。作为商品，住宅的设计使用年限取长于 50 年或安全等级取高于二级，从技术上不应加以限制。

抗震设计的住宅，除了应符合本条要求外，结构安全等级还体现在建筑抗震设防分类要求上，参见本规范第 6.1.2 条的规定。地基基础的安全等级划分，除应符合本条的原则外，尚应符合国家现行有关规范的规定。

【实施与检查】

住宅的设计使用年限和安全等级不应低于本条的要求，并应在设计文件和住宅使用说明书中载明，有关质量监督部门和住宅的所有者应在设计、施工、验收等环节予以检查、核实。同时，设计单位应根据选定的设计使用年限、安全等级和不同材料结构的特点，按照承载能力极限状态、正常使用极限状态的不同要求进行住宅结构设计；有关质量监督部门要检查设计、施工环节是否按照所选定的设计使用年限和安全等级，依据国家现行有关标准的要求进行了设计和施工。

6.1.2　抗震设防烈度为6度及以上地区的住宅结构必须进行抗震设计，其抗震设防类别不应低于丙类。

【要点说明】

本条依据国家标准《建筑抗震设计规范》GB 50011—2001第1.0.2条和《建筑工程抗震设防分类标准》GB 50223—2004第6.0.11条制定。

我国是多地震国家，防震减灾是一项长期的基本国策。抗震设防烈度是按国家规定的权限批准作为一个地区抗震设防依据的地震烈度，一般情况下，取50年超越概率10%的地震烈度；建筑的抗震设防分类是根据建筑遭遇地震破坏后，可能造成人员伤亡、直接和间接经济损失、社会影响程度及其在抗震减灾中的作用等因素，对各类建筑所做的设防类别划分。抗震设防烈度(或设计地震动参数)和抗震设防类别，是确定建筑抗震设防标准的最主要依据，决定了对建筑的地震作用计算和所采取抗震措施的不同要求。

住宅结构设计时，除了考虑重力作用、风作用以及可能对结构造成影响的非荷载效应外，抗震设防区必须考虑地震作用。依据《建筑抗震设计规范》GB 50011—2001的规定，我国抗震设防烈度分为6、7、8、9度，抗震设防烈度与设计基本地震加速度的对应关系见表2-6-4。抗震设防烈度为6度及6度以上地区的建筑，必须进行抗震设计。一般情况下，设计基本地震加速度为0.15g和0.30g地区的住宅建筑，应分别按抗震设防烈度7度和8度的要求进行抗震设计；当建筑场地为Ⅲ、Ⅳ类时，宜分别按照8度(0.20g)和9度(0.40g)时的要求采取抗震构造措施。抗震设计的具体要求应遵照《建筑抗震设计规范》GB 50011—2001以及其他国家现行标准的有关规定。

抗震设防烈度和设计基本加速度值的对应关系　　**表2-6-4**

抗震设防烈度	6	7	8	9
设计基本地震加速度	0.05g	0.10g(0.15g)	0.20g(0.30g)	0.40g

注：g为重力加速度。

按照《建筑工程抗震设防分类标准》GB 50223—2004的规定，抗震设计时，各类建筑要根据其使用功能的重要性、破坏后果的严重性划分为甲类、乙类、丙类和丁类四个抗震设防类别，并依据抗震设防类别采取相应的抗震设防标准。甲类建筑应属于重大建筑工程和地震时可能发生严重次生灾害的建筑；乙类建筑应属于地震时使用功能不能中断或需尽快恢复的建筑；丙类建筑应属于甲、乙、丁类以外的建筑；丁类建筑应属于抗震次要建筑。随着城镇居民居住水平的不断提高以及社会主义新农村建设事业的不断推进，在相当长的时期内，住宅建筑量大面广的局面不会改变。按照建设节约型社会的要求，抗震设计时，应该综合考虑住宅安全性、适用性和经济性要求，在保证可靠性的前提下，尽量做到节约结构造价、降低成本，使消费者买得起、住得起。因此，本规范将住宅建筑的抗震设防类别定为不应低于丙类，与《建筑工程抗震设防分类标准》GB 50223—2004第6.0.11

条的规定基本一致，但措辞更严格，意味着正规住宅建筑的抗震设防类别不允许划分为丁类。

建筑抗震设计，通常包括抗震计算和抗震措施两个方面，缺一不可。丙类建筑的地震作用和抗震措施均应符合本地区抗震设防烈度的要求；当建筑场地为Ⅰ类时，除6度外，允许按本地区抗震设防烈度降低一度的要求采取抗震构造措施。乙类建筑的地震作用应符合本地区抗震设防烈度的要求。乙类建筑的抗震措施，一般情况下，当抗震设防烈度为6、7、8度时，应符合本地区抗震设防烈度提高一度的要求，当为9度时，应符合比9度抗震设防更高的要求；当建筑场地为Ⅰ类时，允许仍按本地区抗震设防烈度的要求采取抗震构造措施。

当建筑场地为Ⅳ类时，住宅结构宜适当加强抗震措施。

【实施与检查】

丙类及以上类别住宅建筑的抗震设计要求，应遵照《建筑抗震设计规范》GB 50011—2001及有关材料的国家现行结构设计规范的规定。住宅的抗震设防烈度、抗震设防类别、设计基本地震加速度、场地类别等，应在设计文件和使用说明书中载明，设计人员应按照选定的抗震设防烈度和抗震设防类别进行地震作用计算、采取相应的抗震措施。有关质量监督部门和住宅的所有者应在设计、施工、验收等环节予以检查、核实。

6.1.3　住宅结构设计应取得合格的岩土工程勘察文件。对不利地段，应提出避开要求或采取有效措施；严禁在抗震危险地段建造住宅建筑。

【要点说明】

本条主要依据国家标准《岩土工程勘察规范》GB 50021—2001、《建筑地基基础设计规范》GB 50007—2002 和《建筑抗震设计规范》GB 50011—2001 的有关规定制定。

“先勘察、后设计、再施工”，是国家一再强调的十分重要的政策，在住宅结构设计和施工之前，必须按基本建设程序进行岩土工程勘察。近年来，仍有少数工程，不进行勘察就设计施工；或虽然做了勘察，但质量低劣(不合格)，达不到应有的要求，造成质量事故或存在安全隐患。有些单位甚至伪造勘察数据，编造虚假报告，必须严加监管。我国地质灾害相当普遍而频繁，尤其是西部地区，应进行有针对性的、专门性的勘察，以确保工程安全。地下水位、水质等参数是地基基础设计必备的数据，不少工程事故与地下水有关，勘察单位、设计单位应倍加注意。

岩土工程勘察应按工程建设各阶段的要求，正确反映工程地质条件，查明不良地质作用和地质灾害，取得资料完整、评价正确的勘察报告，并依此进行住宅地基基础设计。住宅应优先建造在对结构安全有利的场地地段；对不利地段应力求避开，当因客观原因确实无法避开不利地段时，应仔细分析并采取保证结构安全的有效措施；禁止在抗震危险地段建造住宅。住宅上部结构的选型和设计应兼顾对地基基础的影响。

场地岩土工程勘察报告一般包含：勘察目的、任务要求和依据的技术标准；拟建工程概况；勘察方法和勘察工作布置；场地地形、地貌、地层、地质构造、岩土性质及其均匀性；各项岩土性质指标及地基承载力的建议值；地下水埋藏情况、类型、水位及其变化；土和水对建筑材料的腐蚀性；可能影响工程稳定的不良地质作用的描述和对工程危害程度的评价；场地稳定性和适宜性的评价；对地基类型、地基处理、基础形式、基坑支护、工程降水和不良地质作用的防治等提出建议。抗震设计时，场地岩土工程勘察应划分对建筑有利、不利和危险的地段，提供建筑的场地类别以及岩土的地震稳定性(滑坡、崩塌、液化和震陷特性等)评价；对需要采用时程分析法补充计算的建筑，尚应根据设计要求提供土层剖面、场地覆盖层厚度和有关的动力计算参数；存在饱和砂土和饱和粉土(不含黄土)的地基，除6度抗震设防外，应进行液化判别；凡判别为可液化的土层，应按照现行国家标准《建筑抗震设计规范》GB 50011—2001的规定确定其液化指数和液化等级。对存在液化土层的地基，应根据建筑的抗震设防类别、地基的液化等级，结合实际工程情况和地区经验采取相应的措施。有关抗液化措施，可参考现行国家标准《建筑抗震设计规范》GB 50011—2001的有关规定。

我国幅员辽阔，工程地质、水文地质情况变化大，各地的勘察设计要求不可能完全相同。对于山区地基、膨胀土地基、湿陷性黄土地基、回填土地基及可能出现滑坡的地段等，应根据国家现行有关标准的规定，进行更加仔细的勘察设计。

须注意，本条所说的“不利地段”既包括抗震不利地段，也包括一般意义上的不利地段(如岩溶、滑坡、崩塌、泥石流、地下采空区等)。

【实施与检查】

住宅工程在设计施工之前，必须按照基本建设程序进行岩土工程勘察，勘察设计单位必须具备法律法规规定的相应资质。岩土工程勘察应按照工程建设各勘察阶段的要求，正确反映工程地质条件，查明不良地质作用和可能的地质灾害，提出资料完整、评价正确可靠的勘察报告。设计单位必须依照勘察设计文件，结合工程特点进行分析比较，安全、经济地进行地基基础设计和上部结构设计；有关质量监督部门应对工程地质勘察报告的合法性、正确性以及设计单位是否正确地使用进行检查、核实。

6.1.4　住宅结构应能承受在正常建造和正常使用过程中可能发生的各种作用和环境影响。在结构设计使用年限内，住宅结构和结构构件必须满足安全性、适用性和耐久性要求。

【要点说明】

本条主要依据国家标准《建筑结构可靠度设计统一标准》GB 50068—2001的有关规定制定。可靠性是安全性、适用性和耐久性的总称。住宅结构在规定的设计使用年限内应具有足够的可靠性，具体体现在：(1)在正常施工和正常使用过程中，能够承受可能出现的各种作用，如重力、风、地震作用以及可能的非荷载效应(温度效应、结构材料的收缩和徐变、环境侵蚀和腐蚀等)，即具有足够的承载能力；(2)在正常使用过程中具有良好的工作性能，满足适用性要求，如可接受的变形、挠度和裂缝等；(3)在正常维护条件下具有足够的耐久性能，即在规定的工作环境和正常维护(而不是大修)条件下，在预定的使用年限内结构材料性能的恶化不应导致结构出现不可接受的失效概率；(4)在设计规定的偶然事件发生时和发生后，结构能保持必要的整体稳定性，即结构仅发生局部损坏或失效而不产生连续倒塌事故。

结构的可靠性是指结构在规定的时间内、在规定的条件下完成预定功能的能力，通常采用同条件下结构完成预定功能的概率(即可靠度)或结构不能完成预定功能的概率(即失效概率)来描述。结构的可靠度或失效概率可采用以概率理论为基础的极限状态设计方法分析确定。所谓极限状态，是与设计规定的功能或性能要求相关的，当整个结构或结构的一部分超过某一特定状态就不能满足设计规定的某一功能要求时，此特定状态就称为该功能的极限状态。极限状态可分为两类：承载能力极限状态和正常使用极限状态。承载能力极限状态对应于结构或结构构件达到最大承载力或不适于继续承载的变形，如结构或结构构件丧失稳定(如屈曲等)、结构或结构的一部分作为刚体失去平衡(如倾覆等)、结构转变为机构、结构构件或其连接因超过材料强度而破坏或因过度变形而不适于继续承载、地基丧失承载能力而破坏(如失稳等)。正常使用极限状态对应于结构或结构构件达到正常使用或耐久性能的某项限值，如影响正常使用或外观的变形、影响正常使用或耐久性的局部损坏(包括超过规定的裂缝等)、影响正常使用的振动(如楼盖振动、风致结构振动)等。

结构的可靠性应通过合理的设计、符合质量要求的施工以及正常使用和维护来实现。结构的安全性、适用性和耐久性体现在具体设计中的要求不同，与各种材料结构的特点以及是否抗震设防有很大关系。安全性、适用性往往需要通过计算分析确定，并通过截面设计和构造措施来实现；耐久性多数情况下不需要详细计算，而是通过构造措施和防护措施来实现。

建筑结构应考虑的作用，通常包括直接作用和间接作用两大类。直接作用即通常所说的荷载，如重力荷载、风荷载，又区分为永久荷载、可变荷载、偶然荷载等；间接作用也称非荷载作用，如支座沉降(地基不均匀变形)、混凝土收缩和徐变、焊接变形、温度变化、地震作用等。无论是直接作用还是间接作用，通常应分两个阶段考虑：施工阶段和使用阶段。施工阶段各种作用的考虑，往往不被重视，实际工程中因此造成的安全事故、质量事故屡见不鲜，应引起充分重视。对于地震作用之外的间接作用，由于情况复杂，目前国家标准《建筑结构荷载规范》GB 50009—2001 中尚未有具体要求，有关材料结构设计规范中往往通过若干设计措施(包括构造措施)加以考虑，设计人员应加以注意。实际上，目前砌体结构住宅、混凝土结构住宅中常常遇到的不同裂缝问题，大多数与地基不均匀沉降、混凝土收缩和徐变、温度变化等非荷载作用有关。偶然作用，是指在结构建造和使用期间不一定出现，一旦出现，其作用值很大且持续时间很短的作用。在住宅结构设计中，一般可不直接考虑偶然作用参与荷载组合和效应组合，但在概念设计和构造设计上应有所考虑，以保证在遭遇预计的偶然作用时，住宅结构不致连续倒塌。

从广义上讲，“环境影响”也属于间接作用的范畴，但考虑因素更多、范围更广，例如环境对建筑结构的腐蚀、侵蚀作用，会影响结构的耐久性，从而影响结构在规定的设计使用年限内的安全性。从结构设计本身而言，“环境影响”往往通过构造措施、防护措施加以考虑。

目前，欧、美等发达国家和地区对结构的非荷载效应研究较多，有些成果已经反映在有关规范标准中，设计需要时，可引以参考。

住宅结构在正常建造和正常使用过程中应该考虑的各种作用的取值、组合原则以及安全性、适用性、耐久性的具体设计要求等，根据不同材料结构的特点，应分别符合国家标准《建筑结构荷载规范》GB 50009—2001(2006 年局部修订)、《建筑抗震设计规范》GB 50011—2001、《建筑地基基础设计规范》GB 50007—2002、《混凝土结构设计规范》GB 50010—2002、《砌体结构结构设计规范》(2002 年局部修订)GB 50003—2001、《钢结构设计规范》GB 50017—2003、《冷弯薄壁型钢结构技术规范》GB 50018—2002、《木结构设计规范》GB 50005—2003(2005 年局部修订)以及其他有关现行规范、规程的规定。

【实施与检查】

设计单位应根据住宅结构的特点，依照上述有关标准的规定进行结构设计，提供完整的结构计算书和设计图纸等设计文件；施工单位应按照设计文件和有关结构工程施工质量验收标准的要求进行安装施工；有关质量监督机构应对设计单位提供的结构计算书和设计图纸进行审查，对结构施工质量进行全过程监督管理和验收。

6.1.5 住宅结构不应产生影响结构安全的裂缝。

【要点说明】

本条是第6.1.4条的延伸规定，主要针对目前某些材料结构(如钢筋混凝土结构、砌体结构、钢—混凝土混合结构等)中比较普遍存在的裂缝问题，进一步明确规定：住宅结构不应产生影响结构安全的裂缝。钢结构构件在任何情况下都不允许产生裂缝。

结构或结构构件的裂缝问题非常复杂，产生的原因是多方面的，从工程实践上看，既有结构材料本身的原因、施工质量的原因，也有设计的原因。从产生裂缝的后果划分，裂缝大致有两大类：一类是可能影响住宅结构的适用性、美观性，但没有结构安全问题；另一类是影响结构的安全性和(或)耐久性，而耐久性的降低会引起结构可靠性降低，甚至造成结构不能在规定的环境和预定的设计使用年限内完成预定的功能。本条所讲的裂缝属于后一类，任何结构中都应该避免。是否属于影响结构安全的裂缝，应根据裂缝的具体情况，采取检测、计算分析、荷载试验等手段，综合分析后进行判断。

砌体结构和混凝土结构对裂缝数量、位置、宽度的限制要求是不同的，应遵从国家现行有关标准的相应规定。

在设计、施工环节，应针对不同材料结构的特点，采取相应的可靠措施，避免产生影响结构安全的裂缝；在使用阶段，应符合本规范第11章的有关要求，避免因不正当的使用而造成影响结构安全的裂缝。

【实施与检查】

设计单位、施工单位应依照国家现行有关标准的规定进行结构设计和施工，针对房屋超长、各部分质量和(或)刚度明显不均匀、地基不均匀等可能引起结构裂缝的场合，应采取有效的措施；对施工过程中产生的结构裂缝，应进行分析、鉴定，并对影响结构安全的裂缝采取有效的补救措施。有关质量监督机构应对设计单位提供的设计文件进行审查，注意结构适用性的设计措施；对结构施工质量进行监督，当发现结构产生明显的裂缝时，应会同设计、施工单位查明原因，采取有效措施。

6.1.6 邻近住宅的永久性边坡的设计使用年限，不应低于受其影响的住宅结构的设计使用年限。

【要点说明】

本条主要依据《建筑边坡工程技术规范》GB 50330—2002第3.3.3条制定。考虑对相邻建筑的影响，是建筑边坡设计区别于其他边坡设计的主要特点，规定邻近住宅的永久性边坡的设计使用年限不低于受其影响的住宅结构的设计使用年限，是为了保证相邻住宅建筑在设计使用年限内安全使用。所谓“邻近”，应以边坡破坏后是否影响到住宅的安全和正常使用作为判断标准。

边坡支护结构，应进行支护结构的强度计算，包括立柱、面板、挡墙及其基础的受压(局部受压)、受弯、受剪承载力计算以及锚杆杆体的受拉承载力计算；锚杆锚固体的抗拔承载力计算；立柱、挡墙基础的地基承载力计算；支护结构整体稳定、局部稳定验算。

特殊、复杂的边坡工程的设计和施工应进行专门论证、研究，例如：地质和环境条件很复杂、稳定性极差的边坡工程；边坡附近有重要的建筑物、构筑物，地质条件复杂，破坏后果很严重的边坡工程；已发生过严重事故的边坡工程；采用新结构、新技术的一级和二级边坡工程。

永久性边坡的设计应符合国家标准《建筑边坡工程技术规范》GB 50330—2002 的有关规定。抗震设防地区，尚应考虑边坡的抗震设计要求，保证不致因地震破坏而危及相邻住宅的安全。

【实施与检查】

设计单位应按本条规定确定邻近住宅的永久性边坡的设计使用年限，并以此进行边坡设计；检查监督单位应检查邻近住宅的边坡的设计使用年限是否不低于住宅自身的设计使用年限。

6.2 材　　料

6.2.1　住宅结构材料应具有规定的物理、力学性能和耐久性能，并应符合节约资源和保护环境的原则。

【要点说明】

结构材料性能关乎结构的可靠性。当前，我国住宅建筑采用的结构材料主要有建筑钢材(包括普通钢结构型材、轻型钢结构型材、板材和钢筋等)、混凝土、砌体材料(砖、砌块、砂浆等)、木材、铝型材和板材、结构粘结材料(如结构胶)等，这些材料的物理性能、力学性能和耐久性能等，应满足设计要求并符合国家现行有关标准的规定。对结构钢材、结构胶结材料，其化学成分将直接影响其物理性能、力学性能和耐久性能，这方面的要求应符合国家现行有关标准的规定。在部分木结构和建筑幕墙结构中，结构胶是承重构建的重要组成部分，直接影响结构的安全性和耐久性，设计、施工、检测检验、质量监督过程中应予以特别重视。

住宅建筑量大面广，需要消耗大量的结构材料和非结构材料，建筑材料的生产等环节将消耗大量的资源和能源，同时也给环境保护带来巨大压力。我国是能源、资源紧缺型国家，而且环保的压力越来越大；建设节约型和谐社会、保持社会经济的可持续协调发展，已成为社会各界的共识。因此，住宅结构材料的选择应符合节约资源和保护环境的原则。

虽然本规范第 6.2.2 条～6.2.6 条对不同结构材料的物理性能、力学性能作了一些基本规定，但没有、也不可能涵盖国家所有现行有关标准对不同结构材料的性能要求，而且材料科学、材料工业以及建筑技术是在不断发展和进步的。因此，本条规定应视为对住宅结构材料的原则要求。

【实施与检查】

设计单位应从建设节约型、环保型社会的原则出发，结合业主的要求，在符合国家现行有关技术标准规定的物理性能、力学性能和耐久性能的前提下，因地制宜，合理地选择住宅结构材料和结构体系，并在设计文件中注明。检查监督单位应检查住宅结构设计和施工环节中，各种结构材料的应用是否符合国家现行标准规定的有关性能以及是否违背节约资源和环境保护的原则。

6.2.2　住宅结构材料的强度标准值应具有不低于95%的保证率；抗震设防地区的住宅，

其结构用钢材应符合抗震性能要求。

【要点说明】

本条主要依据《建筑结构可靠度设计统一标准》GB 50068—2001 第 5.0.3 条和《建筑抗震设计规范》GB 50011—2001 第 3.9.2 条的有关规定制定。

目前，我国建筑结构采用以概率理论为基础的极限状态设计方法。材料强度是结构材料十分重要的一项力学性能指标，与结构的承载力设计和可靠度息息相关。材料强度标准值应以试验数据为基础，采用随机变量的概率模型进行描述，运用参数估计和概率分布的假设检验方法进行确定。随着经济、技术水平的提高和结构可靠度水平的提高，要求结构材料强度标准值具有不低于 95%的保证率是必需的，也是可以接受的。

有些结构或结构构件尚未采用以概率理论为基础的极限状态设计方法，确定结构材料强度取值、结构设计的安全系数时，应符合本条的原则。

住宅结构用钢材主要指型钢、板材和钢筋以及钢结构连接材料。抗震设计的住宅，对结构构件的延性性能有较高要求，在砌体结构、钢筋混凝土结构、钢结构、木结构设计规范中均有不同程度的体现，以保证结构和结构构件有足够的塑性变形能力和耗能能力。因此，对钢结构构件的钢材伸长率、可焊性、冲击韧性、抗拉强度实测值与屈服强度实测值的比值(强屈比)、屈服强度实测值与强度标准值的比值(屈强比)等均有明确的要求，对混凝土结构用钢筋的伸长率、强屈比、屈强比、可焊性等也有具体要求，钢材的性能要求应符合国家现行有关抗震设计和材料结构设计规范的规定。例如，在《建筑抗震设计规范》GB 50011—2001 第 3.9.2 条中规定：抗震等级为一、二级的混凝土框架结构，其纵向受力钢筋采用普通钢筋时，钢筋的抗拉强度实测值与屈服强度实测值的比值不应小于 1.25，且钢筋的屈服强度实测值与钢筋强度标准值的比值不应大于 1.3；钢结构的钢材的抗拉强度实测值与屈服强度实测值的比值不应小于 1.2，钢材应有明显的屈服台阶且伸长率应大于 20%，钢材应有良好的可焊性和合格的冲击韧性。

【实施与检查】

有关材料结构设计规范制定时，应以保证率不低于 95%作为材料强度标准值取值的原则；对抗震设计的结构，尚应提出结构材料抗震性能要求。设计单位应按有关材料结构设计规范的规定进行材料选用和强度取值；对新材料应用，当无现行标准参考时，应进行必要的实验研究和数据分析，不断积累数据和使用经验，按照本条规定的原则确定材料强度取值。抗震结构对材料和施工质量的特别要求，应在设计文件上注明。质量检查、监督单位应检查住宅结构设计文件和施工进料环节中，材料选用及强度取值是否符合本条要求；施工材料进场时，应按有关规范、标准的规定进行复检。

6.2.3　住宅结构用混凝土的强度等级不应低于 C20。

【要点说明】

住宅用结构混凝土，包括基础、地下室、上部结构的混凝土构件，上部结构中包括混凝土结构中的各类结构构件、砌体结构中的混凝土构件(楼盖、构造柱、芯柱、圈梁等)、混合结构中的混凝土构件(钢筋混凝土构件、型钢混凝土构件、钢管混凝土构件等)。推广应用高强度、高性能结构材料，不仅是提高结构性能的要求，也是节约资源和能源的重要途径。因此，本规范编制过程中，经过反复研究，并认真听取了各方面的反馈意见，结合我国混凝土结构应用现状，最终将结构混凝土的最低强度等级定为 C20。

在我国房屋建筑行业，混凝土强度等级应按立方体抗压强度标准值确定。立方体抗压强度标准值是指按照标准方法制作养护的边长为150mm的立方体试件，在28d龄期用标准实验方法测得的具有95%保证率的抗压强度。

本条是住宅混凝土结构构件采用混凝土强度的最低要求。不同受力状态、不同重要性的钢筋混凝土构件，对混凝土最低强度等级有不同的要求。例如，混凝土结构中的框支梁、框支柱、转换层楼盖、箱型转换构件、转换厚板以及抗震等级为一级的框架梁、柱、节点核芯区的混凝土强度等级不应低于C30；预应力混凝土结构的混凝土强度等级，对板不应低于C30，对梁及其他构件不应低于C40；高层建筑筒体结构的混凝土强度等级不宜低于C30；地下室楼盖作为上部结构嵌固部位时，其现浇混凝土的强度等级不宜低于C30；底部框架、上部砌体结构房屋的框架柱、剪力墙、托墙梁的混凝土强度等级不应低于C30；砌体结构中墙梁的钢筋混凝土托梁，其强度等级不应低于C30等。

混凝土砌块砌体结构，必须采用高性能的砌块砂浆和灌孔混凝土，后者的强度等级不应低于Cb20，也不应低于块体强度等级的1.5倍。砌块砌体的灌孔混凝土强度等级Cb××等同于对应的混凝土强度等级C××的强度指标。

当然，高强度混凝土的应用也是有条件的。由于混凝土材料本身的特点，高强度混凝土干缩性更加明显，且具有脆性性质，随着强度等级的提高，这些特点更加明显，这对混凝土结构的收缩裂缝控制和抗震性能是不利的。因此，高强混凝土在建筑结构中的应用，应符合专门的规定或进行专门研究。对抗震设计的混凝土结构而言，其强度等级9度时不宜超过C60、8度时不宜超过C70。对楼盖结构(尤其是其中的楼板)，从受力角度往往不需要高强度混凝土，而且由于面积较大，高强度混凝土容易引起楼盖的非荷载作用裂缝，因此，其混凝土强度等级不宜大于C40。

【实施与检查】

住宅结构设计文件中应载明不同部位、不同受力状态的混凝土结构构件的混凝土强度等级要求；对有特殊要求的混凝土，应注明材料要求、配制要求和施工要求。质量监督检查机构应按规定对混凝土强度进行检查、检验，保证符合本条的要求。

6.2.4 住宅结构用钢材应具有抗拉强度、屈服强度、伸长率和硫、磷含量的合格保证；对焊接钢结构用钢材，尚应具有碳含量、冷弯试验的合格保证。

【要点说明】

本条主要依据《建筑抗震设计规范》GB 50011—2001第3.9.2条、《混凝土结构设计规范》GB 50010—2002第11.2.3条和《钢结构设计规范》GB 50017—2003第3.3.3条的有关规定制定，是对结构用钢材的材质和力学性能的基本要求。

抗拉强度、屈服强度和伸长率，是承重结构用钢材(钢筋)的三项基本性能要求。抗拉强度是衡量钢材抵抗拉断能力的指标，是结构钢材的基本强度指标，也是结构安全储备的关键指标之一。屈服强度是衡量结构承载能力和确定钢材强度设计值的重要指标，直接影响钢结构、混凝土结构的承载力设计。伸长率是衡量钢材塑性性能的重要指标，直接影响结构塑性变形能力，是塑性设计和抗震设计中考虑的关键因素之一。

钢材的化学成分对钢材的物理性能、力学性能和耐久性能有十分重要的影响。一般认为硫、磷是钢材中的有害杂质，其含量多少对钢材力学性能(如塑性、韧性、疲劳、可焊性等)和焊接接头的裂纹敏感性都有较大影响。硫生成的硫化铁易于熔化，当焊接温度或热加工温度达到800～1200℃时，可造成钢材出现裂纹(称为热脆)；硫化铁形成的夹杂物可使钢材起层，引起应力集中，降低钢材的塑性和冲击韧性。磷以固溶体形态溶解于铁素体中，固溶体有脆性，且磷的偏析现象比硫更严重，所形成的富磷区使钢材在低温下变脆(称为冷脆)；磷虽可提高钢材的强度和抗锈蚀性能，但也会降低钢材的塑性、韧性和可焊性。钢结构钢材中，硫、磷的含量一般分别不应超过0.045％。碳素结构钢中，碳含量直接影响钢材强度、塑性、韧性和可焊性等。碳含量增加，钢材强度提高，但塑性、韧性、疲劳性能下降，同时恶化可焊性和抗腐蚀性。碳素结构钢的碳含量一般不超过0.22％，焊接用碳素结构钢的碳含量一般不超过0.20％。因此，应根据住宅结构用钢材的特点，要求钢型材、板材、钢筋等产品中硫、磷、碳元素的含量符合有关产品标准和设计规范的规定。

钢材的冷弯性能由冷弯试验确定。冷弯试验值是检验钢材弯曲能力和塑性性能的指标之一，也是衡量钢材质量的一个综合指标，通过冷弯试验也可检验钢材颗粒组织、结晶情况和非金属夹杂物分布等缺陷。因此，焊接钢结构所采用的钢材以及混凝土结构用钢筋，均应有冷弯试验的合格保证。

钢材的设计强度等性能指标与钢材的厚度有关，厚度大的钢材不但强度较低，其塑性、冲击韧性和焊接性能也都较薄钢材差，设计、施工中应引起重视。对结构用厚钢板，当承受沿板厚方向的拉力时，厚度方向的性能应符合国家有关标准的规定，避免产生厚度方向层状破坏。

【实施与检查】

设计单位应根据住宅结构特点，选择符合本条要求的钢材，并在设计文件中载明；施工图审查单位应对设计采用的钢材予以审查、把关；施工单位应按照设计文件要求对进场钢材进行检查，并按规定进行复检，对进场材料的质量保证书及复检结果逐项检查，确保钢材的各项力学性能指标和化学成分符合设计要求。

6.2.5 住宅结构中承重砌体材料的强度应符合下列规定：

1 烧结普通砖、烧结多孔砖、蒸压灰砂砖、蒸压粉煤灰砖的强度等级不应低于MU10；

2 混凝土砌块的强度等级不应低于MU7.5；

3 砖砌体的砂浆强度等级，抗震设计时不应低于M5；非抗震设计时，对低于五层的住宅不应低于M2.5，对不低于五层的住宅不应低于M5；

4 砌块砌体的砂浆强度等级，抗震设计时不应低于Mb7.5；非抗震设计时不应低于Mb5。

【要点说明】

本条主要依据《砌体结构设计规范》GB 50003—2001(2002年版)第3.1.1、6.2.1条以及《建筑抗震设计规范》GB 50011—2001第3.9.2条的有关规定制定。

砌体是目前住宅中应用最多的结构形式。砌体是由块体和砂浆砌筑而成，块体和砂浆的种类、强度等级是砌体结构设计的基本依据，也是达到规定的结构可靠度和耐久性的重要保证。根据新型砌体材料的特点和我国近年来工程应用中反映出的一些涉及耐久性、安全或正常使用中比较敏感的裂缝等问题，结合我国对新型墙体材料产业政策要求，本条明确规定了砌体结构应采用的块体、砂浆类别以及相应的强度等级要求。

1. 各种材料的烧结砖(含多孔砖)均和烧结黏土砖具有相同或相似的物理力学性能，除烧结黏土砖受国家政策限制外，其余均属可推广应用的节土或环保砌体材料。

2. 烧结普通砖系指国家标准《烧结普通砖》GB 5101—2003 规定的砖，烧结多孔砖是指国家标准《烧结多孔砖》GB 13544—2000 规定的孔洞率不小于 25%的承重多孔砖，注意不要与非承重的空心砖相混淆，以免导致严重的后果。目前我国多孔砖的最大孔洞率均不大于 30%。试验表明，当多孔砖的孔洞率大于 30%后，其砌体的脆性破坏较实心砖加剧，此时的砌体强度应进行折减。

3. 非烧结类的砖，应采用蒸压灰砂砖和蒸压粉煤灰砖两种材料，并应符合《蒸压灰砂砖》GB 11945—1999 和《粉煤灰砖》JC 239—2001 的有关规定。

4. 砌块包括混凝土砌块和轻骨料混凝土砌块，其强度等级是根据国家产品标准《普通混凝土小型空心砌块》GB 8239—1997 和《轻集料混凝土小型空心砌块》GB 15229—2002规定的孔洞率 25%～50%的标准块形或主规格砌块确定的，对非标准块形砌块并未给出相应的强度等级确定方法。

5. 应根据块体类别和在砌体在结构中所处的位置，并考虑是否抗震设计，选择适合的砂浆及其强度等级；砂浆和块体的强度等级宜匹配，砂浆的强度等级不宜大于块体的强度等级。

6. 混凝土砌块砌体必须采用与混凝土砌块配套的专用材料(砌块用砂浆和灌孔混凝土，其强度等级分别用 Mb××和 Cb××表示)砌筑。砌块专用砂浆和灌孔混凝土均属于高性能材料。采用砌块专用材料能从根本上改善砌块砌体的灰缝饱满度、材料间的粘结和整体受力工作性能，提高砌体的抗剪、抗压强度，不仅能解决多层砌块房屋采用普通材料普遍存在的灰缝不饱满、抗剪强度低、易产生裂缝等问题，也是我国砌块建筑由多层到高层的重要依据。砌块专用砂浆、灌孔混凝土的材料及其性能要求应符合《混凝土小型空心砌块砌筑砂浆》JC 860—2000和《混凝土小型空心砌块灌孔混凝土》JC 861—2000 的规定。

其他类型砌块材料(如石材等)的强度等级及其砌筑砂浆的要求，应符合国家标准《砌体结构设计规范》GB 50003—2001(2002 年局部修订版)以及国家其他有关标准的规定。

对住宅地面以下或防潮层以下及潮湿房屋的砌体，其块体和砂浆的要求，应有所提高，如表 2-6-5，以提高其承载力和耐久性。

地面以下或防潮层以下的砌体、潮湿房间墙所用材料的最低强度等级　　表 2-6-5

基土的潮湿程度	烧结普通砖、蒸压灰砂砖		混凝土砌块	石材	水泥砂浆
	严寒地区	一般地区			
稍潮湿的	MU10	MU10	MU7.5	MU30	M5
很潮湿的	MU15	MU10	MU7.5	MU30	M7.5
含水饱和的	MU20	MU15	MU10	MU40	M10

注：1. 在冻胀地区，地面以下或防潮层以下的砌体，当采用多孔砖时，其孔洞应用水泥砂浆灌实，当采用混凝土砌块砌体时，其孔洞应采用强度等级不低于 Cb20 的混凝土灌实；

2. 对安全等级为一级或设计使用年限大于 50 年的房屋，表中材料强度等级应至少提高一级。

【实施与检查】

设计单位应在设计文件中标明砌体材料的种类和强度等级要求，并应符合本条的规定；对混凝土砌块砌体，无论是多层还是高层住宅，必须采用专用砂浆和灌孔混凝土，并用 Mb××和 Cb××标示其强度等级，以区别于普通砂浆和混凝土。施工时，用于确定蒸压灰砂砖、蒸压粉煤灰砖、混凝土砌块砌体的砂浆强度等级试件的底模，应采用同类块体；砂浆强度试件允许采用钢底模。设计审查单位、施工单位和施工质量监理单位应注意相应环节的监督检查，保证住宅砌体材料强度等级符合本条要求。

6.2.6 木结构住宅中，承重木材的强度等级不应低于 TC11(针叶树种)或 TB11(阔叶树种)，其设计指标应考虑含水率的不利影响；承重结构用胶的胶合强度不应低于木材顺纹抗剪强度和横纹抗拉强度。

【要点说明】

本条主要依据《木结构设计规范》GB 50005—2003(2005 年局部修订版)的有关规定制定。目前，木结构在我国城镇住宅建设中应用并不多，可能主要与我国木材资源、木结构自身的承载能力和防护要求、土地资源等因素有关。但是，木材是环保、绿色可再生建筑材料，随着木材行业工业化程度和技术水平提高，相信木结构住宅会在我国某些适宜的地区有一个长足的发展。

承重结构用木材，分为原木、锯木(如方木、板材、规格材等)和胶合材。原木、方木、板材适用于普通木结构；胶合材适用于胶合木结构；规格材适用于轻型木结构。木材是天然材料，其物理力学性能具有明显的各向异性，顺纹强度高、横纹强度低，且木材自身缺陷对木结构构件的强度影响甚大。木结构住宅设计时，应根据结构构件的用途、部位、受力状态选择相应的材质等级，所选木材的强度等级不应低于 TC11(针叶树种)或 TB11(阔叶树种)。

对胶合木结构，除了胶合材自身的强度要求外，承重结构胶的性能尤为重要，应根据住宅的使用环境和设计使用年限，对结构胶的剥离粘接性能、粘结强度、耐久性、耐水性、腐蚀性、防火性能等提出相应要求。结构胶缝主要承受拉力、压力和剪力作用，胶缝的抗拉和抗剪能力是关键。因此，为了保证胶缝的可靠性，使可能的破坏发生在木材上，必须要求结构胶的胶合强度不低于木材顺纹抗剪强度和横纹抗拉强度。

木材含水率过高时，会产生干缩和开裂，对结构构件的抗剪、抗弯能力造成不利影响，也可引起结构的连接松弛或变形增大，从而降低结构的安全度，甚至引起结构破坏。因此，制作木结构时，应严格按照有关规范的要求，控制木材的含水率；当木材含水率超过规定值时，在确定木材的有关设计指标(如各种木材的横纹承压强度和弹性模量、落叶松木材的抗弯强度等)时，应考虑含水率的不利影响，并在结构构造设计中采取针对性措施。

不同树种木材的材质等级、强度等级的划分，以及与强度等级对应的各项设计指标的确定，应符合国家标准《木结构设计规范》GB 50005—2003(2005 年局部修订版)的规定。

【实施与检查】

结构设计人员应根据工程情况和业主要求，因地制宜地选择符合规范要求的承重木材和结构胶结材料，对木材应提出强度等级、含水率等要求，对结构胶应提出胶结强度、耐老化性能、耐水性、污染性等要求，并在设计文件中载明。木材强度及弹性模量的设计指标，不仅与树种有关，还与使用条件和使用年限有关，设计时应引起注意。另外，只有在确认受条件限制不得不用含水率超标的湿材时，方可用于制作木结构构件，并应采取有效的措施，减轻湿材的危害。湿材对结构的危害主要是：在结构的关键部位，可能引起危险性的裂缝、促使木材腐朽、易遭虫蛀、使节点松动和结构变形增大等。

设计审查、施工、质量监督等单位，应按规范要求对木结构材料进行审查、进料检验和验收。

6.3 地 基 基 础

6.3.1 住宅应根据岩土工程勘察文件，综合考虑主体结构类型、地域特点、抗震设防烈度和施工条件等因素，进行地基基础设计。

【要点说明】

本条是住宅地基基础设计应遵循的基本原则。地基基础设计是住宅结构设计中十分重要的一个环节，直接影响到住宅结构的安全性、经济性、适用性。我国地域辽阔，各地的岩土工程特性、水文地质条件、气候条件有很大的差异，不同区域的经济发展水平、技术水平也不平衡。因此，住宅的地基基础选型和设计，必需强调要以场地的岩土工程勘察设计文件为依据和基础，因地制宜，充分考虑和吸收地方工程经验，综合考虑住宅主体结构自身的特点、地域特点、施工条件、是否为抗震设防地区以及经济技术水平等因素。根据各地的工程实践经验，绝大多数地基基础事故皆由地基变形过大且变形不均匀所造成。因此，地基设计必须达到下列要求：在长期荷载作用下，地基变形不致引起承重结构的破坏；在最不利荷载作用下，地基不出现失稳现象。

与住宅建筑直接相关的基坑工程、边坡工程是事故多发领域，事故的原因复杂、多样，随地质条件、水文条件、环境条件和设计施工水平而异。进行建设时，应充分搜集、掌握相关资料，精心分析和设计，采取有针对性的措施，防患于未然。

因地域差异和不同的基础形式，地基基础的工程造价占整个结构工程造价的比例不是固定的，但一般都占有较高的比例。因此，在地基基础工程中，设计和施工各方，应结合工程地质条件、水文条件、工程特点和地域特点，精心分析、优化设计、优化施工，在保证安全可靠性的前提下，尽量节约成本。

【实施与检查】

在地基基础设计之前，有关实施各方应检查住宅工程是否具有合格的岩土工程勘察报告。设计单位应按照国家标准《建筑地基基础设计规范》GB 50007—2002 以及其他现行有关标准的要求，首先根据地基的复杂程度、建筑规模以及地基问题可能造成建筑物破坏或影响正常使用的程度，正确选定地基基础设计等级；其次根据地基基础设计等级以及上部结构特点、地基基础自身特点、地域特点，确定是否需要进行地基变形验算、稳定验算以及基础抗浮验算；最后按照正常使用极限状态、承载能力极限状态的不同要求进行地基基础选型和优化设计，做到安全性和经济性的和谐统一。

6.3.2 住宅的地基基础应满足承载力和稳定性要求，地基变形应保证住宅的结构安全和正常使用。

【要点说明】

住宅建筑的地基基础应满足承载力、变形和稳定性要求。

国家标准《建筑地基基础设计规范》GB 50007—2002 引入了地基基础设计等级的概念，分甲、乙、丙三个等级(表 2-6-6)，划分依据是：地基复杂程度、建筑物规模和功能特征、由于地基问题可能造成建筑物破坏或影响正常使用的程度。显然，大量住宅建筑的地基基础的设计等级可划分为乙级和丙级，但也有相当数量应划分为甲级。

地基基础设计等级 表 2-6-6

设计等级	建筑和地基类型
甲　级	重要的工业与民用建筑 30 层以上的高层建筑 体型复杂、层数相差超过 10 层的高低层连成一体的建筑物 大面积的多层地下建筑物(如地下车库、商场、运动场等) 复杂地质条件下的坡上建筑物(包括高边坡) 对原有工程影响较大的新建建筑物 场地和地基条件复杂的一般建筑物 位于复杂地质条件及软土地区的二层及二层以上地下室的基坑工程
乙　级	除甲级、丙级以外的工业与民用建筑物
丙　级	场地和地基条件简单、荷载分布均匀的七层及七层以下民用建筑及一般工业建筑物 次要的轻型建筑物

地基基础设计原则应符合《建筑地基基础设计规范》GB 50007—2002 第 3.0.2 条的规定。所有的地基基础均应满足承载力要求；地基基础设计等级为甲级、乙级的住宅建筑，均应按地基变形设计；地基基础设计等级为丙级的住宅建筑，一般情况下可不进行变形验算，但有下列情况之一时，仍应进行变形验算：

(1) 地基承载力特征值小于 130kPa，且体形复杂的建筑；

(2) 在基础上及其附近有地面堆载或相邻基础荷载差异较大，可能引起地基产生过大的不均匀沉降时；

(3) 软弱地基上的住宅建筑存在偏心荷载时；

(4) 相邻建筑距离过近，可能发生倾斜时；

(5) 地基内有厚度较大或厚薄不均匀的填土，其自重固结未完成时。

建造在斜坡上或边坡附近的住宅、受较大水平荷载作用的住宅应进行稳定性验算；基坑工程应进行稳定性验算；建造在经地基处理后的地基上时，应进行地基稳定性验算。当地下水埋藏较浅，住宅地下室存在上浮可能性时，应进行基础、房屋的抗浮验算。目前，由于抗浮设计考虑不周引起的工程事故也较多，必须在基础承载力设计过程中引起重视。

过去，许多工程项目只考虑地基承载力设计，很少考虑变形设计，或者说只注重承载力设计而不重视变形设计；实际上，地基变形造成建筑物开裂、倾斜的事例屡见不鲜。所以，设计人员应当从承载力控制为主转变到重视变形控制。突出变形控制原则是基于：(1)工程经验表明，因地基原因发生的房屋倾斜或结构破坏，绝大多数是由于地基变形超过允许值；(2)高层建筑、体形复杂荷载分布不均匀的建筑日益增多；(3)目前住宅已经基本上成为商品，消费者个人对住宅的质量提出了更高的要求。

地基变形计算值，应确保住宅结构安全和正常使用要求；一般情况下，地基变形允许值可按照《建筑地基基础设计规范》GB 50007—2002 第 5.3.4 条的规定采用。地基变形验算应包括进行地基处理后的地基。对有特殊要求的住宅建筑，应按有关规定在施工过程及使用过程中进行变形观察、监测。

按地基承载力确定基础底面积及基础埋深或按单桩承载力确定桩数时，应按正常使用极限状态下荷载效应的标准组合采用，相应的抗力应采用地基承载力特征值或单桩承载力特征值；计算地基变形时，应按正常使用极限状态下荷载效应的准永久组合值采用，并且不计入风荷载和地震作用效应，相应的限值应为地基变形允许值；计算挡土墙土压力、地基或斜坡稳定及滑坡推力时，应按承载能力极限状态下荷载效应的基本组合采用，但分项系数均取为1.0；确定基础或桩台高度、支挡结构截面以及计算基础或支挡结构内力、确定配筋和验算材料强度时，上部结构传来的荷载效应组合值和相应的基底反力，应按承载能力极限状态下荷载效应的基本组合采用，并采用相应的分项系数；当需要验算基础裂缝宽度时，应按正常使用极限状态下和在荷载效应的标准组合采用。基础设计材料的强度、最小配筋率、保护层厚度、材料的性能等，应满足基础设计安全等级和结构设计使用年限的要求，结构重要性系数应不小于1.0。

有关地基基础承载力、变形、稳定性设计的原则应符合《建筑地基基础设计规范》GB 50007—2002第3.0.4条、第3.0.5条的规定；抗震设防地区，地基抗震承载力应取地基承载力特征值与地基抗震承载力调整系数的乘积，并应符合《建筑抗震设计规范》GB 50011—2001第4.2.3条的规定。

【实施与检查】

设计单位应按照本条的规定，遵照国家标准《建筑地基基础设计规范》GB 50007—2002以及其他现行有关标准的要求，进行地基基础的承载力、变形和稳定设计，扩展基础、梁板式筏形基础、平板式筏形基础、箱形基础、桩基础的设计应符合有关强制性标准的规定。施工单位应按照设计文件和《建筑地基基础工程施工质量验收规范》GB 50202—2002等有关施工质量验收标准的要求进行安装施工；有关质量监督单位应对设计文件及其实施过程和结果进行监督、检查。

6.3.3 基坑开挖及其支护应保证其自身及其周边环境的安全。

【要点说明】

工程实践经验表明，在地基基础工程中，与基坑相关的事故最多。其原因是多方面的，例如：设计时对地质条件和周边环境条件考虑不周；施工时不严格按设计规定的程序进行，超载、超挖现象普遍；在思想上，认为基坑是临时性工程，尽量压低投资，简化工程措施，存在冒险心理等。因此，本规范从安全角度出发，对住宅建筑的基坑和支护问题予以强调。”周边环境“应包括住宅建筑周围的建筑物、构筑物，道路、桥梁，各种市政设施以及其他公共设施。

基坑开挖与支护应进行设计，一般应包括下列内容：

（1）支护体系方案的技术经济比较和选型；

（2）支护结构的强度、稳定和变形计算；

（3）基坑内外土体的稳定性验算；

（4）基坑降水或止水帷幕设计以及围护墙的抗渗设计；

（5）基坑开挖与地下水变化引起的基坑内外土体的变形及其对基础桩、邻近建筑物和周边环境的影响；

（6）基坑开挖施工方法的可行性及基坑施工过程中的监测要求。

土方开挖后应立即对基坑进行封闭，防止水浸和暴露，并应及时进行地下结构施工；基坑土方开挖应严格按照设计要求进行，不得超挖；基坑周边影响范围内不得超过设计限制的条件进行堆载。

支护结构的内支撑必须采用稳定的结构体系和连接构造，其刚度应满足变形计算要求。基坑支护应进行下列计算和验算：

（1）支护结构承载能力计算，包括：土体稳定性计算；支护结构的受压、受弯、受剪承载力计算；当有锚杆和支撑时，应对其进行承载力计算和稳定验算。

（2）对于安全等级为一级以及对支护结构变形有限定性要求的二级建筑的基坑侧壁，应对基坑周围环境和支护结构变形进行验算。

（3）地下水控制计算和验算，包括：抗渗透稳定性验算；当基坑底为隔水层且层底作用有承压水时，应进行坑底突涌验算，必要时采取水平封底隔渗或钻孔减压措施保证坑底土层的稳定性；当场地内有地下水时，应根据场地及周边区域的工程地质条件、水文地质条件、周边环境情况和支护结构与基础形式等因素，确定地下水控制方法，并根据支护结构设计要求进行地下水位控制计算。

【实施与检查】

为了保证基坑本身及其周边环境的安全，实施单位和检查单位都应注意下列事项：

（1）充分掌握场地条件(地质、水文、建筑物、市政设施等)；

（2）按照有关标准规范的要求进行计算和设计，必要时用不同分析软件进行计算和对比分析；

（3）对计算结果和设计结果应进行校审。

复杂场地、周边有重要工程设施的场地以及采用新技术、新工艺的支护工程，必要时应进行专项论证、审查。

6.3.4　桩基础和经处理后的地基应进行承载力检验。

【要点说明】

桩基础在我国很多地区被广泛应用。根据工程需要，桩基础可能有不同的功能要求，比如抗压、抗拔、抗侧力(抗弯、抗剪)等。不管是预制桩还是现浇混凝土或现浇钢筋混凝土桩，由于在地下施工，成桩后的质量和各项性能是否满足设计要求，必须按照规定的数量和方法进行检验(预制桩成桩前的质量也应进行检验)。桩基础单桩的承载力和桩身完整性是基本要求，各类桩基施工完成后必须进行抽样检验。

基桩检测方法应根据工程情况和检测目的确定，单桩承载力检测包括单桩竖向抗压静载试验、单桩竖向抗拔静载试验、单桩水平静载试验、高应变法等；桩身质量可采用钻芯法、低应变法、高应变法和声波透射法等；桩长、桩底沉渣厚度、桩身混凝土强度可采用钻芯法等。为设计提供依据的竖向抗压静载试验应采取慢速维持荷载方法；施工后的工程桩验收检测宜采用慢速维持荷载法，有成熟地区应用经验时，也可采用快速维持荷载法。

对地基基础设计等级为甲级的建筑物桩基、体型复杂或荷载不均匀或桩端以下存在软弱土层的设计等级为乙级的建筑物桩基、摩擦型桩基等，应进行沉降验算，并在承载力检验中观察其沉降变形性能。

地基处理是为提高地基承载力、改善其变形性质或渗透性质而采取的人工处理地基的方法，包括传统的填换土层法、预压法、强夯法等，也包括各种复合地基处理方法，如振冲法、砂石桩法、水泥粉煤灰碎石桩法、水泥土搅拌法、夯实水泥桩法、高压喷射注浆法等。复合地基设计应满足住宅建筑承载力和变形要求；对于地基土为欠固结土、膨胀土、湿陷性黄土、可液化土等特殊土时，设计师要综合考虑土体的特殊性质，选用适当的增强体和施工工艺。复合地基承载力特征值应通过现场复合地基载荷试验确定，或采用增强体的在验核试验结果和其周边土的承载力特征值结合地区的经验确定。

按地基变形设计或应作变形验算且需进行地基处理的住宅建筑，应对处理后的地基进行变形验算；受较大水平荷载或位于斜坡上的住宅建筑，应进行地基稳定性验算。

地基处理后，应根据不同的处理方法，选择恰当的检验方法对地基承载力进行检验。不同地基处理方法的设计、施工和承载力检测要求，应符合国家现行标准《建筑地基基础设计规范》GB 50007—2002、《建筑地基处理技术规范》JGJ 79—2002 等有关标准的规定。

【实施与检查】

桩基础、地基处理的设计、施工要求以及承载力检验要求和方法，应符合国家标准《建筑地基基础设计规范》GB 50007—2002、现行行业标准《建筑桩基技术规范》JGJ 94（正在修订）、行业标准《建筑基桩检测技术规范》JGJ 106—2003、《建筑地基处理技术规范》JGJ 79—2002 等相关标准的有关规定。设计人员应根据所选用的桩基础类型、地基处理方法，在设计文件中注明其承载力要求、变形要求及承载力检验要求。施工单位、质量监督单位应按国家有关现行标准规定的抽样方法、数量和检测方法对基桩、处理后的地基的承载力进行检验和评定，确保其安全性。

6.4 上 部 结 构

6.4.1 住宅应避免因局部破坏而导致整个结构丧失承载能力和稳定性。抗震设防地区的住宅不应采用严重不规则的设计方案。

【要点说明】

本条是住宅结构的基本概念设计要求，也是对住宅建筑结构平面布置、竖向布置规则性以及构造设计的原则要求，是依据《建筑结构可靠度设计统一标准》GB 50068—2001、《建筑抗震设计规范》GB 50011—2001 的有关原则制定的。住宅结构的规则性要求和概念设计，应在建筑设计、结构设计的方案阶段得到充分重视，并应在结构施工图设计中体现概念设计要求的实施方法和措施。

规则性是保证结构安全的根本要求，对抗震设计的住宅建筑尤为重要。规则建筑结构体现在：建筑的平面和立面形状简单、规矩，最好有对称性；结构布置使结构刚度在平面内和沿高度方向上变化均匀、连续；结构承载力在平面内和沿竖向变化均匀连续；楼层质量分布比较均匀、沿高度无突变。规则性的具体界限随不同结构类型而异。

结构设计应保证结构有足够的赘余自由度，避免因局部薄弱部位的失效而导致整体结构丧失承载能力和稳定性(如连续倒塌)。关于控制结构连续倒塌，对不同材料的结构，目前尚无完整、实用的设计理论和方法，但并不妨碍通过合理的结构方案、结构布置和有效的构造措施加以预防。

抗震设计的住宅不应采用严重不规则的建筑方案和结构方案。所谓严重不规则，对不同结构体系、不同结构材料、不同抗震设防烈度的地区，应有不同的考虑，很难细致地量化，但总体上是指：建筑结构体形复杂、多项实质性的控制指标超过有关规范的规定或某一项指标大大超过规定，从而造成严重的抗震薄弱环节和明显的地震安全隐患，可能导致地震破坏的严重后果。

住宅结构设计的有关控制指标，可参考国家现行标准《建筑抗震设计规范》GB 50011—2001、《高层建筑混凝土结构技术规程》JGJ 3—2002以及其他材料结构设计规范的有关要求。按照《超限高层建筑工程抗震设防管理规定》（建设部令第111号）的要求，当抗震设计的高层住宅结构的主要控制参数超出有关规范的适用范围或限值时，应进行抗震设防专项审查。根据建设部发布的《超限高层建筑工程抗震设防专项审查技术要点》（建质［2003］46号），超限高层建筑主要包括两大类：一是房屋高度超过《建筑抗震设计规范》GB 50011—2001和《高层建筑混凝土结构技术规程》JGJ 3—2002规定的最大适用高度者；二是建筑结构属于《建筑抗震设计规范》GB 50011—2001和《高层建筑混凝土结构技术规程》JGJ 3—2002规定的特别不规则者，后者包括：

1. 同时具有两项以上平面、竖向不规则以及某项不规则程度超过规定很多的高层建筑。

注：相关规定见《建筑抗震设计规范》GB 50011—2001第3.4.2条、3.4.3条和《高层建筑混凝土结构技术规程》JGJ 3—2002第4.3.4～4.3.6条、4.4.4条、4.4.5条等。

2. 结构布置明显不规则的复杂结构和混合结构的高层建筑，主要包括：

（1）同时具有两种以上复杂类型(带转换层、带加强层和具有错层、连体、多塔)的高层建筑；

（2）转换层位置超过《高层建筑混凝土结构技术规程》JGJ 3—2002规定的高位转换的高层建筑；

（3）各部分层数、结构布置或刚度等有较大不同的错层、连体高层建筑；

（4）单塔或大小不等的多塔位置偏置过多的大底盘(裙房)高层建筑；

（5）按7、8度抗震设防的厚板转换高层建筑。

注：相关规定见《高层建筑混凝土结构技术规程》JGJ 3—2002第4.3.4、10.1.4、10.2.2、10.2.3、10.2.10、10.4.2、10.5.1、10.6.1和10.6.2条等。

3. 单跨的框架结构高层建筑。

注：相关规定见《高层建筑混凝土结构技术规程》JGJ 3—2002第6.1.2条。

住宅应尽量采用平面和立面布置简单、规则的建筑形式；住宅结构应具有必要的承载能力、刚度和变形能力，且结构布置应尽力使其刚度、质量和承载力在平面内和沿竖向的分布和变化均匀、连续，避免因局部突变或扭转效应而形成明显的抗震薄弱部位；对可能出现的结构薄弱部位，应采取有效的加强措施；抗震设防地区，住宅结构设计宜具有多道抗震防线。当住宅采用超限高层建筑时，应按建设部《超限高层建筑工程抗震设防管理规定》的要求，进行抗震设防专项审查。

【实施与检查】

住宅结构应注重概念设计；应根据不同结构材料、不同结构体系的特点，按照相关设计规范的要求，尽量做到建筑与结构相统一，禁止采用严重不规则的设计方案，避免结构中存在多处薄弱环节，避免局部薄弱环节的破坏而导致整个结构的失效、倒塌。有关结构设计、审查单位应严把质量关，避免具有严重不规则设计方案或明显安全隐患的住宅结构设计进入施工程序。

6.4.2 抗震设防地区的住宅，应进行结构、结构构件的抗震验算，并应根据结构材料、

结构体系、房屋高度、抗震设防烈度、场地类别等因素，采取可靠的抗震措施。

【要点说明】

本条是对抗震设防地区住宅结构设计的总体要求。6度及6度以上抗震设防的住宅建筑，应首先根据国家标准《建筑工程抗震设防分类标准》GB 50223—2004的规定确定其抗震设防类别(不应低于丙类)，并根据抗震设防类别和抗震设防烈度确定其总体抗震设防标准；其次，应根据抗震设防标准的要求，结合不同材料结构和结构体系的特点以及场地类别等因素，确定适用的最大房屋高度或层数限制、地震作用计算方法和结构地震效应分析方法、结构和结构构件的承载力与变形计算(验算)方法以及与抗震设防标准相对应的抗震措施等。

结构、结构构件的抗震验算是基本抗震设计要求，随着合格的结构计算机分析软件的普及应用，也是容易做到的。按照我国目前采用的抗震设计方法，抗震计算和抗震措施对结构的抗震可靠性是同等重要的。抗震措施是指，除地震作用计算和抗力计算以外的所有抗震设计内容，例如结构的规则性要求、房屋高度或层数限制、结构关键部位的内力调整(增大)以及各种构造措施等。抗震构造措施是指，根据抗震概念设计的原则，一般不需计算而对结构和非结构各部分必须采取的各种细部要求，如混凝土结构的最小配筋率、配筋方式(钢筋肢距、间距、连接、锚固等)等要求。

各种材料结构住宅适用的最大房屋高度或层数限制、地震作用计算和作用效应分析方法、结构内力调整要求、结构承载力和变形设计方法、结构抗震构造措施要求等，应符合《建筑抗震设计规范》GB 50011—2001及有关材料结构设计规范的具体规定。

【实施与检查】

抗震设防地区的住宅，应明确抗震设防烈度、抗震设防类别和抗震设防标准，并根据住宅结构材料和结构体系的特点，参与实施的各方应考虑包括以下各项内容在内的抗震设计是否满足规定的要求：

(1) 结构适用的最大高度和(或)层数；

(2) 结构方案、结构体系以及结构布置的规则性；

(3) 结构材料的性能指标及施工要求；

(4) 地震作用计算方法和计算结果；

(5) 结构的整体稳定要求和各类构件的局部稳定要求；

(6) 结构整体效应分析、构件效应分析方法和结果；

(7) 有关结构部位、结构构件的单项内力调整(如地震作用的剪重比要求、抗震薄弱层或薄弱部位的地震力增大要求、框架—剪力墙等结构体系中框架的地震剪力调整要求等)；

(8) 各种作用(重力荷载、风荷载、地震作用等)的组合或作用效应的组合；

(9) 结构、结构构件的变形验算和要求；

(10) 有关构件的组合内力调整(例如因强柱弱梁、强剪弱弯、强节点等抗震设计要求而进行的调整等)；

(11) 结构构件承载力抗震调整系数、抗力取值及承载力验算；

(12) 结构构件的承载力验算；

(13) 混凝土结构构件的抗震等级及相应的抗震设计要求、构造措施；

（14）特殊部位、特殊构件的加强措施(如结构转换层、错层、连接体等部位的特殊计算要求和构造要求)；

（15）地基基础的承载力计算；

（16）建筑幕墙构件及其与主体结构的连接的抗震设计、构造措施。

以上要求中的某些项目，只适用某些特定材料或特定设计条件的住宅结构，实施时应具体问题具体分析。例如，砌体结构住宅一般不要求进行第9项的变形验算；地基变形验算时不要求风荷载及地震作用效应参与组合等。

6.4.3　住宅结构中，刚度和承载力有突变的部位，应采取可靠的加强措施。9度抗震设防的住宅，不得采用错层结构、连体结构和带转换层的结构。

【要点说明】

无论是否抗震设计，住宅结构中刚度和承载力有突变的部位，突变程度应加以控制，并应根据结构材料和结构体系、房屋高度、抗震设防烈度等因素，采取有效的、可靠的加强措施，以减低薄弱部位结构破坏的可能性或破坏程度。抗震设计时，住宅结构承载力和刚度突变的允许程度，原则上应符合国家标准《建筑抗震设计规范》GB 50011—2001的有关规定；对不同材料的住宅结构，尚应符合国家现行有关材料结构设计规范的要求。

住宅结构中刚度、承载力有突变的部位，可能表现在：建筑立面收进部位(含大底盘单塔楼或多塔楼情况)；建筑立面挑出部位；平面凹入、凸出、拐角部位；建筑平面开大洞的部位；结构错层部位；立面结构连接体或开大洞部位；结构转换层部位(含底框砖房结构的转换层及过渡层)；突出屋面局部小塔楼、女儿墙等部位；局部无楼板连接的连层柱、单片墙部位等。

错层结构、连体结构(立面有大开洞的结构)、带转换层的结构，结构的刚度、质量分布、承载力变化等不均匀或不连续，属于竖向布置不规则的结构；错层附近的竖向抗侧力构件、连体结构的连接体及其周边构件、带转换层结构的转换构件(如转换梁、楼板)及与之相连的竖向构件(如框支柱)等，在地震作用下受力极其复杂，容易形成应力集中、造成抗震薄弱部位。鉴于目前关于此类结构的抗震设计理论和方法尚不完善，并且缺乏足够的工程实践经验和地震震害经验，加之住宅结构主要以混凝土结构、砌体结构为主，所以规定9度抗震设防的住宅不应采用这类结构。另外，虽然本规范没有明确限制在9度设防区以外的抗震地区的住宅建筑中应用错层结构、连体结构(立面有大开洞的结构)、带转换层的结构，但设计时也应尽量避免，尤其是在抗震设防烈度较高(如8度)、场地较差的地区。

关于错层结构的定义，目前尚没有完全一致的意见，主要是因为实际工程中错层的类型很多、很复杂，有的错层范围比较大，有的只是在局部采用错层，对结构造成的不利影响程度也不相同。一般情况下，相邻楼板相错高度不超过梁截面高度时，可不作为错层结构；住宅中个别位置楼板跃层等情况，形式多样、变化多，应根据实际情况个别判断。但是，即便整体上不作为错层结构考虑，对因局部错层而引起的一些受力复杂部位或构件仍应采取必要的加强措施。例如，钢筋混凝土结构住宅中局部错层部位的框架柱和剪力墙设计，宜符合《高层建筑混凝土结构技术规程》JGJ 3—2002第10.4.4和10.4.5条的要求。

【实施与检查】

设计单位和施工图审查单位，应掌握本条规定的内涵，在设计和审查中引起注意。住宅结构设计，首先应通过建筑和结构的协调、合作，尽量避免采用刚度沿竖向或在平面内突变的结构；其次，构件承载力设计应力求连续、均匀，使结构承载力沿竖向或在平面内不突变；第三，对存在刚度、承载力突变的结构，其变化幅度应控制在《建筑抗震设计规范》GB 50011—2001 和有关材料结构设计规范规定的范围内，并按规定采取可靠的加强措施。9 度抗震设防地区的住宅，不应采用错层结构、连体结构和带结构转换层的结构；其他抗震设防地区，当设计采用错层结构、连体结构(立面有大开洞的结构)、带结构转换层的结构时，应按照国家现行有关规范标准的规定，采取可靠的加强措施。

6.4.4 住宅的砌体结构，应采取有效的措施保证其整体性；在抗震设防地区尚应满足抗震性能要求。

【要点说明】

砌体结构，是由各种块体和砂浆砌筑而成的墙、柱作为主要受力构件的结构体系，包括各类砖砌体、砌块砌体等。住宅砌体结构应设计为双向受力体系，不管计算模型是刚性方案、刚弹性方案还是弹性方案，均应通过采取有效的构造措施，保证结构的承载力和各部分的连接性能，从而保证其整体性，避免局部或整体失稳以致破坏、倒塌；抗震设计时，尚应采取措施保证其抗震承载能力和必要的延性性能，从而达到抗震设防目标要求。因为砌体结构以承载力设计为基础，以构造措施保证其变形能力等正常使用极限状态的要求，所以砌体结构的各项构造措施显得尤为重要。

保证砌体结构整体性和抗震性能的主要措施，包括(但不限于)：

(1) 选择合格的砌体材料，如块体、砂浆、灌孔混凝土等应符合要求；

(2) 合理的砌筑方法和工艺，如分皮错缝搭砌、浆体均匀饱满等；

(3) 限制建筑的体量，如对建筑长度和宽度、层数和高度等加以限制；

(4) 控制砌体墙、柱的高厚比符合要求。墙、柱的高厚比验算是保证砌体结构构件稳定性和满足结构正常使用要求的重要措施之一，也是墙、柱承载力计算的前提和必要条件；

(5) 控制承重墙体(结构墙)的布置和间距符合要求；

(6) 在必要的部位采取加强措施。比如，在灰缝内增设拉结钢筋；设置钢筋混凝土圈梁和(或)构造柱；设置砌块砌体的芯柱；采用配筋砌体等。

砌体结构的构造措施，应符合国家标准《建筑抗震设计规范》GB 50011—2001、《砌体结构设计规范》GB 50003—2001(2002 年局部修订版)和其他现行有关标准的规定；砌体结构工程的施工质量应符合《砌体工程施工质量验收规范》GB 50203—2002 以及设计文件的要求。

【实施与检查】

由于块体种类多，对砌筑砂浆、砌筑工艺有不同要求，设计上应充分考虑这些差异。砌体的强度是通过块体和砂浆的共同工作实现的，块体的搭接长度和搭接方式、合适的砌筑砂浆是保证砌体强度的基础；拉结构造配筋、圈梁、构造柱、砌块砌体的芯柱等，是保证砌体结构整体性和具有一定延性的关键；砌体墙(柱)的稳定性设计是结构整体稳定的基本保证；砌体结构墙梁、挑梁是比较重要的构件，设计和构造也相对比较复杂。以上所述，有关实施单位应予以充分重视。

总之，砌体结构设计繁杂、琐碎，细节问题多，而且砌体性能与施工质量关系极大。

因此，设计单位、施工单位和有关质量监督单位应充分了解所用砌体结构的特点和有关规范标准的要求，精心设计，精心施工，严格监理。

6.4.5 底部框架、上部砌体结构住宅中，结构转换层的托墙梁、楼板以及紧邻转换层的竖向结构构件应采取可靠的加强措施；在抗震设防地区，底部框架不应超过2层，并应设置剪力墙。

【要点说明】

本条主要根据国家标准《建筑抗震设计规范》GB 50011—2001的有关规定制定。底部框架、上部砌体结构住宅是我国目前经济条件下特有的一种结构形式，即通常所说的“底框结构”。这种结构形式，通过把上部部分砌体墙在底部变为框架(或框架—剪力墙)而形成较大的使用空间，一般作为商业用房，上部依然用作住宅。由于这种结构形式的变化，造成底部框架(或框架—剪力墙)结构的侧向刚度比上部砌体结构的刚度小，而且在结构转换层要通过转换构件(如托墙梁)将上部砌体墙承受的内力转移至下部的框架柱(框支柱)，传力途径不直接。过渡层砌体结构及其以下的框架(或框架—剪力墙)结构是这种结构的薄弱部位，必需采取措施予以加强。根据理论分析和地震震害经验，这种结构在地震区仍应持谨慎态度，因此限制其底部大空间框架结构的层数不应超过2层，并应设置剪力墙。

针对这种结构的特点，设计上应加强其整体性能，上部砌体结构楼层宜采用现浇钢筋混凝土楼盖，当采用装配式楼盖时，应层层设置钢筋混凝土圈梁；过渡层底板(即转换层楼板)应采用现浇钢筋混凝土板，板厚应符合传递上部结构剪力的要求(一般不小于120mm)；上部砌体墙与底部托墙梁或剪力墙应尽量对齐，砌体构造柱应与现浇楼板或圈梁可靠连接，构造柱宜与底部框架柱上下拉通(即过渡层与底部框架柱对应位置应设置构造柱)；底部剪力墙可以根据具体情况采用砌体墙和(或)钢筋混凝土墙，应双向均匀布置，转换层上、下结构的刚度比应根据是否抗震设计以及抗震设防烈度的高低加以控制，减小突变幅度；应加强底部剪力墙的抗剪承载能力，转换层以下楼层的剪力应全部由底部剪力墙承担，并应考虑适当的放大；托墙梁的截面应符合抗剪要求，不应过小，其纵向配筋、箍筋设计应加强，钢筋锚固应按受拉考虑并符合钢筋混凝土框支梁的要求。

【实施与检查】

如上所述，底部框架(框架—剪力墙)、上部砌体结构住宅属于承载力和刚度变化不连续的结构，设计上应对过渡层附近的刚度和承载力变化加以控制，对关键构件采取可靠的加强措施；抗震设防地区，底部大空间楼层不应超过2层，并应设置剪力强。底部框架(框架—剪力墙)、上部砌体结构住宅的设计应符合《建筑抗震设计规范》GB 50011—2001第7.1节、7.2节和7.5节的有关规定，施工质量应符合国家标准《砌体工程施工质量验收规范》GB 50203—2002、《混凝土结构工程施工质量验收规范》GB 50204—2002等有关标准以及设计文件的要求。

6.4.6 住宅中的混凝土结构构件，其混凝土保护层厚度和配筋构造应满足受力性能和耐久性要求。

【要点说明】

混凝土结构、砌体结构、钢—混凝土混合结构或其他结构中混凝土结构构件，都应具有基本的混凝土保护层厚度要求和配筋构造要求，以保证其基本受力性能和耐久性。

钢筋混凝土构件的配筋构造是保证其承载力、延性以及控制其破坏形态的基本要求。配筋构造通常包括钢筋的种类和性能要求、配筋形式、最小配筋率和最大配筋率、钢筋间距、钢筋连接方式和连接区段(位置)、钢筋搭接和锚固长度、弯钩形式或机械锚固形式等。不同受力状态的构件以及是否抗震设计等，对构件性能有不同要求，因此配筋构造要求也不同，设计的原则是要通过合理的配筋构造达到预期的受力性能要求。比如，对抗震设计的混凝土结构，混凝土构件分为四个不同的抗震等级，即一(特一)、二、三、四级，每个抗震等级的梁、柱、墙和梁柱节点核芯区，均有明确的配筋构造要求。

混凝土构件中钢筋被包裹在混凝土中，从纵向钢筋外边缘到混凝土表面的最小距离称为保护层厚度。混凝土保护层的作用主要体现在两方面：一是对受力钢筋提供可靠的锚固，使其在荷载作用下能够与混凝土共同工作；二是使受力钢筋在混凝土的碱性环境中免受外界介质的侵蚀，从而确保在给定的设计使用年限内具有规定的耐久性。对于第一种作用，保护层厚度的主要影响因素是：钢筋的强度、直径、表面形状以及混凝土的强度；对于第二种作用，由于钢筋的锈蚀程度是侵蚀环境因素和时间的函数，因此，不同的环境、不同的设计使用年限，对保护层厚度的要求不同。比如，100 年设计使用年限时的保护层厚度要求通常比 50 年时的要求高 40%左右。另外，一般情况下，过大的保护层厚度会降低截面的有效高度，削弱混凝土构件的抗力，从而影响结构性能。因此，应综合考虑钢筋锚固、耐久性及构件截面有效高度三个因素，在确保钢筋锚固和耐久性符合要求的前提下，尽可能减小混凝土的保护层厚度。

【实施与检查】

设计时应首先确定结构构件的环境类别、构件类型和混凝土强度等级，再根据相应的保护层最小厚度确定其实际保护层数值，使其不小于最小值且不小于钢筋的公称直径。检查时应审核设计图纸中的图示及说明，确定纵向受力钢筋的实际混凝土保护层厚度数值是否符合要求。

配筋构造与构件类型和性能要求有关。应区分是否抗震设计以及抗震设防烈度的高低、构件的重要性程度(在住宅中所处位置、受力状态、破坏后造成影响的范围和严重程度等)，进行恰当的配筋构造设计，具体应参照《混凝土结构设计规范》GB 50010—2002、《高层建筑混凝土结构技术规程》JGJ 3—2002 以及其他材料结构设计规范的相关规定执行。

混凝土保护层厚度及配筋构造的施工质量应符合国家标准《混凝土结构工程施工质量验收规范》GB 50204—2002 等有关标准以及设计文件的要求。

6.4.7 住宅的普通钢结构、轻型钢结构构件及其连接应采取有效的防火、防腐措施。

【要点说明】

钢结构材性优越，其应力和变形的计算方法与材料力学方法基本一致，因而其力学模型的建立以及结构或构件的设计计算相对容易掌握。钢结构的构造设计较为复杂、繁琐，而结构构造又是实现结构设计思想的重要保证，设计者应给予充分重视。

钢结构的防火、防腐措施是保证钢结构住宅安全性、耐久性的基本要求。钢材不是可燃材料，但是在高温环境下其刚度和承载力会明显下降，导致结构失稳或产生过大的变形，甚至倒塌。钢结构构件和连接件的防火是钢结构住宅防火系统工程中的重要环节，具体要求应根据房屋高度、重要性程度、耐火极限确定，并应符合本规范第9章以及现行国家标准《建筑设计防火规范》GBJ 16(2001版)、《高层民用建筑设计防火规范》GB 50045—95(2005版)的有关规定。

普通结构钢材在大气环境中很容易产生锈蚀。因此，住宅钢结构中，除了不锈钢构件外，其他钢结构构件均应根据设计使用年限、使用功能、使用环境以及维护计划，采取可靠的防腐措施。

防腐、防火涂料的品种、规格、性能等应符合国家有关产品标准和设计要求。防腐涂料的涂装遍数、涂层厚度等应符合设计要求；当设计无具体要求时，涂层干漆膜总厚度：室外应为150μm，室内应为125μm，允许偏差为－25μm。防火涂料一般分薄涂型和厚涂型，其涂层厚度应符合耐火极限要求和设计要求。

防腐、防火涂料涂装前，应对钢材表面进行除锈和清洁处理，清除其表面的焊渣、焊疤、灰尘、油污、水渍、结露等。涂装时的环境温度和相对湿度应符合涂料产品说明书和设计文件的要求；当设计或产品说明书无具体要求时，环境温度宜在5～38℃之间，相对湿度不应大于85％。涂装后的4h内应对涂层进行保护，避免因雨淋、碰撞而损坏。

钢结构构件的防火、防腐涂装工程，应符合国家标准《钢结构工程施工质量验收规范》GB 50205—2001的有关要求。

【实施与检查】

钢结构的防火、防腐设计十分重要，是钢结构区别于其他材料结构的重要特点之一。应根据设计使用年限和普通钢结构、轻型钢结构住宅的特点，结合钢材的自身性质、构件的受力状态和重要程度、主动防火体系的设置情况等，确定钢构件的恰当防火措施；钢构件的防腐处理，除了与上述相关的因素有关外，住宅所处的大气环境、使用环境以及使用维护计划也是重要的考虑因素。有关实施单位应依据上述思路，结合国家现行有关规范标准的要求，进行钢结构构件的防火和防腐设计、施工和验收。

另外，由于钢材本身具有较高的强度，其承载力设计是相对容易符合要求的。钢结构区别于其他材料结构的另一个重要特点，是结构和结构构件的稳定性设计要求。经验表明，许多钢结构建筑的失效(破坏或倒塌)事故，不是因为强度不足，而是因为结构失稳引起的。因此，钢结构(尤其是轻型钢结构)住宅的稳定性计算和构造设计，必须符合国家标准《钢结构设计规范》GB 50017—2003、《冷弯薄壁型钢结构技术规范》GB 50018—2002等标准的要求。

6.4.8　住宅木结构构件应采取有效的防火、防潮、防腐、防虫措施。

【要点说明】

木材是可燃材料，除了规定住宅建筑合理的防火间距、限制房屋体量(房屋层数、边长、楼层面积等)和采取主动消防措施外，在木结构构件表面包覆(涂敷)防火材料，可达到规定的构件燃烧性能和耐火极限要求。根据国家标准《木结构设计规范》GB 50005—2003(2005年局部修订版)，木结构构件的燃烧性能和耐火极限不应低于表2-6-7的规定。与本规范第9章第9.2.1条的规定相比，表2-6-7的规定大致相当于木结构住宅建筑的耐火等级介于三级和四级之间。因此，从目前木结构设计规范规定的木构件燃烧性能和耐火极限的角度出发，限制木结构住宅建筑的层数不超过3层是恰当的。

木结构建筑中构件的燃烧性能和耐火极限　　表 2-6-7

构 件 名 称	耐 火 极 限(h)
防 火 墙	不燃烧体 3.00
承重墙、分户墙、楼梯和电梯井墙体	难燃烧体 1.00
非承重外墙、疏散走道两侧的隔墙	难燃烧体 1.00
分室隔墙	难燃烧体 0.50
多层承重柱	难燃烧体 1.00
单层承重柱	难燃烧体 1.00
梁	难燃烧体 1.00
楼 盖	难燃烧体 1.00
屋顶承重构件	难燃烧体 1.00
疏散楼梯	难燃烧体 0.50
室内吊顶	难燃烧体 0.25

注：1. 屋顶表层应采用不可燃材料；
2. 当同一座木结构建筑由不同高度组成，较低部分的屋顶承重构件必须是难燃烧体，耐火极限不应小于 1.00h。

调查表明，正常使用条件下，木结构的破坏多数是由于腐朽和虫蛀引起的，因此木结构工程的防腐、防虫十分重要，应当引起高度重视。木材的腐朽是由于木腐菌的破坏所致。木腐菌的生存除了具备氧气和适宜的温度外，另一个重要条件是木材潮湿(含水率大于 20%)，凡是将结构封闭起来或者经常受潮的木结构(例如长期的雨水受潮等)，都很容易发生腐朽，有的甚至发生倒塌事故。木结构若处于干燥的环境中(木材含水率小于 20%)，则一般不致发生腐朽。因此，防止木结构腐朽的关键是控制其含水率低于 20%，必须根据使用条件和环境条件在设计上采取防潮、通风等构造措施。

住宅木结构的防火、防腐、防潮、防虫设计要求和构造措施，除应符合本规范第 9 章的有关要求外，尚应符合国家标准《木结构设计规范》GB 50005—2003(2005 年局部修订版)的有关规定；其施工质量应符合《木结构工程施工质量验收规范》GB 50206—2002 的有关规定。

【实施与检查】

木结构防护是一项重要的工作，木材是一种极易燃烧、腐朽和受虫蛀的材料，由此引起破坏的概率远大于结构承重失效的破坏概率。设计人员应特别予以重视，同时采取防护(防火、防潮、防腐蚀)构造措施、防火涂敷(包覆)措施和药物防虫措施，保证木结构住宅的安全性和耐久性。

凡是设计上标明需要采取防火构造措施和防腐构造措施的部位，均应在施工组织设计中专门列出，专人负责；施工质量应符合设计要求和《木结构工程施工质量验收规范》GB 50206—2002 的有关规定，并逐项进行检查、验收和记录。

6.4.9　依附于住宅结构的围护结构和非结构构件，应采取与主体结构可靠的连接或锚固措施，并应满足安全性和适用性要求。

【要点说明】

本条对住宅结构的围护结构和非结构构件提出要求。本条中围护结构主要指直接面向建筑室外的非承重墙体、各类建筑幕墙(包括采光顶)等，相对于主体结构而言实际上属于“非结构构件”。围护结构和非结构构件的安全性和适用性应满足住宅建筑设计要求，并应符合国家现行有关标准的规定。对非结构构件的耐久性问题，由于材料性质、功能要求及更换的难易程度不同，未给出具体要求，但具体设计上应予以重视。

“围护结构”在不同专业领域的含义不同，有一些既有围护作用，也有结构作用，如多数砌体结构的外墙和钢筋混凝土结构的外墙(例如剪力墙结构和框架—剪力墙结构的外墙)，这类围护结构是主体结构的一部分；另一些则仅有围护作用，如框架结构面向室外的填充墙以及各类幕墙结构(包括采光顶)，主体结构设计时是不考虑其共同分担外界作用的，但其本身应能够承担其自重和直接经受的外界作用。因此，对建筑主体结构而言，“围护结构”可能是结构构件，也可能是非结构构件。

本条的非结构构件包括持久性的建筑非结构构件和附属的机电设施。所谓持久的建筑非结构构件，是相对结构构件而言，即除结构承重骨架以外的固定构件和部件，如非承重墙体(分隔墙、填充墙等)、附着于楼盖结构或竖向结构的装饰构件(部件)或其他功能的支架等；所谓的机电设施，指为住宅建筑使用功能服务的附属机械、电气、水暖等构件(部件)和系统，如电梯系统、供电照明系统、弱电系统、采暖空调系统、燃气系统、供排水系统、智能计量系统和安全监测系统等。

长期以来，非结构构件的可靠性设计没有引起设计人员的充分重视。目前，多数非结构构件均有对应的产品标准，选择使用合格的材料和产品，是保证其安全性、适用性的基本要求。应根据非结构构件重要性、破坏后果的严重性及其对建筑结构的影响程度，采取不同的设计要求和构造措施；抗震设计的住宅，尚应对非结构构件进行必要的抗震验算和抗震设计。非结构构件应根据不同的功能，提出必要的承载能力、变形能力(刚度和延性)要求，并应具有适应主体结构变形的能力；与主体结构的连接和锚固应牢固、可靠，要求锚固承载力大于连接件的承载力；有一定刚度的非结构构件(分隔墙、填充墙等)，尚应考虑对主体结构抗震的不利影响，避免因不合理的设计而导致主体结构或结构构件破坏。

各类建筑幕墙的设计、加工制作、安装施工、质量验收以及使用维护，应符合现行行业标准《玻璃幕墙工程技术规范》JGJ 102—2003、《金属与石材幕墙工程技术规范》JGJ 133—2001(正在修订)、《建筑玻璃应用技术规程》JGJ 113—2003 以及其他有关产品标准的规定。

【实施与检查】

围护结构和非结构件根据功能、材性、破坏后果的严重程度不同，设计、构造、安装施工、质量验收的要求不同，涉及的专业领域较多，本条仅涉及其结构性能要求。围护结构和非结构件的基本要求是应保证其正常使用状态下正常使用功能的发挥，因此必须具备承受使用过程中可能发生的各种预估作用的能力，包括承载能力和变形能力。由于多数非结构构件均有定型产品，所以结构设计的重点是要在选择恰当的合格产品的基础上，保证其与主体结构的连接和锚固安全可靠，并具有适应主体结构变形的能力。

非结构构件的抗震设计要求，可参照国家标准《建筑抗震设计规范》GB 50011—2001的有关规定；建筑幕墙的设计应符合国家现行有关建筑幕墙工程技术标准、产品标准的要求；施工质量要求应符合设计文件以及国家现行有关结构工程施工质量验收标准、建筑装饰装修工程施工质量验收标准、建筑幕墙工程技术规范和有关质量检验标准的规定。

第7章　室　内　环　境

概　述

本章所涉及的是住宅的室内物理环境，包括室内的声、光、热环境和空气品质。

人的一生中有一半以上的时间是在住宅内渡过的，因此室内的物理环境对人的生理、心理健康非常重要。一个良好的室内物理环境有助于居住者身体健康、心情愉快。相反一个恶劣的室内物理环境则有损于居住者的身心健康。

随着经济和社会的发展，住宅建筑的外部环境越来越喧闹，长期生活在一个吵闹的环境中，会使人烦躁不安，休息不好，影响身体健康。住宅的噪声主要来自于外部，因此住宅内部房间的布局和住宅建筑围护结构的隔声性能对于保持室内安静非常重要。在平面布置上尽量让卧室、书房等非常需要安静的房间远离噪声源，尽量使用高隔声量的外墙和外窗，这样可以大大降低室外噪声对室内的影响。室内的安静与否，不仅取决于室外环境，而且也取决于住宅建筑的内部。在现代建筑中，建筑物的内部常常配置了许多机械设备，例如电梯、水泵、风机等。这些设备和附属的管道在为居住者的生活带来便利的同时又都是一个噪声源，因此在设计和安装这些设备和管道时，一定要注意隔振降噪。我国的住宅绝大多数是多层、高层住宅，上下层之间的楼板，户与户之间的隔墙常常也是影响一套居室是否安静的重要因素。

人人都希望在居室内也能够享受明媚的阳光，尤其是在严寒的冬日里更是如此。阳光不仅有助于健康，而且还能够给人带来好心情。然而在城市中对很多建筑而言，室内获得充足的日照并非是件轻而易举的事，尤其是在冬季。建筑对阳光的相互遮挡在城市中是不可避免的，建筑的间距过小和相对位置不合理常常阻碍了室内获得足够的日照。因此在规划和设计住宅时，应该尽量保持建筑物之间有足够的间距，建筑物之间的相对位置合理，主要的房间朝向容易获取阳光的方向，使室内能够获得充足的阳光。

建筑围护结构热工性能的优劣对房间内的热舒适有很大的影响，同时对住宅的采暖空调负荷的大小影响也很大。采暖空调负荷的大小直接关系到住宅的建筑节能，因此建筑围护结构的热工性能以及室内的热环境在本规范的第10章建筑节能中加以讨论。

房间空气品质对居住者的身体健康有着直接的、重大的影响。任何人都无法在一个有害物质浓度很高的房间内长期生活而同时保持健康。室内有害物质浓度主要受建筑材料、内部装修材料、家具等的影响，同时良好的通风对提高室内空气品质也有着至关重要的作用。

住宅的室内物理环境常常是当住宅建成之后就形成了，很难靠居住者入住以后的个人行为去改善。另一方面，室内物理环境又是在住宅的设计和建造过程中不知不觉地形成的，因此在设计住宅时就应该充分考虑室内环境，在建造住宅的过程中对将要形成的室内环境也要加以关注。

一般而言，住宅是人一生中消费的价值最昂贵的商品，为了保护消费者的利益，维护居住者的身心健康，本章对住宅的室内物理环境提出了必须满足的要求。这些要求基本上是一些最低的要求，在住宅的设计和建造过程中，只要重视就能够做到，而且是必须做到的。在提出这些最基本要求的同时，本规范还希望住宅的设计者和建造者能够进一步精心设计和建造，适当增加资金投入，提高室内环境质量，创造更为良好的室内物理环境。

7.1 噪声和隔声

7.1.1 住宅应在平面布置和建筑构造上采取防噪声措施。卧室、起居室在关窗状态下的白天允许噪声级为50dB(A声级)，夜间允许噪声级为40dB(A声级)。

【要点说明】

由于住宅建筑室外以及楼内的噪声源越来越多，随之而来住户可能受到更多噪声干扰，为了保证住宅室内有必要的安静环境，需要在住宅的规划、平面布置、建筑构造上采取防噪措施，并规定白天、夜间住宅内的噪声要求。

在住宅的规划、设计阶段，就将减少住宅内的噪声作为一个重要因素加以考虑，是防止噪声干扰住宅的有效措施。如果忽略这方面，而要用隔声或其他噪声衰减措施来补救，代价将是十分昂贵的，有时即使花钱也难以补救。

在进行规划设计前，应对环境及住宅楼内外的噪声源作详细的调查与测定，并应对住宅楼的防噪间距、朝向选择及平面布置等作综合考虑。

为减噪，在规划住宅小区时应遵循两个原则，一是住宅尽量远离噪声源，以增加噪声随距离的衰减；二是遮挡与屏蔽噪声，充分利用对噪声较不敏感的建筑屏蔽对噪声敏感的建筑。例如，将对噪声不敏感的建筑物排列在小区外围临交通干线的位置上，将有噪声源的建筑附属设施(如锅炉房、水泵房等)设置在住宅楼外，将噪声源(停车库等)设置在地下。

在做住宅平面设计时，对位于交通干道旁的住宅楼，不应将卧室、起居室设在临街一侧。若这样设计有困难，每户至少应有一间主要卧室背向交通干道。应尽可能使分户墙两侧的房间和分户楼板上下的房间在安静程度上属于同一类型，以减少相邻住宅内的噪声干扰安静要求较高房间的机会。

为使住户有安静、舒适的居住环境，要求住宅室内的噪声低于规定的限值(允许噪声级)。国内外声学专家通过调查研究后提出，人睡眠时的安静程度，理想状态是A声级30dB以下，若达不到理想状态，最差A声级也不能大于50dB；交谈、思考时对安静程度的要求，理想状态是A声级40dB以下，最差A声级也不能大于60dB。

国内曾对住宅室内噪声级与住户反应之间的对应关系做过调查，从北京的调查资料看，当白天住宅室内噪声在45dB(A声级)以下时，有95%以上的住户觉得比较安静，而从华南、华东、西南等地的调查资料分析，则室内允许噪声级的数值还可略高于北京地区。

根据以上这些调查、研究，将卧室、起居室的允许噪声级确定为：白天50dB(A声级)；夜间40dB(A声级)。

本规范确定的允许噪声级的数值并非安静程度的理想状态，只是对住宅室内噪声的起码要求。若经济条件允许(如高档住宅、商品房等)，应从各方面采取措施，使住宅的室内噪声级接近理想状态的要求，尽可能为住户提供舒适的居住环境。

从室外传入住宅室内噪声的大小，与室外噪声源、住宅围护结构(特别是外窗)有关。在目前室外噪声源增多、室外噪声较高(尤其是城市交通干线、高速公路、铁路、机场附近)的情况下，为减小室外噪声对住宅室内的干扰，增强住宅外窗部位的隔声能力是从建筑本身所能采取的主要、有效措施。因此将住宅室内噪声的控制标准规定为关窗状态下的允许噪声级。尽管如此，在规划、设计住宅时，仍应尽可能从平面布置方面采取防噪措施，争取实现在开窗状态下，住宅室内的噪声也能达到本规范中允许噪声级的要求。

测量住宅室内噪声的方法，见《民用建筑隔声设计规范》GBJ 118—88。

A声级就是用A计权网络测得的声压级，符号为L_A，单位是dB。人耳并非对所有频率的声音一样敏感。在声测量仪器中加进“频率计权网络”，可以改变声测量仪器对不同频率声音的敏感性。A计权网络能较好地模仿人耳的频响特性，故有A计权网络的声测量仪器能测得与人耳响度判别密切相关的声级。

【实施与检查】

在设计阶段实施；检查设计图纸及相关文件，必要时竣工后实测。

7.1.2　楼板的计权标准化撞击声压级不应大于75dB。

应采取构造措施提高楼板的撞击声隔声性能。

【要点说明】

建筑隔声中所说的撞击声是指：在接收室之外，物体撞击接收室的围护结构(特别是楼板)，在接收室内产生的声音。例如，当人在接收室的顶部楼板上行走或拖拉物体、物体掉落在接收室的顶部楼板上，在接收室内产生的噪声。楼板撞击声的示意见图2-7-1。

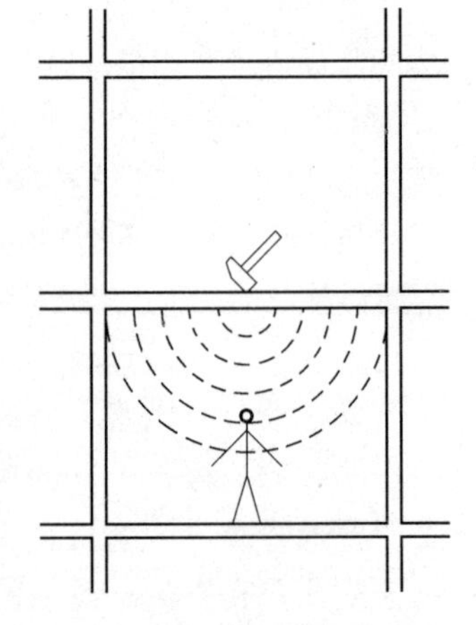

图2-7-1　楼板撞击声示意图

不同物体或同一物体从不同高度落下撞击楼板所产生的撞击声是不同的(声级大小、频率特性)。为衡量不同楼板受到撞击时所产生的撞击声，需要在相同条件下撞击楼板并测量撞击声压级。为此，规定了测量楼板撞击声的方法，见《建筑隔声测量规范》GBJ 75—84、《声学　建筑和建筑构件隔声测量　第6部分：楼板撞击声隔声的实验室测量》GB/T 19889.6—2005、《声学　建筑和建筑构件隔声测量　第7部分：楼板撞击声隔声的现场测量》GB/T 19889.7—2005。这些标准规定，用一个标准撞击器在楼板上的几个位置敲击，在被敲击楼板下面的房间内的几个位置测量楼板撞击声的声压级，对在所有位置测得的楼板撞击声数据进行平均，并加上根据被敲击楼板下面房间的混响时间所做的修正后，就得到被测楼板的撞击声压级。应分别测量100～3150Hz共16个1/3倍频带(如需要可拓宽为50～5000Hz共21个1/3倍频带)的撞击声压级。

一般楼板的各个频带的撞击声压级并不相同，而用16个1/3倍频带的撞击声压级表示楼板的撞击声隔声性能也比较麻烦。为简便用一个单值评价量——计权标准化撞击声压级(符号为$L'_{pnT,w}$或$L'_{nT,w}$，单位是dB)，表示楼板撞击声隔声性能。从各1/3倍频带(通常为100～3150Hz)的标准化撞击声压级得出单值评价量——计权标准化撞击声压级的方法见《建筑隔声评价标准》GB/T 50121—2005。

楼板的撞击声压级的小或大反映楼板撞击声隔声性能的好与差，楼板的撞击声压级越低表示楼板的撞击声隔声性能越好。

国内曾调查过住户对不同撞击声隔声性能的住宅楼板的听闻感觉和满意程度，进而得出楼板计权撞击声压级与主观评价的关系，见表 2-7-1。

楼板计权撞击声压级与主观评价的关系 **表 2-7-1**

住宅楼板的计权撞击声压级(dB)	楼板上撞击声源情况与楼板下房间内的听闻感觉(背景噪声 30～50dB(A 声级))	住户反应(%)		
		满意	还可以	不满意
>85	脚步声、扫地、蹬缝纫机等都能引起较大反应；拖动桌椅、孩子跑跳则难以忍受			>90
75～85	脚步声能听到，但影响不大；拖桌椅、孩子跑跳感觉强烈；敲打则难以忍受	50		50
65～75	脚步声白天感觉不到，晚上能听到、但较弱。拖桌椅、孩子跑跳能听到，但除睡眠外一般无影响	10	80	10
<65	除敲打外，一般声音听不到；椅子跌倒、孩子跑跳能听到，但声音较弱	65	35	

从表 2-7-1 可知，90％的住户认为楼板的计权撞击声压级不大于 75dB 是可以接受的；当楼板的计权撞击声压级大于 75dB，就会有 50％以上的住户不满意。

计权撞击声压级不大于 75dB 只是对住宅楼板的起码要求，并未达到很好的程度。若经济条件允许(如高档住宅、商品房等)，应采取措施使住宅楼板的撞击声隔声性能更好一些。例如：120mm 厚钢筋混凝土楼板的计权撞击声压级为 83dB，在其上铺有弹性垫层的木地板或铺地毯，其计权撞击声压级可降为 60dB 左右。如果铺较厚的地毯，计权撞击声压级可降得更低，撞击声隔声性能会更好。但是，当在钢筋混凝土楼板上直接做硬质材料面层(水泥砂浆、地砖、石材)的情况下，若要求其撞击声隔声性能也达到标准要求，就需要在钢筋混凝土楼板上做浮筑楼板隔声构造。

【实施与检查】

在设计阶段实施；检查楼板构造的图纸及相关文件。住宅建成后，现场抽测住宅楼板的撞击声隔声性能。

7.1.3　空气声计权隔声量，楼板不应小于 40dB(分隔住宅和非居住用途空间的楼板不应小于 55dB)，分户墙不应小于 40dB，外窗不应小于 30dB，户门不应小于 25dB。

应采取构造措施提高楼板、分户墙、外窗、户门的空气声隔声性能。

【要点说明】

住宅室内噪声(不考虑住宅室内噪声源的影响)的大小与住宅室外噪声的大小、住宅围护结构的空气声隔声性能的好坏有关。由于住宅室外难免会出现较大噪声，故保证住宅室内安静的关键，就是住宅的围护结构要具有较好的空气声隔声性能。

建筑隔声中所关注的空气声是，接收室之外的声音，通过空气传至接收室的围护结构(楼板、墙、门、窗)，而在接收室内产生的声音。如邻室电视声、室外的交通噪声等。空气声隔声的示意见图 2-7-2。

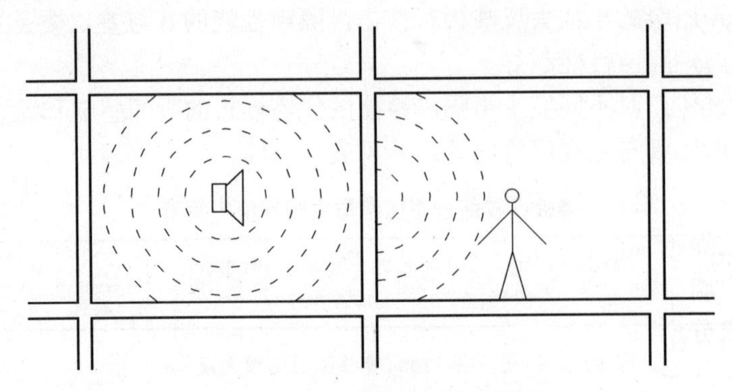

图 2-7-2　空气声隔声示意图

墙体、楼板、门、窗等建筑构件的空气声隔声性能用计权隔声量表示，符号为 R_W，单位是 dB。

测量建筑构件空气声隔声量的方法，见《建筑隔声测量规范》GBJ 75—84、《声学　建筑和建筑构件隔声测量　第 3 部分：建筑构件空气声隔声的实验室测量》GB/T 19889.3—2005、《声学　建筑和建筑构件隔声测量　第 4 部分：房间之间空气声隔声的现场测量》GB/T 19889.4—2005。通常，应分别测量 100～3150Hz 共 16 个 1/3 倍频带（如需要可拓宽为 50～5000Hz 共 21 个 1/3 倍频带）的隔声量。

一般来说，建筑构件各个频带的隔声量并不相同，而用 16 个 1/3 倍频带的隔声量表示建筑构件的空气声隔声性能也比较麻烦。为简便用一个单值评价量——计权隔声量，表示建筑构件的空气声隔声性能。从各 1/3 倍频带（通常为 100～3150Hz）的隔声量得出单值评价量——计权隔声量的方法见《建筑隔声评价标准》GB/T 50121—2005。建筑构件的计权隔声量越高，表示建筑构件的空气声隔声性能越好。

国内曾调查过住户对不同空气声隔声性能的住宅隔墙的听闻感觉和满意程度，进而得出实际住宅隔墙的计权隔声量与主观评价的关系，见表 2-7-2。

实际住宅隔墙的计权隔声量与主观评价的关系　　**表 2-7-2**

实际住宅隔墙的计权隔声量(dB)	邻室内声源情况与室内的听闻感觉（室内背景噪声为 30～35dB(A 声级)）	住户反应(%)		
		满意	还可以	不满意
≤35	邻室正常讲话能听清且容易了解讲话内容			＞90
35～40	大声讲话、播放音乐听得很清楚正常讲话能听到，能听出个别字句		30～40	60～70
40～45	大声讲话、播放音乐能听到，个别字句能听出；正常讲话有感觉，但听不出内容	＜10	60	25～30
45～50	大声讲话听不到 播放音乐音响大时能听到，但声音较弱	15～20	70	15～20
＞50	音乐声、大声叫喊都听不到	60	30～40	

从表 2-7-2 可知，60%以上的住户对计权隔声量小于 40dB 的隔墙不满意；当隔墙的

计权隔声量在 40～45dB 之间，60％以上的住户认为可以接受，只有约 30％的住户不满意。虽然还有约 30％的住户不满意，但考虑到我国幅员辽阔、各地区之间的环境条件和经济发展水平差异较大，将 40dB 作为住宅分户墙空气声隔声的起码要求是合适的。但毕竟还有约 30％的住户不满意，还能感觉到隔壁房间内的正常讲话，还没有达到声学舒适的程度，并且考虑到私密性问题，如经济条件允许(如高档住宅、商品房等)，应采取措施使住宅分户墙的空气声隔声性能更好些。

在分户墙出现隔声问题的住宅楼当中，有不少是由于结构完成后，中途要求改变户型，致使一些分户墙只能坐落到楼板上，而设计时此楼板并未考虑要承担分户墙的重量。这时如果只顾追求分户墙的壁薄质轻，而忽视了隔声要求，将使这些分户墙的计权隔声量达不到 40dB，引起住户不满。最后不得不对这些分户墙进行隔声改造，既给开发商造成经济损失，也影响其声誉。

在住宅中，分户墙分隔平面上相邻的房间，楼板分隔上下相邻的房间。故对住宅楼板空气声隔声性能的要求与住宅分户墙相同。

住宅楼中会有设备机房，商住楼中还会有餐饮、娱乐等商业用房。一般不会将这些房间与住宅布置在同一层，但这些房间中可能会产生较大噪声。为保证住宅不受这些房间内噪声的干扰，故要求分隔住宅和这些高噪声房间的楼板有较高的空气声隔声性能。

住宅外墙一般较厚，隔声量较高。但外墙上往往还设有窗(和门)，有的还是大面积窗，这些窗(和门)通常是隔声的薄弱部位，有窗外墙的隔声性能主要决定于窗的隔声性能。面对目前交通噪声较高的现实，人们越来越重视用隔声性能较好的外窗来阻挡室外噪声，以便当关闭外窗时，住宅室内的噪声能低于室内允许噪声级。

户门是分隔套内空间与公共部分的构件，关上户门就是住户自家的小天地。为了阻隔走廊、楼梯间的声音传入户内，减少户门外噪声干扰户内，同时也为了增加住宅的私密性，希望户门的隔声量高一些。但一般户门不直接临街，户门外出现高噪声的机率较小，住宅门厅部位对安静程度的要求也不是十分高。考虑目前户门的结构形式、制作水平、隔声性能的普遍状况，确定户门的计权隔声量≥25dB 是适宜的。

【实施与检查】

在设计阶段实施；检查楼板、分户墙的构造图纸，核查门窗产品的说明书或隔声性能检测报告。住宅建成后，现场抽测住宅的空气声隔声性能。

7.1.4　水、暖、电、气管线穿过楼板和墙体时，孔洞周边应采取密封隔声措施。

【要点说明】

在住宅中，可能会有水、暖、电、气管线穿过两相邻房间之间的楼板或墙体，从一个房间通到另一个房间。这些管线穿过楼板或墙体时，可分为无套管或有套管两种方式，不论哪种方式都要求将管边的缝填实堵严。特别是管线与套管之间的缝常常会忘记堵，致使两相邻房间通过这些缝隙而连通。虽然这些缝隙不大，但它们对楼板或墙体的空气声隔声能力的降低不可忽视。楼板或墙体的空气声隔声性能越好，缝隙对空气声隔声性能的影响就越严重。若不密封这些缝隙，在夜间或较安静的白天，可听到或听清另一房间内的说话声音。

例如：4m(宽)×2.5m(高)×0.24m(厚)的红砖墙，两面抹 10～15mm 厚水泥砂浆，其计权隔声量为 56～57dB。当有不同管线穿过且不封堵与套管之间的缝隙时，计权隔声量减少 10～23dB。但当用麻丝、密封膏堵严管线与套管之间的缝隙后，其计权隔声量就又恢复为 56～57dB。上述有不同管线穿墙及是否封堵管线与套管之间的缝隙等各种情况的计权隔声量见表 2-7-3。

红砖墙上有各种管线穿过墙时的隔声性能 **表 2-7-3**

管线型号	套管型号	管线与套管之间缝隙的封堵情况	计权隔声量(dB)
20 塑料管	25 钢套管	无封堵	47
		密封膏封堵	57
25 塑料管	32 钢套管	无封堵	43
		密封膏封堵	57
32 钢管	40 钢套管	无封堵	44
		麻丝、密封膏封堵	56
40 塑料管	50 钢套管	无封堵	37
		麻丝、密封膏封堵	57
40 钢管	50 钢套管	无封堵	45
		麻丝、密封膏封堵	56
50 塑料管	63 钢套管	无封堵	33
		麻丝、密封膏封堵	56
50 钢管	63 钢套管	无封堵	41
		麻丝、密封膏封堵	56
100 塑料管	无套管	—	56
100 钢管	无套管	—	55

注：表中各管线穿过的墙是两面抹 10～15mm 厚水泥砂浆的 4m×2.5m×0.24m 的红砖墙。

因此，若要使楼板或墙体的空气声隔声效果好，除应选择高隔声量的构造外，还应注意对穿过楼板或墙体的管线周边的缝隙采取密封措施，以避免使楼板或墙体的隔声能力降低。对于无套管的管线或套管穿过混凝土楼板或砖、砌块等重墙体时，应用水泥砂浆封堵管边缝隙。对于无套管的管线或套管穿过石膏板等轻墙构造时，应用与墙板相同材料的膏浆或密封膏封堵管边缝隙。对于管线与套管之间的缝隙，可以先用麻丝填实，再用密封膏封严。若管线与套管之间的缝隙较小，填麻丝困难，可直接用密封膏封严。

【实施与检查】

在设计和施工阶段实施；检查设计图纸，加强施工检查。

7.1.5 电梯不应与卧室、起居室紧邻布置。受条件限制需要紧邻布置时，必须采取有效的隔声和减振措施。

【要点说明】

电梯运行时，可能在电梯井、电梯机房周围的房间内产生噪声。紧邻电梯井、电梯机房的房间内的电梯噪声会大一些，住宅顶层紧邻电梯井的房间既离电梯井近也离电梯机房近，其中的电梯噪声会更大。

例如：在一幢高层住宅楼顶层的下一层、与电梯井隔一个走廊的卧室内，测得夜间电梯噪声为 35.9dB(A 声级)；在同一幢高层住宅楼的顶层、紧邻电梯井的卧室内，测得夜间电梯噪声为41.3dB(A声级)。另一幢高层住宅楼安装的是2.5m/s的高速电梯，在与电梯井隔一个卫生间的卧室内，测得电梯噪声为43dB(A声级)。

大于40dB(A声级)的电梯噪声，还达不到住宅卧室最起码的噪声要求(≤40dB(A声级))，当然不行。但即使是35～40dB(A声级)的电梯噪声，虽然已达到住宅卧室最起码的噪声要求，但由于夜间的背景噪声比较低，加之电梯噪声时有时无更容易被听到，这样的电梯噪声对人的睡眠还是有影响的。因此，不应将卧室、起居室紧邻电梯井、电梯机房布置。

如果受住宅平面的限制，不得不将卧室、起居室紧邻电梯井布置时，为保证卧室、起居室的安静必须采取一些减振和隔声的技术措施。

电梯井壁一般为厚度200mm左右的钢筋混凝土，其计权隔声量56dB，空气声隔声能力足以隔绝电梯的空气噪声。

电梯井周围房间内的噪声，更主要是曳引机运行时的振动、电梯引导系统的滑动导靴或滚动导靴沿导轨移动时的振动经建筑结构传播而引起的固体声。在曳引机底盘下面和承重梁之间设置减振装置，在电梯导轨和电梯井壁之间设置减振垫，可以减小电梯噪声。

【实施与检查】

在设计阶段实施；检查设计图纸。

7.1.6　管道井、水泵房、风机房应采取有效的隔声措施，水泵、风机应采取减振措施。

【要点说明】

水泵是高层住宅所必需的设备，一般设在地下层，全天自动工作。时常会遇到因水泵引起的噪声与振动扰民问题。有的水泵噪声问题还比较突出，水泵运行产生的振动与噪声，严重影响住宅楼内居民生活，住户反映强烈。尤其在夜间，水泵运行时楼上住户几乎无法入睡。产生问题的原因，有些是设计时未考虑控制水泵振动与噪声的措施；有些是对声学的理解不透，采取的措施不正确，起不到控制振动、噪声的目的。

例如：某一高层住宅的水泵房设在地下一层(还有地下二层)，四台水泵刚性固定于楼板上的混凝土基座，进、出水管直接固定于墙或楼板上。由于未对水泵采取隔振措施，致使住宅楼内的振动、固体声十分严重。水泵运行时，水泵房内的噪声为88dB(A声级)，水泵房正上方二层、三层、六层、十四层房间内的水泵噪声分别为69dB(A声级)、68dB(A声级)、56dB(A声级)、50dB(A声级)。水泵的振动加速度级136dB，水泵房正上方二层房间内的振动加速度级为109dB。另一高层住宅的三台水泵设在地下一层(还有地下二层)的楼板上。由于水泵隔振未做好，水泵运行时，水泵房上方一层、三层、五层房间内的噪声分别为48dB(A声级)、45dB(A声级)、40dB(A声级)。而此水泵房内的噪声为77dB(A声级)。

住宅楼内所受到的水泵噪声影响，主要是水泵振动沿建筑结构向四周传播而产生的固体声。对于比较大的水泵振动，在水泵房周围的房间还会有振感。因此，控制水泵噪声一般应以隔振降噪为主，关键就是要采取隔振措施，阻止水泵振动传向建筑。

水泵振动有三个传播途径：一是通过水泵基础将振动传递给建筑结构；二是通过进、出水管传递振动；三是通过水管支撑将振动传递给建筑结构。

针对水泵振动的三个传播途径，通过在水泵基座下加隔振器、在水泵进出口配置软接管、用弹性支撑承托水管等措施，可以获得明显的隔振降噪效果。

选择水泵隔振措施时，应将水泵的位置也作为隔振措施的一个方面加以考虑。最好在住宅楼外单独建水泵房。若将水泵装于住宅楼内，尽可能将水泵装在住宅楼(包括地下层)最底层的地面上，尽量避免将水泵装在楼板上。因为楼板的质量、刚度比底层地面的小，水泵引起楼板振动比引起地面振动容易，故应尽可能将水泵设在底层地面上。此外，将水泵设在住宅楼的最底层还可能使水泵离住户更远一些，增加振动在传播途中的衰减；地面所能承受的荷载也大得多，在其上采取各种隔振措施不会因增加重量而受到限制。

有些住宅楼，特别是商住楼还需要风机、空调机，这些设备也会产生噪声、振动干扰。应在风管路中插装消声器，在风机、空调机的进、出风口设置软连接，对风机、空调机采取相应的隔振措施，以控制风机、空调机的噪声、振动。风机房或空调机房内应为安装消声器留有足够空间；应根据风机、空调机的噪声状况和所服务房间的允许噪声标准选择适当的消声器，并不是只要装了消声器就可解决噪声问题。

在使用橡胶隔振垫作为水泵、风机、空调机的基础隔振措施的情形中，会有橡胶隔振垫已被其上沉重设备压死的状况出现。这时，虽然在设备下有橡胶隔振垫，但它几乎不起隔振作用。应根据设备和机座的重量，按照保证橡胶隔振垫受到的压力在橡胶隔振垫的额定荷载范围之内的原则，确定使用多少面积的橡胶隔振垫。为了使所有橡胶隔振垫受力均匀，应在各层橡胶隔振垫之上铺 6mm 厚钢板。若最上层的全部橡胶隔振垫均能接触到设备或机座的底面，则可省去最上层的钢板。

在对水泵、风机、空调机等设备系统采取隔振、降噪措施的同时，还应保证这些设备机房的围护结构(墙体、楼板、门)以及穿过设备机房墙体或楼板的管道与设备机房墙体或楼板之间缝隙的封堵物具有足够的空气声隔声能力，使设备机房外的噪声符合允许噪声的要求。

【实施与检查】

在设计阶段实施；检查设计图纸。在设备安装过程中，检查是否实施了控制振动、噪声的措施，施工是否正确。设备安装结束后，现场检测隔振、隔声效果是否达到设计要求。

7.2 日照、采光、照明和自然通风

7.2.1 住宅应充分利用外部环境提供的日照条件，每套住宅至少应有一个居住空间能获得冬季日照。

【要点说明】

日照对人的生理和心理健康都是非常重要的，但是住宅的日照又受地理位置、朝向、外部遮挡等许多外部条件的限制不很容易达到比较理想的状态。尤其是在冬季，太阳的高度角比较低，楼与楼之间的相互遮挡更加严重。

本条文规定“每套住宅至少应有一个居住空间能获得冬季日照”，没有规定室内在某确定的日子内一定要达到的理论日照时数，这是一个最低的要求，必须满足。事实上，除了外界严重遮挡的情况，只要不将一套住宅的居室都朝北布置，就应能满足这条要求。

本条文并不意味着在住宅规划、设计和建造过程中可以忽略日照的重要性。必须指出的是，本条文是在考虑住宅建筑可能出现的对日照极端不利情况下提出的最低要求，是不允许违反的。实际上还有其他的国家、行业、地方标准规范对住宅的日照提出了强制性的要求，这些强制性的要求肯定高于本规范的要求，同时也是必须得到满足的。

住宅的居室能否获取足够的日照首先取决居室的朝向，其次取决于外部的遮挡，主要是相近建筑物的遮挡。设计住宅时，因注意楼的朝向，尤其是套内居住空间的朝向。我国地处北半球，北向居室在冬季不能获得直接的日照。

太阳的高度角对日照的影响很大。高度角越高，阳光不易透过窗户深入室内，但窗前的遮挡物(例如前一排建筑物)也不容易遮挡照到窗口的阳光。高度角越低，阳光容易透过窗户深入室内，但窗前的遮挡物也容易遮挡照到窗口的阳光。太阳的高度角与季节有关，冬季太阳的高度角远低于夏季，因此建筑物间距的大小主要应考虑冬季太阳的高度角。太阳的高度角与地理纬度密切相关，纬度越高太阳的高度角越低，纬度越低太阳的高度角越高。因此如果要获得相同长的日照时间，北方建筑的间距要比南方大很多。

除了间距之外，相对方位也对建筑之间是否会相互遮挡阳光有很大的影响。太阳虽然每天都是东升西落，但它的方位角每天还是不停地变化着的。

对一个具体的地点，太阳的高度角和方位角的变化以年为单位呈现出周期性的变化，并可以精确地计算出太阳的高度角和方位角的变化规律。因此在住宅建筑的规划和设计阶段，可以准确地预先算出任何一个窗口的日照规律。

以前建筑的日照设计主要依赖于棒影图等定性的工具，只能进行静态的设计。随着技术的进步，目前市场上已经可以找到不少计算机软件，利用这些软件可以准确地模拟出将要建造的建筑能够获得日照的非常详尽的资料。我国建筑设计领域计算机的应用水平非常高，完全有条件对住宅的日照进行精确的设计。

虽然本条文对住宅日照的要求很低，但住宅室内环境的优劣与可获得日照时间的长短是密切相关的，冬季能够获得长时间日照的住宅在市场上肯定更容易获得消费者的青睐。因此在规划和设计住宅时，应注意楼与楼之间的距离和相对位置，注意楼内平面的布置，提倡使用建筑日照软件进行模拟计算，使大部分居住空间能够获得尽可能充足的日照。

【实施与检查】

本条的实施主要在规划和设计阶段。在规划和设计阶段，除了注意将要建造的住宅建筑要满足日照要求，同时也要注意将要建造的住宅建筑不要对已有建筑的日照产生过大的影响。本条的检查主要通过规划、设计图纸和计算文件来实现。

7.2.2　卧室、起居室(厅)、厨房应设置外窗，窗地面积比不应小于1/7。

【要点说明】

除了日照之外，充足的天然采光对居住者的生理和心理健康也非常重要。充足的天然采光同时也有利于降低人工照明能耗。

住宅能否获取足够的天然采光除了取决于窗口外部有无遮挡、窗玻璃的透光率之外，最关键的因素还是窗地面积比的大小。

本条文规定了卧室、起居室、厨房的最小窗地面积比。在其他条件不变的前提下，窗地面积比越大，自然采光越充足。

事实上，用采光系数评价住宅是否能够获取足够的天然采光更加科学，但采光系数需要通过直接测量或复杂的计算才能得到，一般情况下住宅各房间的采光系数与窗地面积比密切相关，因此本条文直接规定了窗地面积比的大小。

房间采光效果还与当地的天空条件有关，《建筑采光设计标准》GB/T 50033—2001根据年平均总照度的大小，将我国分成5类光气候区，每类光气候区有不同的光气候系数

K，K 值小说明当地的天空比较“亮”，住宅采光的外部条件优越一些，反之住宅采光的外部条件则差一些。

除了窗地面积比之外，窗玻璃的透光率对房间的采光影响也非常直接。住宅建筑的外窗应尽量避免使用有色玻璃，尤其是要避免使用深颜色的玻璃。有色玻璃给住宅的外观可能添了彩，但对室内的天然采光不利，给居住者带来视觉偏差。

一般情况下，窗子都是可开启的，因此除天然采光外，窗地面积比也对房间的自然通风提供了必要的条件。

本条文仅规定卧室、起居室和厨房的窗地面积比，实际上只要条件许可，住宅套内的其他空间，如书房、餐厅、卫生间也应设置外窗，改善室内环境。

【实施与检查】

本条文的实施主要在设计阶段。根据设计图纸就能计算出各个房间的窗地面积比，从而判定本条文的要求是否得到满足。有些住宅建筑的厨房直接连通阳台，在这种情况下阳台门上透明部分也视为外窗。检查设计图纸是检查本条文是否得到落实的主要手段。

7.2.3　套内空间应能提供与其使用功能相适应的照度水平。套外的门厅、电梯前厅、走廊、楼梯的地面照度应能满足使用功能要求。

【要点说明】

住宅套内各空间由于使用功能不同，照度要求是各不相同的，相关的建筑照明设计标准对各种用途的空间会提出明确的照度要求。

照度是靠光源和灯具来保证的，在住宅套内何处安灯？安多少灯？使用什么样的光源和灯具很大程度上取决于居住者的习惯和喜好，是居住者的个人行为。但是为了保证套内各空间应该达到的照度水平，满足使用功能的要求，设计和建造住宅时还是应该对安装灯加以注意，在住宅交付使用之前满足各个空间要求的照度水平。

住宅套外的门厅、电梯前厅、走廊、楼梯等公共空间主要是提供居住者进出行走的，必须有足够的明亮程度，保证行走的安全。

住宅的居住者进出时，常常会遇到明暗突变的情况。例如，白天从明亮的室外进入大楼的电梯前厅，或者夜晚从明亮的房内进入大楼的走廊和楼梯等。在这种情况下，如果不注意套外空间的照明，容易发生安全事故。通常情况下，住宅套外空间的照明由设计确定，物业管理，不受居住者的控制。因此本条文的后半部分特意提出了套外空间的照明问题，尤其强调地面照度，主要目的是保证行走安全。

【实施与检查】

本条文的实施分设计和竣工两个阶段。在设计阶段主要是检查设计图纸，检查图纸上设计的照明光源和灯具能否满足照度要求。在竣工验收阶段要检查是否都安装了光源和灯具，尤其是住宅的套外公共空间，必要时可以通过测量来检查是否满足本条文的要求。

7.2.4　住宅应能自然通风，每套住宅的通风开口面积不应小于地面面积的5%。

【要点说明】

在室外气象条件良好的条件下，自然通风可以提高居住者的舒适感，有助于健康。另外，即使在炎热的夏季，也常常存在着凉爽的时段，在凉爽时段加强自然通风还有助于缩短房间空调设备的运行时间，降低空调能耗。

现代住宅建筑室内的装修材料和家具常常会散发出一些不利于健康的气味和物质，彻底根除这种现象并不太容易，而加强自然通风则有利于冲淡不良气味和控制有害物质浓度，保证居住者的健康。

住宅能否获取足够的自然通风与通风开口面积的大小密切相关，本条文规定了住宅居住空间通风开口面积与地板最小面积之比。一般情况下，当通风开口面积与地板最小面积之比不小于1/20时，房间可以获得比较好的自然通风。

事实上，房间能否获得良好的自然通风，除了通风开口面积与地板面积比之外，还与开口之间的相对位置以及相对开口之间是否有障碍物等因素密切相关。显然，开在同一面外墙上的两个窗的自然通风效果不如开在相对的两面外墙上的同样大小的窗好。相对开着的窗之间如果没有隔墙或其他遮挡，很容易出现“穿堂风”。但是住宅建筑的平面布置灵活多变，很少有规律可循，对自然通风的影响也非常复杂，无法提出简单的要求。

本条文所提出的只是一个关于房间自然通风可以量化的最低要求。在实际设计和建造住宅的过程中，除了必须满足本条文的最小通风开口面积外，尚应注意具体的开口朝向，多个开口间的相对位置以及空气在它们之间流动的顺畅程度。

当前房地产市场上有一个不利于节能和自然通风的倾向，许多住宅建筑窗户越开越大，但窗户可开启部分却越来越小，这是一个应该注意的问题。

本条文所指的开口面积，除了外窗的可开启面积外，也包括敞开式阳台的阳台门。

在住宅的实际使用过程中，自然通风效果的好坏是很重要的，除了关注最小通风开口面积，开口之间的相对位置以及它们之间的连通情况外，必要时可以用CFD软件对自然通风效果进行模拟，并根据模拟的结果对设计进行调整。

【实施与检查】

本条文的实施主要是在设计阶段。通过检查设计图纸可以判断本条文的要求是否得到满足。

7.3 防　　潮

7.3.1 住宅的屋面、外墙、外窗应能防止雨水和冰雪融化水侵入室内。

【要点说明】

防止渗漏是建筑围护结构最基本的要求，但是在现实中并不是所有的住宅建筑都能百分之百地达到这一要求的。

屋面的渗漏是建筑工程经常会遇到的一个问题，一旦屋面发生渗漏，对住户造成的影响很大，给居住者的正常生活带来很大的麻烦。对设有保温材料层的屋面，渗漏还会造成保温材料严重受潮，丧失保温功能，从而使顶层房间冬季的室内温度降低，夏天的室内温度升高。

屋面的渗漏既有防水材料质量的问题，又有施工质量的问题。使用合格的防水材料，严格控制施工质量，是解决屋面渗漏问题的两个关键。另外，屋面的构造方式也会对其防渗漏性能产生重大影响。例如与平屋面相比，坡屋面的防渗漏性能更好。近些年来，有些需要保温的平屋面采取“倒置屋面”的构造方式，对提高防渗漏性能也有很大帮助。一般的保温平屋面，通常先敷设保温材料层，然后再做防水层。由于暴露在最外面，防水材料日晒雨淋，所受的温度应力也最大，比较容易发生开裂破损。而倒置屋面则是先敷设防水材料层，在防水层的上面放置不吸水的保温材料(例如挤压聚苯乙烯保温板)，最后在保温材料层的上面敷设上保护层。这种构造使得防水材料避免直接的日晒雨淋，一年四季所受的温度应力很小，有利于延长防水材料的寿命。

外墙面的雨水渗漏不似屋面渗漏那么常见，但对某些构造的外墙，开裂而引起的渗漏也是比较严重的。例如用混凝土空心砌块砌筑的外墙，如果处理不当，开裂现象还是比较常见的。一旦墙面开裂，雨水就很容易顺着裂缝渗入室内，给室内环境造成不良的影响。解决墙面渗漏问题，主要是要注意墙体材料本身的质量和做好墙体施工过程的质量控制。对于有保温要求的墙体，在墙体的外侧设置一层保温层，可以解决墙体的雨水渗漏问题。

在我国南方地区，尤其是沿海地区，春夏季的大雨常常伴随着大风，如果窗户的密闭性能不好，迎风的窗户很容易渗入雨水。窗户防止发生渗漏的关键是提高窗户的密封性能。通常，使用好的窗框密封胶条，并保证上墙时窗户的安装质量就可以解决窗户的雨水渗漏问题。

【实施与检查】

本条文的实施主要是在设计施工阶段。在设计施工阶段，主要是检查是否使用了合格的产品和材料。施工质量是否得到严格控制。另外在竣工验收阶段可以对屋面、外墙和外窗的雨水渗漏进行检查和检测。

7.3.2　住宅屋面和外墙的内表面在室内温、湿度设计条件下不应出现结露。

【要点说明】

住宅室内表面发生结露会给室内环境带来负面的影响，给居住者的生活带来不便。如果长时间结露还会滋生霉菌，对居住者的健康不利，是不允许的。

室内表面出现结露最直接的原因是表面温度低于室内空气的露点温度。空气当中都含有水分，在正常情况下这部分水是以水蒸气的形式裹挟在空气当中的。空气包含水蒸气的能力主要受温度的影响，空气的温度越高，空气含有水蒸气的能力就越强。空气的温度越低，空气含有水蒸气的能力就越低。当原先含有比较多水蒸气的空气，由于某种原因温度降低，开始时水分并不会从空气中析出，但随着温度的不断降低，空气中水蒸气就越来越接近饱和。当温度降低至某一临界值时，空气中的水蒸气含量超过了饱和含量，水分就会以液体的形式从空气中析出，凝结在冷的表面，这个过程就是结露过程。开始发生结露的温度就是空气对应的露点温度。空气原来含的水分越多，对应的露点温度就越高。

另外，表面空气的不流通也会助长结露现象的发生。

为了避免住宅屋面、外墙的内表面出现结露现象，设计住宅时应注意核算室内表面可能出现的最低温度是否高于露点温度，同时尽量避免通风死角。

但是，要彻底杜绝内表面的结露现象有时也是非常困难的。例如，在我国南方的霉雨季节空气非常潮湿，空气所含的水蒸气接近饱和，对应的露点温度已经非常接近空气本身的温度。表面温度只要稍稍比空气温度低一点，就会发生结露现象。在这种情况下，除非紧闭门窗，室外空气经除湿处理后再送入室内，否则短时间的结露现象是不可避免的。

一方面在空气非常潮湿的情况下短时间的结露非常难以避免，另一方面空气非常潮湿的状态不会维持很长时间，短时间的表面结露还不至于滋生霉菌，不至于给室内环境带来很严重的影响。因此，本条文规定的是在“室内温、湿度设计条件下”不应出现结露。“室内温、湿度设计条件”就是一般的正常情况，不是像南方的霉雨季节那样非常潮湿的情况。

一般说来，住宅外围护结构的内表面大面积结露的可能性不大，结露大都出现在金属窗框、窗玻璃表面、墙角、墙面上的热桥部位等处。在住宅的设计和建造过程中，应注意核算在设计状态下可能结露部位的内表面温度是否高于露点温度，采取措施防止在室内温、湿度设计条件下产生结露现象。

在我国的北方地区，冬季气候寒冷，如果墙体、屋面、地面没有很好地保温，其内表面的温度会很低，一旦室内住了人，就会产生湿气，潮湿的空气一遇到温度很低的表面就会发生大面积的结露现象，这种情况是决不允许发生的。避免出现这种情况的根本措施就是要加强墙体、屋面、地面的保温，同时更重要的是要绝对杜绝在施工过程中偷工减料，设置保温材料层时以次充好，以薄代厚甚至根本不设的恶劣情况。

【实施与检查】

本条文的实施在设计和施工阶段。根据设计图纸和其他设计文件可以核算可能发生低温之处的内表面温度，判断内表面温度是否低于室内温、湿度设计条件下的露点温度。在施工阶段则要检查保温材料质量和保温层施工的质量。保温层施工通常都是隐蔽工程，特别要注意隐蔽工程的施工质量，避免因保温层缺陷引起的大面积结露。

7.4 空 气 污 染

7.4.1 住宅室内空气污染物的活度和浓度应符合表7.4.1的规定。

住宅室内空气污染物限值 表7.4.1

污染物名称	活度、浓度限值	污染物名称	活度、浓度限值
氡	≤200Bq/m³	氨	≤0.2mg/m³
游离甲醛	≤0.08mg/m³	总挥发性有机化合物(TVOC)	≤0.5mg/m³
苯	≤0.09mg/m³		

【要点说明】

表7.4.1所列的空气污染物危害人体健康，因此必须对它们的活度、浓度加以控制。氡的活度与住宅选址有关，其他几种污染物的浓度与建筑材料有关，尤其与室内装饰材料、家具以及住宅的通风状况有关。

选择无污染的建筑材料建造住宅建筑。使用绿色装饰材料进行室内装修，不使用会释放有害污染物的家具都是满足本条文要求的关键。除了这些措施之外，加强通风也是降低室内空气污染的有效措施。

住宅能否获取足够的自然通风与通风开口面积的大小以及通风开口之间的相对位置关系最密切。充足的通风显然有助于降低室内有害污染物的浓度，排出室内混浊气体，保证室内空气质量，满足人体的健康要求。必要时住宅建筑应设置机械通风装置或系统，改善室内的通风状况。

【实施与检查】

本条文的实施主要在设计和施工阶段，尤其是内装修的设计和施工阶段。尽量使用无害建筑材料，特别是内装修材料必须使用环保型的绿色材料。必要时竣工后可以对室内污染物的活度和浓度开展实地检测。

第8章　设　备

概　述

本章包括给水排水、采暖、通风与空调、燃气、电气共四个专业，内容涵盖了住宅建筑中与节能、节水、节材方面有关的条款。各专业条款的提出主要依据下述相关规范、标准中的强制性条文，有的条款是直接采用了原规范的强制性条文，有的条款是原规范条文的改写，对在原规范中不是强制性条文但在住宅中与节能、节水、节材方面密切相关的重要条款也予以提出。

相关规范、标准：(1)《住宅设计规范》GB 50096—1999(2003年版)；(2)《建筑给水排水设计规范》GB 50015—2003；(3)《二次供水设施卫生规范》GB 17051—1997；(4)《建筑中水设计规范》GB 50336—2002；(5)《采暖通风与空气调节设计规范》GB 50019—2003；(6)《公共建筑节能设计标准》GB 50189—2005；(7)《建筑设计防火规范》GBJ 16—1987(2001年版)；(8)《高层民用建筑设计防火规范》GB 50045—1995(2005年版)；(9)《低压配电设计规范》GB 50054—1995；(10)《通用用电设备配电设计规范》GB 50055—1993；(11)《建筑物防雷设计规范》GB 50057—1994(2000年版)；(12)《建筑物电子信息系统防雷技术规范》GB 50343—2004；(13)《城镇燃气设计规范》GB 50028—1993(2002年版)。

在给水排水中，对生活给水系统、生活热水系统、管道直饮水系统、生活杂用水系统的水质提出使用上的要求。为节约能源，减少居民生活饮用水水质污染，生活给水系统应充分利用城市给水管网的水压直接供水。从节水、噪声的控制和使用舒适考虑，对套内分户用水点的给水压力、住宅入户管的水压给出要求。对在生活饮用水系统中采用的供水设备和管道的设置提出要求。在节水器具方面，提出卫生器具和配件应采用节水型产品，不得使用一次冲水量大于6L的坐便器。对采用集中热水供应系统的住宅，配水点的水温不应低于45℃。对在住宅中设置地漏的部位及地漏的水封深度做出规定。对在住宅中，建设中水设施和雨水利用设施作出规定。

在采暖、通风与空调中，对集中采暖系统应采取分室(户)温度调节措施，设置分户(单元)计量装置或预留安装计量装置的位置作出规定。对设置集中采暖系统的住宅，室内采暖计算温度、热媒的种类给出规定。对直接电热采暖的使用给出限定条件。厨房和无外窗的卫生间应有通风措施，且应预留安装排风机的位置和条件，当采用竖向通风道时，应采取防止支管回流和竖井泄漏的措施。当选择水源热泵作为居住区或户用空调(热泵)机组的冷热源时，必须确保水源热泵系统的回灌水不破坏和不污染所使用的水资源。

在燃气中，对住宅中使用可燃气体的质量提出要求。对住宅内管道燃气的供气压力和用气设备的使用压力作出规定。严禁住宅的地下室、半地下室内设置使用液化石油气。高层住宅内不得使用瓶装液化石油气。住宅的地下室、半地下室内设置人工煤气、天然气用气设备时，必须采取安全措施。住宅内燃气管道不得敷设在卧室、暖气沟、排烟道、垃圾道和电梯井内。住宅内设置的燃气设备和管道，应满足与电气设备和相邻管道的净距要求。住宅内各类用气设备排出的烟气必须排至室外。多台设备合用一个烟道时不得相互干扰。厨房燃具排气罩排出的油烟不得与热水器或采暖炉排烟合用一个烟道。

在电气中，对电气线路的选材、配线作出规定，并应符合安全和防火要求。住宅供配电应采取措施防止因接地故障等引起的火灾。每套住宅应设置电源总断路器，总断路器应采用可同时断开相线和中性线的开关电器。住宅套内的电源插座与照明，应分路配电。安装在1.8m及以下的插座均应采用安全型插座。住宅配电系统的接地方式应可靠，并应进行总等电位联结。防雷接地应与交流工作接地、安全保护接地等共用一组接地装置，接地装置应优先利用住宅建筑的自然接地体，接地装置的接地电阻值必须按接入设备中要求的最小值确定。

8.1 一 般 规 定

8.1.1 住宅应设室内给水排水系统。

【要点说明】

给水排水设施及其管道系统是居民生活和提高环境质量最基本的条件，因此，住宅内应设给水排水系统。本条为《住宅设计规范》GB 50096—1999(2003年版)中第6.1.1条的规定。

【实施与检查】

城市住宅中均设有室内给水排水系统，本条的重点在城镇住宅，建设方应在设计任务书中明确规定设计单位应在住宅的设计中设有给水排水设施和管道系统。政府监督部门在设计图纸审查阶段应审查给水排水专业的图纸，检查机构应在工程验收中检查是否安装有给水排水设施和管道系统。

8.1.2 严寒地区和寒冷地区的住宅应设采暖设施。

【要点说明】

本条引自《住宅设计规范》GB 50096—1999(2003年版)第6.2.1条，原条文如下：严寒地区和寒冷地区的高层、中高层和多层住宅，宜设集中采暖系统。采暖热媒应采用热水。

本条文略有修改。但所谓采暖设施主要还是指集中采暖系统，当然也包含单层住宅中的单户采暖系统。

“集中采暖”系指热源和散热设备分别设置，由热源通过管道向各个房间或各个建筑物供给热量的采暖方式。以城市热网、区域供热厂、小区锅炉房或单幢建筑物锅炉房以及单元燃气炉为热源的采暖方式。从节能、采暖质量、环保、消防安全和住宅的卫生条件等方面看，这些方式都应是采暖方式的主体。住宅采用散热器或地板辐射采暖系统，以热水作为采暖热媒。从节能、温度均匀、卫生和安全等方面均较为合理。

【实施与检查】

1. 冬季应保证热水采暖系统运行正常。

2. 检查室内空气温度是否达到设计要求。

8.1.3　住宅应设照明供电系统。

【要点说明】

照明供电系统是居民生活和提高环境质量最基本的条件，因此，住宅内应设照明供电系统。

【实施与检查】

在住宅建设活动中，住宅内应设照明供电系统。作为《规范》实施的监督和检查机构，对住宅建设是否设置照明供电系统进行监督。

8.1.4　住宅的给水总立管、雨水立管、消防立管、采暖供回水总立管和电气、电信干线(管)，不应布置在套内。公共功能的阀门、电气设备和用于总体调节和检修的部件，应设在共用部位。

【要点说明】

本条规定是为便于给水总立管、雨水立管、消防立管、采暖供回水总立管和电气、电信干线(管)的维修和管理，不影响套内空间的使用。《住宅设计规范》GB 50096—1999(2003年版)第6.6.4条有相似的规定：公共功能的管道，包括采暖供回水总立管、给水总立管、雨水立管、消防立管和电气立管等，不宜布置在住宅套内。公共功能管道的阀门和需要经常操作的部件，应设在共用部位。在实际工程中，公共功能的管道、阀门、设备或部件设在套内，住户在装修时加以隐蔽，给维修和管理带来不便，在其他住户发生事故需要关闭检修阀门时，设置阀门的住户无人而无法进入，不能正常维护，引起住户的投诉，甚至上诉到法院，出现的问题比较多。

【实施与检查】

本条主要是设计单位在设计阶段应予以考虑的问题。给水总立管、雨水立管、消防立管、采暖供回水总立管和电气、电信干线(管)应设置在套外的管井内或公共部位，对于分区供水横干管，也应布置在其服务的住宅套内，而不应布置在与其毫无关系的套内；对于采用远传水表或IC卡水表而将供水立管设在套内时，供检修用的阀门，应设在共用部位的横管上，而不应设在套内的立管顶部。住宅消火栓设置在楼梯间，消火栓给水立管也应设置在共用部位。公共功能管道其他需经常需操作的部件，还包括有线电视设备、电话分线箱和网络设备等。建设单位、设计监理、政府监督部门均应在施工图完成后检查此条的执行情况，检查机构应在工程验收中检查此条的执行情况。

8.1.5　住宅的水表、电能表、热量表和燃气表的设置应便于管理。

【要点说明】

计量仪表的选择和安装方式，应符合安全可靠、便于计量和减少扰民的原则。《住宅设计规范》GB 50096—1999(2003版)第6.6.5条有相似的要求：应合理确定各种计量仪表的设置位置，以满足能源计量和物业管理的需要。计量仪表的设置位置，与产品的形式有关。在某些城市提倡三表出户，《建筑给水排水设计规范》GB 50015—2003第3.4.17条也有如下的规定：住宅的分户水表宜相对集中读数，且宜设置在户外；对设置在户内的水表，宜采用远传水表或IC卡水表等智能化水表。计量仪表提倡设置在户外，以减少扰民。

【实施与检查】

对设置在户内的计量仪表，应优先采用可靠的电子计量仪表，不需进户查表，方便管理。但计量仪表无论设置在户外还是户内，设置的位置应便于直接读数和维修。对于设置在厨房壁柜内的水表，距地的安装高度不应小于250mm。

8.2 给 水 排 水

8.2.1 生活给水系统和生活热水系统的水质、管道直饮水系统的水质和生活杂用水系统的水质均应符合使用要求。

【要点说明】

住宅生活给水系统的水源，无论采用市政管网，还是自备水源井，生食品的洗涤、烹饪、盥洗、淋浴、衣物的洗涤、家具的擦洗用水，其水质应符合现行的国家标准《生活饮用水卫生标准》GB 5749—85和国家城镇建设行业标准《城市供水水质标准》CJ/T 206—2005的要求。当采用二次供水设施来保证住宅正常供水时，二次供水设施的水质卫生标准应符合现行的国家标准《二次供水设施卫生规范》GB 17051—1997的要求。生活热水系统的水质要求同生活给水系统的水质要求。管道直饮水系统是指生活给水经过深度净化处理达到饮用净水水质标准，通过专用管网供给人们直接饮用的饮水系统。管道直饮水具有改善居民饮用水水质，降低直饮水的成本，避免送桶装水引起的干扰，保障住宅小区安全的优点，在发达地区新建的住宅小区中已被普遍采用。其水质应满足国家行业标准《饮用净水水质标准》CJ 94—2005的要求。生活杂用水指用于便器冲洗、绿化浇洒、室内车库地面和室外地面冲洗的水，在住宅中一般称为中水，其水质应符合现行国家标准《城市污水再生利用　城市杂用水水质》GB/T 18920—2002、《城市污水再生利用　景观环境用水水质》GB/T 18921—2002和国家城镇建设行业标准《生活杂用水水质标准》CJ/T 48—1999中的相关要求。

《建筑给水排水设计规范》GB 50015—2003第3.2.1条规定：生活给水系统的水质，应符合现行的国家标准《生活饮用水卫生标准》GB 5749—85的要求。此条为强制性条文。第3.2.2条规定：生活杂用水系统的水质，应符合现行行业标准《生活杂用水水质标准》的要求。第5.1.2条规定：生活热水水质的卫生指标，应符合现行的《生活饮用水卫生标准》的要求。国家城镇建设行业标准《管道直饮水系统技术规程》CJJ 110—2005第3.0.1条规定：管道直饮水系统用户端的水质应符合国家现行标准《饮用净水水质标准》CJ 94的规定。此条为强制性条文。

管道直饮水系统应对原水进行深度净化处理，工艺流程的选择除依据原水水质、处理后应达到水质指标外，还应经技术经济比较确定。深度净化处理宜采用膜处理技术(包括微滤、超滤、纳滤和反渗透)，膜处理应根据处理后的水质标准和原水水质进行选择。不同的膜处理应相应配套预处理、后处理和膜的清洗设施。预处理可采用多介质过滤器、活性炭过滤器、精密过滤器、钠离子交换器、KDF处理、膜过滤和化学处理。后处理可采用膜处理后的消毒灭菌或水质调整处理。膜的清洗可采用物理清洗和化学清洗，应根据不同的膜形式及膜污染类型进行系统配套设计。管道直饮水系统必须独立设置，供水方式可采用调速泵供水及处理设备置于屋顶的水箱重力式供水。管道直饮水系统应设循环管道，供回水管网应为同程式。直饮水在供配水系统中的停留时间不应超过12小时。设置在管道最高处的排气阀处应有滤菌、防尘装置，设置在管网最低端的排水阀不得有死水存留现象，排水口应有防污染措施。管道直饮水系统回水宜回流至净水箱或原水水箱。回流到净水箱时，应加强消毒。采用供水泵兼做循环泵使用的系统时，循环回水管上应设置循环回水流量控制阀。住宅小区集中供水系统中每幢建筑的循环回水管接至室外回水管之前宜采用流量平衡阀等措施。各用户从立管上接出的支管不宜大于3m。管材应选用不锈钢管、铜管或其他符合食品级要求的优质给水塑料管（如氯化聚氯乙烯 CPVC 等）和优质钢塑复合管，管件及附配件宜采用与管道同种材质。室内分户计量水表应采用直饮水水表。用水龙头应采用直饮水专用水嘴。

【实施与检查】

住宅生活给水系统在利用市政管网的水压直接供水时，其水质需符合现行的国家标准《生活饮用水卫生标准》GB 5749—85 和国家城镇建设行业标准《城市供水水质标准》CJ/T 206—2005的要求。在采用自备水源井时，应根据水质分析报告，对不符合要求的项目采取相应的处理流程，使其达到规定的指标。对于采用地下温泉水作为盥洗、淋浴等的生活热水时，其水质应满足现行的国家标准《生活饮用水卫生标准》GB 5749—85 的要求。当采用二次供水设施时，应满足第 8.2.3 条的要求。

8.2.2　生活给水系统应充分利用城镇给水管网的水压直接供水。

【要点说明】

为节约能源，减少居民生活饮用水水质污染，住宅建筑底部的住户应充分利用市政管网水压直接供水。《建筑给水排水设计规范》GB 50015—2003 第 3.3.1 条有相似的规定。

【实施与检查】

城镇给水管网的水压一般都能满足室外消防低压给水系统的水压要求，即水压大于或等于 0.1MPa，目前许多城市的最低供水压力都在 0.15～0.20MPa 之间，一般可直接供到四层楼。当设有管道倒流防止器时，应将管道倒流防止器的水头损失考虑在内。《建筑给水排水设计规范》GB 50015—2003 第 3.6.15 规定：管道倒流防止器的局部水头损失，宜取 0.025～0.04MPa。管道倒流防止器是由进口止回阀、自动泄水阀和出口止回阀组成，在正常流速下，进、出口止回阀的水头损失均为 0.025～0.035MPa，对管道倒流防止器的损失应为 0.05～0.07MPa。产品实际的测试数据表明，在正常流速下水头损失≥0.07MPa，因此管道倒流防止器的水头损失宜取 0.07MPa。在实际工程中，有的工程师为减少管井内的立管根数，将住宅建筑底部可用市政供水的楼层也采用加压供水，既浪费市政管网的水压，又增加用水二次污染的危险。

8.2.3　生活饮用水供水设施和管道的设置，应保证二次供水的使用要求。供水管道、阀门和配件应符合耐腐蚀和耐压的要求。

【要点说明】

当市政给水管网的水压、水量不足时，应设置二次供水设施：贮水调节和加压装置。二次供水设施的设置应符合现行的国家标准《二次供水设施卫生规范》GB 17051—1997 的要求。供水管道（管材、管件）应符合现行产品标准的要求，其工作压力不得大于产品标准标称的允许工作压力。供水管道应选用耐腐蚀和安装连接方便可靠的管材。阀门和配件的工作压力等级应等于或大于其所在管段的管道系统的工作压力，材质应耐腐蚀，经久耐用。《建筑给水排水设计规范》GB 50015—2003 第 3.4.1 条、3.4.2 条、3.4.3 条、3.4.4 条和《住宅设计规范》GB 50096—1999（2003 版）第 6.1.5 条中有相似的规定。

【实施与检查】

设有二次供水设施的住宅，应满足下面的要求：

1. 生活饮用水水池(箱)应单独设置，不得与消防用水或其他非生活用水共同储存。

2. 生活饮用水水池(箱)内的储水，48小时内不能得到更新时，应设置水消毒处理装置。

3. 生活饮用水水池(箱)容积大于 $50m^3$ 时宜分二格设置，管道布置应考虑某一格清洗，供水水泵应能正常使用。水池(箱)的材质、衬砌材料和内壁涂料及池内的爬梯、管道及防腐涂料均应采用不污染水质的材料，并应有卫生部门的检测报告及许可证书。

4. 生活给水系统采用调速泵组供水时，应按设计秒流量选泵，调速泵在额定转速时的工作点，应位于水泵高效区的末端。

5. 生活给水系统的水泵机组应设备用泵，备用泵的供水能力不应小于最大一台运行水泵的供水能力。水泵应自动切换交替运行。

6. 住宅建筑内的给水泵房、消防泵房不得设置在住户套内房间的上面、下面和毗邻的房间内。

7. 住宅建筑内的给水泵房，应采用下列减振防噪措施：

(1) 应选用低噪声水泵机组；

(2) 吸水管和出水管上应设置减振装置；

(3) 水泵机组的基础应设置减振装置；

(4) 管道支架、吊架和管道穿墙、楼板处，应采取防止固体传声措施；

(5) 必要时，泵房的墙壁和天花应采取隔声吸声处理。

8. 在当地政府主管部门鼓励或许可时，应采用直接加压供水设备，并满足下列规定：

(1) 在城市给水管网许可的区域；

(2) 直接加压供水设备的吸水管应独立接自城市给水环状管网(或小区供水环状管网)；

(3) 城市给水环状管网与直接加压供水设备的连接处应设置管道倒流防止器或其他有效的防止倒流污染的装置。

直接加压供水设备，也有称为直接式管网叠压式供水设备或无负压直接式管网供水设备，近几年在北京市、天津市、广州市、福州市等大城市中得到推广应用。设备主要由流量调节器(稳流补偿器)和变频调速供水设备组成，流量调节器(稳流补偿器)上设有真空抑制器(负压抑制器)。特点是不需要设水池(箱)，供水设备直接从市政供水管网上吸水加压，解决了水池(箱)污染的问题，可充分利用市政供水管网的水压，节能效果显著。真空抑制器(负压抑制器)保证设备不产生负压，污染市政管网。供水设备厂商成套供应，安装简单，施工周期短，占地小，符合节能、节水的原则。但其使用也是有条件的，首先建设单位和设计单位应与自来水公司进行技术咨询和沟通，对建设项目周边的市政管网情况如管径、水压、供水量及用水负荷等进行综合评价。在自来水公司确认该项目所在区域市政管网具备使用条件后方能采用直接加压供水设备，并且不能对市政管网产生回流污染。如北京市卫生局下发的京卫疾控字［2004］133号“北京市无负压、无吸程(稳压、稳流)自动供水设备安装使用卫生规定”中规定：使用单位的自来水管网的进水量应不小于用户日最高日用水量，且使用该设备后不产生负压；自来水进水压力应不低于0.15MPa；使用该设备对自来水管网串接处产生的压降差小于0.01～0.02MPa；在用水量为小流量或者不用水时应做到自动停机保压。新设备与市政供水管线连接处必须设有倒流防止器、防污染隔断阀以及相应的防止局部污染的措施，避免对居民供水系统和市政管网系统产生污染。天津市建设管理委员会下发的建公用［2004］670号“关于开展直接加压供水设备试点工作的通知”中规定：直接加压供水设备的吸水管应独立接自市政环状管网(或小区供水环状管网上)且供水管径必须大于或等于150mm；当市政管网管径为150mm时，供水设备吸水管管径不得大于50mm；市政管网管径为200mm时，供水设备吸水管管径不得大于80mm；当市政管网管径为300mm时，供水设备吸水管管径不得大于100mm。设备安装处市政管网水压能够确保在0.20MPa以上。直接加压供水设备的吸水管流速应不大于1.5m/s。由于直接加压供水设备目前无国家或行业产品标准，真空抑制器(负压抑制器)的设置要求及性能各个厂商也不相同，为取保市政给水管网的安全，故要求市政给水管网与直接加压供水设备的连接处应设置管道倒流防止器。

住宅生活给水管道的设置，应有防水质污染的措施。

1. 从住宅给水管道上单独接出消防用水管道时，在消防用水管道的起端应设置管道倒流防止器；

2. 从城市给水管道上直接吸水的水泵，其吸水管起端应设置管道倒流防止器；

3. 住宅内垃圾处理站的冲洗管道的起端应设置管道倒流防止器；

4. 住宅内绿地采用自动喷灌系统，当喷头为地下式或自动升降式时，其管道起端应设置管道倒流防止器；

5. 从城市给水环网的不同管段接出引入管向居住小区供水，且小区供水管与城市给水管形成环状管网时，其引入管上(一般在总水表后)应设置管道倒流防止器。

住宅生活给水管道、阀门及配件所涉及的材料必须达到饮用水卫生标准。管道连接要方便可靠，接口要耐久不渗漏。管道可采用塑料给水管、塑料和金属复合管、铜管、不锈钢管和球墨铸铁给水管等。阀门和配件应根据管径大小和所承受的压力等级及使用温度，采用全铜、全不锈钢、铁壳铜芯和全塑阀门等。

8.2.4 套内分户用水点的给水压力不应小于0.05MPa，入户管的给水压力不应大于0.35MPa。

【要点说明】

提出套内分户用水点最低给水压力要求，是为了确保居民正常用水条件，入户管最高的给水压力要求是从使用的舒适度和节水的目的出发。《住宅设计规范》GB 50096—1999(2003年版)中的第6.1.2条规定：套内分户水表前的给水静水压力不应小于50kPa。但《建筑给水排水设计规范》GB 50015—2003第3.1.14条中将原《建筑给水排水设计规范》GBJ 15—88(1997年版)中的给水配件所需流出水头改为最低工作压力，如洗脸盆由原要求流出水头为0.015MPa改为最低工作压力为0.05MPa，淋浴器由原要求流出水头为0.025～0.04MPa改为最低工作压力为0.05～0.10MPa，水表前最低工作压力为0.05MPa已满足不了卫生器具的使用要求。《建筑给水排水设计规范》GB 50015—2003第3.1.14、3.3.5条，《住宅设计规范》GB 50096—1999(2003版)第6.1.3条有相似的规定。

【实施与检查】

当采用高位水箱或加压水泵与高位水箱联合供水时，水箱的设置高度应按最高层最不利套内分户用水点的给水压力不应小于0.05MPa来考虑，当不能满足要求时，应设置增压给水设备。当采用变频调速给水加压设备时，水泵的供水压力也应按上述要求来考虑。

对于高层住宅，生活给水系统应竖向分区，竖向分区应满足下列规定：

1. 各分区最低卫生器具配水点处的静水压力不应大于 0.45MPa；

2. 入户管处的水压不应大于 0.35MPa。

高层住宅生活给水系统应竖向分区的原则是必须遵守的，各分区最低点的卫生器具配水点处的静水压力比《住宅设计规范》GB 50096—1999(2003 年版)第 6.1.3 条中的规定有所提高，这是因为原来的分区水压是按高位水箱自流重力供水的方式制定的，已不适应现在大量采用变频调速泵组直接供水和采用减压阀调节水压等的多种供水方式。另一方面卫生器具给水配件质量的提高，在较大压力下已很少渗漏，有的还有自动消能能力。《建筑给水排水设计规范》GB 50015—2003 中第 3.3.5 条将此数值的高限定为 0.55MPa，但住宅建筑不应采用高限。

竖向分区的最大水压决不是卫生器具正常使用的最佳水压，最佳使用水压为 0.20～0.30MPa，从节水、噪声控制和使用舒适考虑，对住宅入户管的水压超过 0.35MPa 时，应设减压或调压设施。

减压阀可采用如下的几种设置方式：

1. 在给水干管上设置减压阀，保证入户管的水压不超过 0.35MPa；

2. 在给水干管上设置减压阀，对于分区底层水压超过 0.35MPa 的楼层采用支管减压阀减压，保证入户管的水压不超过 0.35MPa；

3. 低区全部采用支管设置减压阀，保证入户管的水压不超过 0.35MPa。

8.2.5 采用集中热水供应系统的住宅，配水点的水温不应低于 45℃。

【要点说明】

住宅设置热水供应设施，以满足居住者的需求，是提高生活水平的必要措施，也是居住者的普遍要求。由于热源状况和技术经济条件不尽相同，可采用多种热水加热方式和供应系统，如采用集中热水供应系统，应保证配水点的最低水温要求，满足住户的使用要求。配水点的水温是指打开用水龙头在 15s 内得到规定的水温。

采用集中热水供应系统时，配水点的最低水温为 45℃包含了以下两个方面的含义：(1) 直接供应热水的热水锅炉、热水机组或水加热器出口的水温不应低于 55℃且不应高于 60℃。配水管网的热水温度差，一般为 5～10℃，与系统大小有关，加热设备的出水温度不低于 55℃可以保证较大系统的配水点最低水温要求。热水供水温度控制在 55～60℃为最佳，因温度大于 60℃时，一是将加速设备与管道的结垢和腐蚀，二是系统热损失增大耗能，三是供水安全性降低，而温度小于 55℃时，则不易杀死滋生在温水中的各种细菌，尤其是军团菌之类的致病菌。(2) 配水点的最低水温为 45℃比《建筑给水排水设计规范》GB 50015—2003 中的值略低是考虑了住宅的特殊性。在一户多卫生间的情况下，如采用一块热水表，热水支管需拉得很长，保证支管中的热水循环的难度很大。热水循环系统的完善对于节水节能是至关重要的，热水的水费比冷水的水费贵得多，户内用水点的水温得不到保证，用一次水要放掉很多冷水，此部分的水费住户是按热水水费付出的，既增加了住户的负担，又不利于节水。目前工程中采用较多的方法是设一块热水回水水表，支管循环，但由于热水水表的质量不高，误差较大，同一循环流量通过热水供水表和热水回水表的读数不一致，直接导致收费上的误差，引起住户与物业公司的争议。另一方法是采用自控电拌热的方式，但成本较高，支管需设置在吊顶内，对住宅的层高和热水的成本都有影响。还可以采用将热水水表设在卫生间内，以减少支管的长度，支管不循环，但支管的长度应能在15s内得到规定的水温，即从立管到最远的用水点的横管长度应控制在5～7m内。对多卫生间的住户，每户的水表增多。水表应采用远传水表或IC卡水表。

【实施与检查】

在设有集中热水供应系统的任一卫生间内打开用水龙头，在15s内出水温度为45℃为合格。

8.2.6　卫生器具和配件应采用节水型产品，不得使用一次冲水量大于6L的坐便器。

【要点说明】

住宅采用节水型卫生器具和配件是节水的重要措施。《住宅设计规范》GB 50096—1999(2003年版)第6.1.5条规定：卫生器具和配件应采用节水性能良好的产品。建设部第218号文件“关于发布《建设部推广应用和限制禁止使用技术》的公告”中规定：对住宅建筑，推广应用节水型坐便器系统(≤6L)，禁止使用冲水量大于等于9L的坐便器。

【实施与检查】

节水型卫生器具包括：总冲洗用水量不大于6L的坐便器系统，其冲洗功能、水箱配件和接口等部件的主要性能指标以及管道系统应符合国家或行业标准的要求。提倡使用两档式便器水箱及配件；使用陶瓷片密封水龙头、延时水嘴、红外线节水开关、脚踏阀等。住宅内不得使用明令淘汰的螺旋升降式铸铁水龙头、铸铁截止阀、进水阀低于水面的卫生洁具水箱配件、上导向直落式便器水箱配件、每次冲洗水量大于9L的坐便器。

8.2.7　住宅厨房和卫生间的排水立管应分别设置。排水管道不得穿越卧室。

【要点说明】

为防止卫生间排水管道内的污浊有害气体串至厨房内，避免排水管道漏水、噪声或结露产生的凝结水造成对居住者卫生健康和财产的影响及损坏。《建筑给水排水设计规范》GB 50015—2003第4.3.3条有相似的规定。

【实施与检查】

当厨房与卫生间相邻布置时，不应共用一根排水立管，应在厨房内和卫生间内分别设立管。排水管道包括排水立管和横管，均不得穿越卧室。排水立管采用普通塑料排水管时，不应布置在靠近与卧室相邻的内墙；当必须靠近与卧室相邻的内墙时，应采用橡胶密封圈柔性接口机制的排水铸铁管、双臂芯层发泡塑料排水管、内螺旋消音塑料排水管等有消声措施的管材。

8.2.8　设有淋浴器和洗衣机的部位应设置地漏，其水封深度不得小于50mm。构造内无存水弯的卫生器具与生活排水管道连接时，在排水口以下应设存水弯，其水封深度不得小于50mm。

【要点说明】

本条的含义是住宅内除在设淋浴器、洗衣机的部位设置地漏外，卫生间和厨房的地面可不设置地漏。地漏、存水弯的水封深度必须满足一定的要求，这是建筑给水排水设计安全卫生的重要保证。考虑到水封蒸发损失、自虹吸损失以及管道内气压变化等因素，国外规范均规定卫生器具存水弯水封深度为50～100mm。水封深度不得小于50mm的规定是国际上对污水、废水、通气的重力流排水管道系统排水时内压波动不至于破坏存水弯水封的要求。

《建筑给水排水设计规范》GB 50015—2003 第 4.2.6 条有相似的规定，且为强制性条款。

随着人民生活水平的提高，住宅内卫生环境的要求也提高，居住者不会用水冲洗卫生间、厨房的地面，即卫生间、厨房内不从地面排水，使用时产生的少量溅水，用户也是使用抹布擦除。设置地漏的卫生间、厨房由于没有地面排水，造成水封得不到补充而导致水封丧失，有害有毒气体串入室内，污染室内环境、空气。非典传播的原因之一就是由于地漏无水封存在，令含病毒的污水小液滴通过地漏触及居民，每当有人使用卫生间时，关上的门及运行中的排气扇能造成负气压，驱使这些小液滴由地漏进入浴室。非典爆发期间用户不得不将卫生间的地漏封堵上。卫生器具水封受到立管中压力波动影响程度，除了和压力波动的大小、水封的深度有关外，还和水封的容量有关。同济大学排水管道内的气压情况试验结果表明，在相同的通气条件下，受排水管道中气压波动的影响，当坐便器的水封还没有达到破坏程度时，地漏中的水封往往都已破坏。说明在水封高度相同的情况下，还应考虑水封的容量问题。水封破坏最早出现在水封容量最小的器具中，地漏的水封容量较大便器、洗手盆的容量都小，最易受到破坏。从给水安全方面考虑，住宅卫生器具都应有溢流口；给水管道及附件(管件、阀门、卫生设备软管)应符合现行的行业标准，避免爆管、接头漏水而造成水患。实际上在住宅厨房中，设计院及开发商都已不再设置地漏，使用中无不便之处。在住宅卫生间地面如设置地漏，应采用密闭地漏。洗衣机部位应采用能防止溢流和干涸的专用地漏。

【实施与检查】

在施工单位采购地漏时，应将地漏的水封深度作为重点项来核查，地漏的各项技术性能均应满足国家城镇建设行业标准《地漏》(CJ 186/T—2003)的要求。

8.2.9　地下室、半地下室中卫生器具和地漏的排水管，不应与上部排水管连接。

【要点说明】

本条的目的是为了确保当室外排水管道满流或发生堵塞时不造成倒灌，以免污染室内环境，影响住户使用。《住宅设计规范》GB 50096—1999(2003 年版)第 6.1.9 条有相似的规定。

【实施与检查】

地下室、半地下室中卫生器具和地漏的排水管低于室外地面，故不应与上部排水管道连接，应采用设置集水坑，用污水泵单独排出。或采用真空排水技术排除地下室的污水。室内真空排水系统包括真空泵站(污水泵、真空泵、真空罐)、真空坐便器、真空控制装置(管道及真空控制阀)组成。当卫生器具内的污水达到一定量时，真空控制阀自动启动，污水被吸入真空管道，再进入真空泵站中的真空罐，用污水泵排至室外污水管网。

8.2.10　适合建设中水设施和雨水利用设施的住宅，应按照当地的有关规定配套建设中水设施和雨水利用设施。

【要点说明】

适合建设中水设施的住宅，就是指具有水量较大、水量集中、就地处理利用的技术经济效益较好的工程。雨水利用是指针对因建设屋顶、地面铺装等地面硬化导致区域内径流量增加，而采取的对雨水进行就地收集、入渗、储存、利用等措施。

建设中水设施和雨水利用设施住宅的具体规模应按工程所在地的规定执行，目前国家无统一的要求。例如，北京市“关于加强中水设施建设管理的通告”中规定：建筑面积 5 万 m^2 以上，或可回收水量大于 $150m^3/d$ 的居住区必须建设中水设施”；“关于加强建设工程用地内雨水资源利用的暂行规定”中规定：凡在本市行政区域内，新建、改建、扩建工程(含各类建筑物、广场、停车场、道路、桥梁和其他构筑物等建设工程设施，以下统称为建设工程)均应进行雨水利用工程设计和建设。地方政府应结合本地区的特点制定符合自己实际情况的中水设施和雨水利用工程的实施办法。

雨水利用工程的规模应满足建设用地外排雨水设计流量不大于开发建设前的水平，设计重现期不应小于1a，宜按2a确定。外排雨水量是指建设区域内因降雨产生的排入市政管网或河湖的总水量。雨水利用设施应因地制宜，采用就地入渗、收集回用及蓄存排放等方式。采用土地入渗时，土壤渗透系数宜为10^{-6}～10^{-3}m/s，且地下水位距渗透面大于1.0m；收集回用系统宜用于年均降雨量大于300mm的地区；蓄存排放系统宜用于有防洪排涝要求的场所。下垫面为建筑物屋顶，其雨水可引入地面透水区域，如绿地、透水路面等进行蓄渗回灌或引入贮水设施储存利用。下垫面为庭院、广场、停车场及人行道、步行街、自行车道等，应首先按照建设标准选用透水材料铺装，或建设汇流设施将雨水引入透水区域蓄渗回灌或引入贮水设施储存利用。入渗设施的24h渗透能力不宜小于其汇流面上重现期2a的日雨水设计总量；入渗池、井的日入渗能力，不宜小于汇流面上的年均日雨水设计总量的1/3。住宅内用于滞留雨水的绿地应低于路面50～100mm。雨水收集回用系统应优先收集屋面雨水，不宜收集道路等污染严重的下垫面上的雨水。雨水收集回用系统设计应进行水量平衡计算，回用管网的最高日用水量(自来水替代量)不宜小于集水面日雨水设计总量的40%。雨水量非常充足，能满足需用量的地区或项目，集水面最高月雨水设计总量不宜小于回用管网该月用水量。收集回用系统应设置雨水储存设施。雨水储存设施的有效储水容积不宜小于集水面重现期1～2a的日雨水设计总量扣除设计初期径流弃流量。蓄存排放系统应利用附近天然的洼地、池塘、景观水体，作为雨水径流高峰流量调蓄设施，当不具备天然条件时，可建造人工调蓄池。

【实施与检查】

政府监督部门在设计图纸审查阶段应审查给水排水专业的图纸是否按照当地的规定设有中水设施和雨水利用设施，检查机构应在工程验收中检查中水设施和雨水利用设施是否与主体工程同时施工，同时使用。

8.2.11　设有中水系统的住宅，必须采取确保使用、维修和防止误饮误用的安全措施。

【要点说明】

确保住宅中水工程的使用、维修和防止误饮、误用的安全措施是中水工程设计中必须特殊考虑的问题，是中水在住宅中能否成功应用的关键，也是采取安全防护措施的主要内容，设计时必须高度重视。《建筑中水设计规范》GB 50336—2002第8.1.6条有相同的规定，且为强制性条文。

【实施与检查】

安全措施包括：(1)中水供水系统必须独立设置；(2)中水管道严禁与生活饮用水给水管道连接；(3)中水池(箱)内的自来水补水管应采取防污染措施，补水管出水口应高于中水贮存池(箱)内溢流水位，其间距不得小于2.5倍管径。严禁采用淹没式浮球阀补水；(4)中水管道上不得装设取水龙头；(5)中水管道外壁应按有关标准或设计的规定涂色和标志；(6)水池(箱)、阀门、水表及给水栓、取水口均应有明显的“中水”标志；(7)公共场所及绿化的中水取水口应设带锁装置；(8)工程验收时应逐段进行检查，防止误接。

8.3 采暖、通风与空调

8.3.1 集中采暖系统应采取分室(户)温度调节措施，并应设置分户(单元)计量装置或预留安装计量装置的位置。

【要点说明】

本条引自《采暖通风与空气调节设计规范》GB 50019—2003 第 4.9.1 条，其内容为“新建住宅热水集中采暖系统，应设置分户热计量和室温控制装置”。此要求为《采暖通风与空气调节设计规范》GB 50019—2003 新增条文，且为强制性条文。

为贯彻执行《中华人民共和国节约能源法》和自 2006 年 1 月 1 日起施行《民用建筑节能管理规定》(建设部第 143 号令)，在新建住宅建筑中，推行热水集中采暖的分户热计量。本条是为了贯彻上述规定而制订的设计原则。

根据《民用建筑节能管理规定》第十二条“采用集中采暖制冷方式的新建民用建筑应当安设建筑物室内温度控制和用能计量设施，逐步实行基本冷热价和计量冷热价共同构成的两部制用能价格制度”的精神，本条强调了新建住宅建筑采用热水集中采暖系统时，应设置分户热计量和室温控制装置。

对于住宅建筑的底商、门厅、地下室和楼梯间等公共用房和公用空间，其采暖系统应单独设置。对于系统的热计量装置视情况设置。

考虑到全国各地社会经济发展的差异，有所放宽，对暂未实行计量收费的地区，可以先在建造时预留安装计量装置的位置。

【实施与检查】

1. 住户买房应看其有无分户计量或系统有无分户计量的可能；再看是否有室内温度调节与控制的措施。

2. 物业管理者应能保持这些设施的正常运行，有损坏时应及时更换。

8.3.2 设置集中采暖系统的住宅，室内采暖计算温度不应低于表 8.3.2 的规定：

采暖计算温度 **表 8.3.2**

空间类别	采暖计算温度
卧室、起居室(厅)和卫生间	18℃
厨房	15℃
设采暖的楼梯间和走廊	14℃

【要点说明】

本条引自《住宅设计规范》GB 50096—1999(2003 年版)第 6.2.2 条。原文为：设置集中采暖系统的普通住宅室内采暖计算温度，不应低于表 6.2.2 的规定。

室内采暖计算温度 表 6.2.2

用房	温度(℃)
卧室、起居室(厅)和卫生间	18
厨房	15
设采暖的楼梯间和走廊	14

注：有洗浴器并有集中热水供应系统的卫生间，宜按 25℃设计。

考虑到适应全国住宅的建设标准和近年来浴霸等加热设备的普及，就是有洗浴器的卫生间也不需要按25℃设计采暖，所以将表6.2.2的注去掉。

《住宅设计规范》GB 50096—1999(2003年版)制订本条的依据是这样说的，本条主要参照国家标准《采暖通风与空气调节设计规范》GB 50019—2003的原则规定。考虑到居住者夜间衣着较少，卫生间采用了与卧室相同的标准。建设标准较高、设置集中热水供应系统的有洗浴器的卫生间，宜按浴室标准25℃设计。

另外，本条强调的是室内采暖计算温度，而且是说室内采暖计算温度不低于表中数值。也就是说，当室外空气温度达到采暖室外计算温度时，室内采暖温度不应低于表中数值。某些住宅如要求室内采暖计算温度高于表中数值是完全可以的。表中数值只是室内采暖计算温度的低限。

【实施与检查】

作为实施的监督和检查机构在采暖季节应以表8.3.2为依据监督供热机构，保证在冬季最冷的时候，室内温度不低于上表中数值。

作为住户可以表中数值为依据，要求采暖温度达到上述数值，达不到者有权向有关部门投诉。

8.3.3 集中采暖系统应以热水为热媒，并应有可靠的水质保证措施。

【要点说明】

本条综合《住宅设计规范》GB 50096—1999(2003年版)第6.2.1条的后半段及《采暖通风与空气调节设计规范》GB 50019—2003第4.1.13条而成。

4.1.13 集中采暖系统的热媒，应根据建筑物的用途、供热情况和当地气候特点等条件，经技术经济比较确定，并应按下列规定选择：

1. 民用建筑应采用热水做热媒；

2. 工业建筑，当厂区只有采暖用热或以采暖用热为主时，宜采用高温水做热媒；当厂区供热以工艺用蒸汽为主时，在不违反卫生、技术和节能要求的条件下，可采用蒸汽做热媒。

注：1. 利用余热或天然热源采暖时，采暖热媒及其参数可根据具体情况确定。

2. 辐射采暖的热媒，应符合本规范第4.4节、第4.5节的规定。

本条文的后半段“……并应有可靠的水质保证措施”。这一点非常重要。长期以来，热水采暖系统的水质没有规定。接城市热网的系统，水质较好，由锅炉房供热的系统水质相对较差。水处理和运行处于无序和落后的状态。热水集中供暖系统中管道、阀门、散热器经常有被腐蚀、结垢或堵塞的现象，造成暖气不热，影响供暖系统正常运行。

北京市地方标准《供热采暖系统水质及防腐技术规程》DBJ 01—619—2004中明确规定：新建的热水采暖系统，应根据补水的水质情况、系统的规模、系统与热源的连接方式、定压方式以及供暖设备和管道所采用的材质等按该规程进行防腐设计。并指出：采用铝制(包括铸铝及铝合金)及其内防腐型散热器时，热水供暖系统不宜与热水锅炉直接连接。再有就是热水地面辐射供暖系统敷设在地板内的管道，宜采用阻氧塑料管材。

【实施与检查】

1. 应保证住宅的采暖系统为热水暖系统。

2. 应经常检查采暖系统的水质，并采取措施使其符合要求。

8.3.4 采暖系统应没有冻结危险，并应有热膨胀补偿措施。

【要点说明】

本条根据《采暖通风与空气调节设计规范》GB 50019—2003 第 4.3.11 条和第 4.8.17 条两条强制性条文的内容，略加修改而成。

4.3.11 有冻结危险的楼梯间或其他有冻结危险的场所，应由单独的立、支管供暖。散热器前不得设置调节阀。

《采暖通风与空气调节设计规范》GB 50019—2003 第 4.3.10 条关于同一房间的两组散热器可以串联连接，某些辅助房间如贮藏室、厕所等的散热器可以同邻室连接的规定，主要是考虑在有些情况下单独设置立管有困难或不经济。对于有冻结危险的楼梯间或其他有冻结危险的场所，一般不应将其散热器同邻室连接，以防影响邻室的采暖效果，甚至冻裂散热器。因此，该规范第 4.3.11 条强制规定在这种情况下应由单独的立、支管供热，且散热器前不得装设调节阀门。

随着建筑水平和物业管理水平的提高及采暖区域的扩大，有的楼梯间已经无冻结危险，因此对楼梯间也不能一概而论。故本条只指有冻结危险的楼梯间。

4.8.17 采暖管道须计算其热膨胀。当利用管段的自然补偿不能满足要求时，应设置补偿器。

这一条采暖管道设置补偿器的要求，是强制性条文。

采暖系统的管道由于热媒温度变化而引起膨胀，不但要考虑干管的热膨胀，也要考虑立管的热膨胀。这个问题很重要，必须重视。在可能情况下，利用管道的自然弯曲补偿是简单易行的，如果这样做不能满足要求时，则应根据不同情况设置补偿器。这是有过实践教训的，某大院有三座 24 层的高层住宅，用热水单管垂直采暖系统，上供下回，分两根立管，每根负责供 12 层，系统如图 2-8-1。

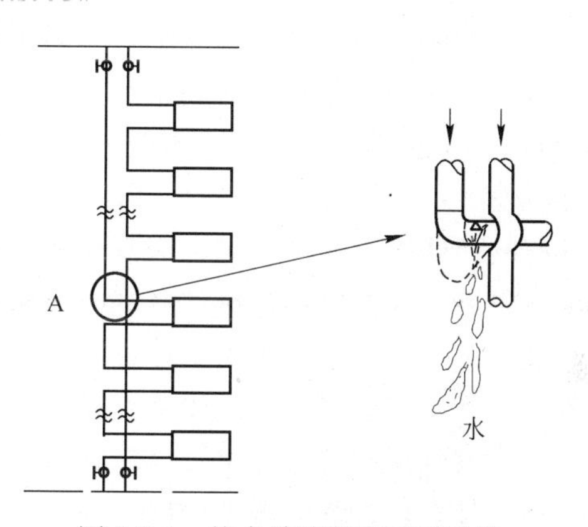

图 2-8-1 热水单管垂直采暖系统

刚开始供热时，水温只有 60～70℃，立管的 A 节点处就断裂大量跑水，造成全楼水灾，泡坏了居民的地毯等物，结果不得不给住户赔偿损失。在立管上加设补偿器后，系统才正常供热。

有人可能对这一条不理解，为什么采暖系统还会冻结？是的，热水采暖系统是有冻裂的危险，它主要发生在有冻结危险的场所，如楼梯间、两道外门之间或紧靠外门的地方。因为冬季室外气温很低，一旦散热器中的水流速减小，而对因门开启或门缝太大等导致冷风直吹到散热器上，散热器内的水就可能冻结，散热器开裂，造成跑水。为此，除第 4.3.11 条的规定外，《采暖通风与空气调节设计规范》GB 50019—2003 第 4.3.2 条还规定：两道外门之间的门斗内，不应设置散热器。至于“热膨胀补偿”这问题也非常重要，在采暖系统设计时，通常对干管的热膨胀比较注意，而对立管的热膨胀容易忽略。特别是在高层住宅建筑中，立管的热膨胀不容忽视。热水采暖供回水管道固定与补偿应符合下列要求：

1. 干管管道的固定点应保证管道分支接点由管道膨胀引起的最大位移不大于 40mm；连接散热器的立管应保证管道分支接点由管道胀缩引起的最大位移不大于 20mm。

2. 计算管道膨胀量取用的管道安装温度应考虑冬季安装环境温度，宜取 0～－5℃。

3. 室内采暖系统供回水干管环管布置应为管道自然补偿创造条件。没有自然补偿条件的系统，宜采用波纹管补偿器，补偿器设置位置及导向支架设置应符合产品技术要求。

4. 采暖系统主立管应按第 1 项要求设置固定支架，必要时应设置补偿器，宜采用波纹管补偿器。

5. 垂直双管系统散热器立管、垂直单管系统中带闭合管或直管段较长的散热器立管应按第一款要求设置固定支架，必要时应设置补偿器，宜采用波纹软管补偿器。

6. 管径≥*DN*50 的管道固定支架应进行支架推力计算，验算支架强度。立管固定支架承载力计算应考虑管道膨胀推力和管道及管内水的重量荷载。采用自然补偿的管段应进行管道强度校核计算。

散热器立管与干管连接处应根据立管端部位移量设置 2～3 个自然补偿弯头，弯头间应设置适当长度的直管段。

户内外采暖系统采用塑料管道时，应注意下列问题：

1. 塑料管道连接

对于热介质塑料管道通常有机械压紧式连接和热熔焊接两种。机械压紧式连接又分为卡套式和卡箍式两种。前者用于公称外径 *DN*≤25mm 的管道，后者适用于公称外径 *DN*≥32mm 的塑料管道连接。热塑性管材(如 PB、PP-R、PP-B、PE-RT 等)两种连接方式都可以使用，而热固性管材(PE-X)和铝塑复合管(XPAP)只能采用机械压紧式连接。这是由管材的物理特性所决定的。机械连接方式快捷简便，但由于挤压会使管材断面缩小而增大水流阻力。较大口径管材连接用的卡箍式接头，可靠性也较低，泄漏甚至脱开的现象也曾有发生。因此，在工程中要尽量采用放射式(也称章鱼式)系统布置，从而消除管段上的接头，并严格保证不将金属接头埋设在不易检修的隐蔽工程中。

热熔连接的管道要牢靠得多，且具有可修复功能。但热熔连接的技术要求较高，电流过小或过大，会造成焊不透或内腔产生熔瘤，因而对操作水平要求较高，对于操作不便的场合，可以采用电(热丝)熔连接。最初的 PB 管曾使用过机械连接，后因系统严重泄漏而改用热熔连接。以此为鉴，国内一些厂家将 XPAP 管材的 PE-X 内、外层改为 PP-R，以便使用热熔连接。但连接方式的改变应适当增加外层材料的厚度，以保证热熔连接接口的质量。

2. 热介质塑料管道的热补偿

塑料管材的热膨胀系数比较大，明显地大于金属管道。因此对管道受热产生的膨胀量进行补偿，远比金属管道重要得多，最可靠的补偿方式是利用自然转弯或人为设置自由臂段来吸收热膨胀量。为了避免膨胀量的过多积累，应分段进行补偿。

明装塑料管道不宜采用伸缩节的补偿方式，这是因为塑料管道刚度小，易下垂而产生挠度。当伸缩节和管道的轴心线不能处在一条直线时，伸缩节是很难发挥其补偿作用的。在一些工程中有的设计者用金属膨胀节来解决补偿问题，这是不可取的。因为塑料管材的热膨胀系数虽大，但弹性模量很小，其热膨胀应力也较小，不足以使金属膨胀节收缩来吸收管道的膨胀量，反而加剧了管道垂直挠度和水平挠度。实践已证明这种做法是失败的。

3. 塑料管道的支架设置

由于塑料管道的刚度远低于金属管道，其支架的设置密度要比金属管道大得多。以PP-R管材为例，在公称外径为20mm的情况下，其支架水平间距仅为300mm。这一点和金属管道有极其明显的差异，应当引起设计者的高度重视。要严格地按照相关规范和标准图集的规定进行设置，从而保证系统安全可靠地运行，正常发挥系统的功能。

【实施与检查】

1. 在采暖季到来之前，应将住宅的门窗，包括楼梯间、地下室等全部检查一遍，坏的应修好。

2. 检查采暖系统是否不堵不漏，在有可能冻结的地方，是否有对应的措施。

3. 如有补偿器时，应检查一下补偿器是否还能正常工作，必要时予以更换。

8.3.5 除电力充足和供电政策支持外，严寒地区和寒冷地区的住宅内不应采用直接电热采暖。

【要点说明】

合理利用能源、提高能源利用率、节约能源是当前的重要政策要求。用高品位的电能直接用于转换为低品位的热能进行采暖，热效率低，运行费用高，是不合适的。严寒、寒冷地区全年有4～6个月采暖期，时间长，采暖能耗高。近些年来由于空调、采暖用电所占比例逐年上升，致使一些省市冬夏季尖峰负荷迅速增长，电网运行日趋困难，造成电力紧缺。而盲目推广电锅炉、电采暖，将进一步劣化电力负荷特性，影响民众日常用电，制约国民经济发展，为此必须严格限制应用直接电热进行集中采暖。考虑到国内各地区的具体情况，在只有符合本条所指的“特殊情况”时方可采用。

要说明的是这里并不限制居民自己选择直接电热方式进行分散形式的采暖。

《采暖通风与空气调节设计规范》GB 50019—2003中第4.7.1条表述了“特殊情况”，即：

4.7.1 符合下列条件之一，经技术经济比较合理时，可采用电采暖：

1. 环保有特殊要求的区域；

2. 远离集中热源的独立建筑；

3. 采用热泵的场所；

4. 能利用低谷电蓄热的场所；

5. 有丰富的水电资源可供利用时。

《公共建筑节能设计标准》GB 50189—2005中第5.4.2条作为强制性条文，其精神同样可以作为住宅直接电采暖的规定，该条表述的“特殊情况”，即：

5.4.2 除了符合下列情况之一外，不得采用电热锅炉、电热水器作为直接采暖和空气调节系统的热源：

1. 电力充足、供电政策支持和电价优惠地区的建筑；

2. 以供冷为主，采暖负荷较小且无法利用热泵提供热源的建筑；

3. 无集中供热与燃气源，用煤、油等燃料受到环保或消防严格限制的建筑；

4. 夜间可利用低谷电进行蓄热、且蓄热式电锅炉不在日间用电高峰和平段时间启用的建筑；

5. 利用可再生能源发电地区的建筑；

6. 内、外区合一的变风量系统中需要对局部外区进行加热的建筑。

【实施与检查】

实施：设计阶段。

检查：检查设计图纸及说明书，核对安装情况。

8.3.6 厨房和无外窗的卫生间应有通风措施，且应预留安装排风机的位置和条件。

【要点说明】

厨房和卫生间往往是住宅内的污染源，特别是无外窗的卫生间。该条文是为了改善厨房、无外窗的卫生间的空气品质。住宅建筑中设有竖向通风道，利用自然通风的作用排出厨房和卫生间的污染气体。但由于竖向通风道自然通风的作用力，主要依靠室内外空气温差形成的热压，以及排风帽处的风压作用，其排风能力受自然条件制约。为了保证室内卫生要求，需要安装机械排风装置，为此，必须留有安装排气机械的位置和条件。

《住宅设计规范》GB 50096—1999(2003年版)中第6.4.3条强制性条文规定：无外窗的卫生间，应设置有防回流构造的排气通风道，并预留安装排气机械的位置和条件。

【实施与检查】

实施：设计阶段。

检查：检查设计图纸及说明书，核对安装情况。

8.3.7 当采用竖向通风道时，应采取防止支管回流和竖井泄漏的措施。

【要点说明】

目前，厨房中的排油烟机的排气管通过两种方式向室外排气，一种是通过外墙直接排至室外，可节省空间并不会产生互相串烟，但不同风向时可能倒灌，且对周围环境可能有不同程度的污染；另一种方式是排入竖向通风道，在多台排油烟机同时运转的条件下，产生回流和泄漏的现象时有发生。排气管的两种排气方式，都尚有待深入调查、测定和改进。从运行安全及环境来考虑，为保证使用效果，防止支管回流和竖井泄漏是必须的。

《住宅设计规范》GB 50096—1999中第6.4.1条强制性条文规定：厨房排油烟机的排气管通过外墙直接排至室外时，应在室外排气口设置避风和防止污染环境的构件。当排油烟机的排气管排至竖向通风道时，竖向通风道的断面应根据所担负的排气量计算确定，应采取支管无回流、竖井无泄漏的措施。

【实施与检查】

实施：设计阶段。

检查：检查设计图纸及说明书，核对安装情况。

8.3.8 当选择水源热泵作为居住区或户用空调(热泵)机组的冷热源时，必须确保水源热泵系统的回灌水不破坏和不污染所使用的水资源。

【要点说明】

关于采用地下水，国家早有严格的规定，除《中华人民共和国水法》、《城市地下水开发利用保护管理规定》等法律法规外，2000年国务院还颁发了《要求加强城市供水节水和水污染防治工作的通知》，要求加强地下水资源开发利用的统一管理；保护地下水资源，防止因抽水造成地面下沉，应采取人工回灌工程等。由于几十年的大范围抽取地下水，对水资源管理不规范，回灌技术差，已造成我国地下水资源严重破坏。因此，在设计时，应把回灌措施视为重点工程。

水源热泵(包括地表水、地下水、封闭水环路式水源热泵)用水作为机组的冷(热)源，可以采用河水、湖水、海水、地下水或废水、污水等。但水源热泵必须有一个水系统，如果采取打井取用地下水，必须确保有可靠的回灌措施以及确保水源不被污染，并必须符合当地环保部门的有关规定。否则，会引起水资源保护及环境问题。

《采暖通风与空气调节设计规范》GB 50019—2003 中第 7.3.4 条强制性条文规定：水源热泵机组采用地下水为水源时，应采用闭式系统；对地下水应采取可靠的回灌措施，回灌水不得对地下水资源造成污染。

《夏热冬暖地区居住建筑节能设计标准》JGJ 75—2003 中第 6.0.6 条强制性条文规定：当选择水源热泵作为居住区或户用空调(热泵)机组的冷热源时，水源热泵系统应用的水资源必须确保不被破坏，并不被污染。

【实施与检查】

实施：设计阶段。

检查：检查设计图纸及说明书，核对井水抽取和回灌技术和措施，在系统投入运行后，应对抽水量、回灌量及其水质进行监测。

8.4 燃　　气

8.4.1　住宅应使用符合城镇燃气质量标准的可燃气体。

【要点说明】

为了保证城镇燃气系统和用户的安全，减少设备和管道的腐蚀，减少对环境的污染和防止漏气引起的人员中毒，要求城镇燃气具有一定的质量指标，并保持其质量的相对稳定，这是非常重要的基础条件。而且为保证燃气用具在其允许的适应范围内工作，并提高燃气的标准化水平，便于用户对各种不同燃具的选用和维修，便于燃气用具产品的国内外通用等，各地供应的城镇燃气的发热量和组分应相应稳定，偏离基准气的波动范围不应超过燃气用具适应性的允许范围，也就是要符合城镇燃气互换的要求。因此用于住宅的可燃气体，必须符合城镇燃气质量标准的规定，不能什么可燃气体都可以用于住宅内。《城镇燃气设计规范》GB 50028—93(2002 年版)第 2.2 节“燃气质量”中，对城镇燃气的发热量和组分的波动、硫化氢和水分的含量以及加臭等都有详细的规定。总之制定本条的目的，是为了安全使用燃气。

【实施与检查】

目前国内各城镇供应的燃气，都是按国家规定的城镇燃气的质量标准制气和输气的，因此一般来说燃气公司供应的燃气质量不会有问题，均可在住宅内使用。这里需要指出的是应防止个别工厂用于工业的发生炉煤气或水煤气直接引入住宅内使用。这类燃气虽然也是人工煤气，但一氧化碳(CO)含量很高，高达 30%以上，一旦漏气，尚未达到爆炸下限 20%时，人会中毒甚至死亡，危险性很大。因此工厂的上级部门或政府主管部门，应颁布相关政令严禁发生炉煤气或水煤气类燃气直接引入住宅内使用。当然，如果发生炉煤气或水煤气类燃气不是直接用于住宅，而是与其他优质气混合经加工处理，各项指标达到城镇燃气质量标准，并由相关部门审查批准，可以用于住宅内，但尚须定期检查和监督，以防发生事故。

8.4.2　住宅内管道燃气的供气压力不应高于0.2MPa。

【要点说明】

本条规定住宅室内燃气管道的最高供气压力不得高于0.2MPa。我国大约在30多年前，包括住宅在内的民用建筑的供气方式，基本上采用集中调压低压供气方式。自从改革开放以来，随着国外技术和设备的引进，在沿海特区城市开始出现中压供气按户调压方式。

前者目前仍是最普遍、最常用的供气方式之一，这种方式因压力较低（小于0.01MPa)比较安全，但管径比较大，投资偏高。后者是因为中压供气管径较小，投资省(初步估算，比低压供气方式节约钢材40%以上，节约投资30%左右)，但压力较高，不如低压供气方式安全。

目前世界各国和国内各城市，对民用建筑室内管道最高供气压力的规定是不一样的。如美国为0.05MPa，英国为0.2MPa，法国为0.4MPa，在国内北京为0.1MPa，成都为0.2MPa，深圳为0.07MPa。我国根据国内外供气压力值的分析比较，在《城镇燃气设计规范》GB 50028—95(2002年版)第7.2.1条中提出了技术经济比较合理，又比较安全的室内燃气管道最高压力，其值见表2-8-1。

民用用户室内燃气管道的最高压力(表压单位：MPa)　　**表2-8-1**

燃气用户	最高压力
公共建筑和居民用户(中压进户)	0.2
公共建筑和居民用户(低压进户)	<0.01

【实施与检查】

住宅可以采用低压或中压燃气供气方式。中压供气方式由于节约钢材，节省投资，将会逐渐多起来，但由于压力偏高，一旦管道或附件处漏气，其漏气量远大于低压供气方式，危险性较大。因此采用中压供气方式时应保证室内管道的供气压力不得高于0.2MPa。为此管理人员必须定期检查各户调压装置前后的压力，当用户在使用过程中出现压力异常或发现漏气时应立即关闭户内总阀，并及时报告相关部门。

8.4.3　住宅内各类用气设备应使用低压燃气，其入口压力必须控制在设备的允许压力波动范围内。

【要点说明】

前一条规定的是住宅内燃气管道的最高供气压力，而本条规定的是住宅所有用气设备的使用压力。《城镇燃气设计规范》GB 50028—93(2002年版)第7.4.1条规定："居民生活使用的各类用气设备应采用低压燃气。"

目前国内住宅用燃气设备有燃气灶、热水器、采暖炉等，这些设备使用的是压力均在5kPa以下的低压燃气，主要是为了安全，因此即使管道供气压力为中压也应经过调压，降至低压后方可接入用气设备。民用低压燃气设备的额定压力是重要的参数，其值随燃气种类而不同。目前住宅常用的三种燃气的额定压力和允许压力波动范围应符合表2-8-2的规定。

住宅常用燃气设备的额定压力与允许压力波动范围(Pa) 表 2-8-2

燃气种类	用气设备额定压力	允许压力波动范围
人工煤气	1000	750～1500
天然气	2000	1500～3000
液化石油气	2800	2100～4200

【实施与检查】

1. 由于明确规定住宅内使用的用气设备必须是低压燃气，因此若是中压供气，则必须设置户用调压装置，将压力降到设备允许压力波动范围内。

2. 当采用低压供气方式，而燃气的密度小于空气密度时，由于地形高差或者高层建筑的高层部位产生附加压头，燃气密度越小，高差越大产生的附加压头就越大。当燃具前压力超过燃具允许压力波动范围的上限值时，应采取设置微调压器或增加管道阻力等措施，消除附加压头。相反，当燃气密度大于空气密度时，若要保证高处的燃具所需压力，那么低处的压力，可能会超过燃具的允许压力波动范围，这时低处应采取相应的降压措施。

3. 选用住宅用燃气设备时，其铭牌上规定的燃气种类必须与当地供应的燃气种类相吻合。目前市售的民用低压用气设备只有人工煤气(主要指焦炉煤气)、天然气、液化石油气三种基准燃气的燃具。因此当地供应的燃气是天然气、那么燃具必须选择用于天然气的燃具，不能选用人工煤气或者液化石油气的燃具。因此选购燃具时必须弄清该燃具适用什么燃气。

8.4.4 套内的燃气设备应设置在厨房或与厨房相连的阳台内。

【要点说明】

本条是根据住宅的特点制定的新规定，没有相关的规范和标准。

燃气灶肯定是设置在厨房内的，那么住宅内有其他用气设备时，如热水器或采暖炉等设备时布置在何处比较好呢？经研究认为最好设置在厨房或与厨房相连的阳台内。这样布置的好处是：(1)便于布置燃气管道，如果热水器或采暖炉布置在厨房以外其他房间的阳台内，如卧室、起居室、书房等房间的阳台内，将给燃气管道的布线带来很大麻烦和困难，甚至无法布置管道；(2)可以统一考虑用气房间的通风、排烟或相应的安全措施；(3)燃气设备集中布置在厨房或与厨房相连的阳台内，对用户来说便于管理和使用。因此住宅的套内应避免在厨房及厨房阳台之外，设置燃气设备。

《城镇燃气设计规范》GB 50028—93(2002 年版)第 7.4 节中对燃气灶、热水器和采暖炉的安装有如下的规定："居民生活用气设备严禁安装在卧室内"。对这一条规定大家都赞同，没有不同的看法。第 7.4.5 条(1)规定："燃气灶应安装在通风良好的厨房内，利用卧室的套间或用户单独使用的走廊作厨房时，应设门并与卧室隔开"。这一条的前一句没有不同看法，后一句是针对无厨房的住宅而言的，但无厨房的住宅几乎没有。《住宅设计规范》GB 50096—1999(2003 年版)第 3.1.1 条明确规定："住宅应按套型设计，每套住宅应设卧室、起居室(厅)、厨房和卫生间等基本空间"。本条是必须执行的强制性条文，即住宅必须设计厨房。因此第 7.4.5(1)的后一句规定已过时，不适合现在的情况。第 7.4.6 条规定："燃气热水器应安装在通风良好的房间或过道内"。住宅的套内通风良好的房间有卧室、起居室(厅)、厨房、卫生间等，其中卧室、起居室(厅)虽然通风良好，但不能设置燃气热水器。能设置燃气热水器的房间有厨房、卫生间和阳台等处。其中厨房是设置热水器较好的场所，卫生间可以设置但必须符合两个条件，一是热水器必须是平衡式，二是卫生间必须是通风良好的外窗部位，暗卫生间内严禁设置任何形式的燃气热水器。关于过道，在住宅的套内有布置过道的，但一般都是内过道，不可能设置外过道，因为外墙部位一般布置阳台，不可能布置过道。内过道通风条件差，排烟困难，不宜设置燃气热水器。所以住宅套内过道里是不能设置燃气热水器的。另外，第7.4.7条(2)规定："容积式热水采暖炉应设置在通风良好的走廊或其他非居住房间内"。我们认为住宅的套内不可能出现走廊，能设采暖炉的地方只有厨房或阳台。阳台最好是与厨房相连的阳台，不应设在其他房间的阳台内，因为布置在其他房间的阳台将给使用带来麻烦，给燃气管道的布置带来困难。

【实施与检查】

《城镇燃气设计规范》GB 50028—93(2002年版)第7.4.6条(3)规定："平衡式热水器可安装在浴室内"。但浴室必须布置在外墙部位通风良好处。实际上目前住宅的大多数没有纯粹的浴室，而是浴厕合一的卫生间，且不少卫生间布置在无外窗的暗房内。因此卫生间需要热水时最好燃气热水器安装在厨房或厨房阳台内，把热水管道接入卫生间，不要将燃气管道接入卫生间内。如果卫生间与厨房是一墙之隔，且有外窗，通风良好，那么平衡式热水器可以设置在卫生间内。采暖炉也可设在有外窗的专用房间内。

8.4.5 住宅的地下室、半地下室内严禁设置液化石油气用气设备、管道和气瓶。十层及十层以上住宅内不得使用瓶装液化石油气。

【要点说明】

液化石油气是住宅内常用的可燃气体之一，由于它比空气重(约为空气重度的1.5～2倍)，且爆炸下限比较低(约为2%以下)，因此一旦漏气，就会流向低处，遇上明火或电火花，会导致爆炸或火灾事故。这里需要说明，确实在美国、日本等国和我国深圳市存在个别用户(不是住宅而是机关大楼)在地下室内使用液化石油气的情况。但经研究认为，住宅量大面广，根据目前的实际管理水平和使用情况，为了确保使用安全，严格限制在住宅的地下室、半地下室内设置使用液化石油气是非常必要的。

液化石油气气瓶，比管道更危险，当然更不允许在地下室、半地下室内贮存和使用。《高层民用建筑设计防火规范》GB 50045—95(2005年版)第4.1.9条规定："高层建筑内使用可燃气体作燃料时，应采用管道供气"。这一条规定明确指出在十层及十层以上的高层住宅内使用可燃气体时必须采用管道供气方式，不允许采用气瓶供气方式。

【实施与检查】

1. 首先设计上做到在地下室、半地下室内不设置液化石油气用气设备和敷设管道。且设计图纸必须经过当地主管部门审查批准方可施工。

2. 物业管理部门应经常检查，是否有住在地下室、半地下室的个别人员擅自搬入气瓶使用，一旦发现应严厉惩处。

3. 当地没有市政燃气管道，且建造高层住宅需要使用液化石油气时，不应使用瓶装液化石油气，应自建液化石油气气化站，用管道供给高层住宅。这是因为在高层住宅中，首先搬运气瓶不便，如用电梯运输，一旦液化石油气漏入电梯井，容易发生严重的爆炸事故；另外，高层住宅不同于单层或多层住宅，一栋高层住宅内户数很多，若某一户气瓶发生爆炸，不是影响几户或几十户，而是百户甚至几百户的问题。这将给人力和物力造成难以估量的损失。

8.4.6　住宅的地下室、半地下室内设置人工煤气、天然气用气设备时，必须采取安全措施。

【要点说明】

人工煤气（住宅用人工煤气主要指焦炉煤气，不包括发生炉煤气和水煤气）和天然气比空气轻，一旦漏气浮于房间顶部，容易排出室外，因此不同于对液化石油气的要求。满足《城镇燃气设计规范》GB 50028—93（2002年版）第7.2.27和第7.2.28条的安全要求时，可以在地下室、半地下室内设置使用这类燃气设备。

现将根据第7.2.27、7.2.28条的规定，与本条有关的安全措施归纳如下：

1. 引入管上宜设自动和手动快速切断阀；
2. 用气房间和引入管处宜设燃气浓度报警器并与送排风系统和自动快速切断阀联锁；
3. 用气房间的净高不得小于2.2m；
4. 应有机械通风和事故排风设施；
5. 应有固定的照明设备；
6. 当燃气管道与其他管道一起敷设时，应敷设在其他管道的外侧；
7. 燃气管道应采用焊接和法兰连接；
8. 应用非燃烧体的实体墙与电话间、变电室、修理间和储蓄室隔开；
9. 地下室、半地下室内燃气管道末端应设放散管，并应引出地上。放散管的出口位置应保证吹扫放散时的安全和卫生要求。

除以上规定外，根据住宅的特点，本规范补充下列两条安全措施：(1)燃气设备应采用熄火保护型，以防灭火时自动关闭燃气阀门；(2)用气房间应布置在靠外墙的单独房间内，并在外墙上设置窗户或窗井，出入门应为甲级防火门。

【实施与检查】

住宅的地下室、半地下室内使用密度比空气轻的人工煤气或天然气是允许的，但如上所述，要采取相当复杂的防灾安全措施。这不仅增加工程投资和运行费用，而且给管理上带来很大麻烦，还不一定保证安全。因此，除特殊情况外，不宜在住宅的地下室、半地下室内设置使用人工煤气和天然气。一定要使用时应采取可靠而完善的安全保障措施，并建立严格的使用管理制度，避免发生事故。

8.4.7　住宅内燃气管道不得敷设在卧室、暖气沟、排烟道、垃圾道和电梯井内。

【要点说明】

本条是根据住宅建筑的特点，归纳《城镇燃气设计规范》GB 50028—93（2002年版）第7.2.10、7.2.18、7.2.20条的相关规定整理而成的，是住宅内安全使用燃气的重要条文之一。卧室是人休息睡觉的房间，漏气会使人中毒甚至死亡；暖气沟、排烟道、垃圾道、电梯井属于有潮气、高温、有腐蚀性介质及产生电火花的地方，若管道被腐蚀出现漏气，有可能发生爆炸或火灾。因此，规定严禁在这些地方敷设燃气管道。

【实施与检查】

实施本条的关键在于设计，只要设计人员认真执行本条，做好图纸的审查工作，就可避免违反本条的错误。

8.4.8 住宅内设置的燃气设备和管道，应满足与电气设备和相邻管道的净距要求。

【要点说明】

本条根据《城镇燃气设计规范》GB 50028—93(2002年版)第7.2.6条表7.2.6的规定。该净距离是根据施工要求检修条件及使用安全等因素综合考虑确定的，由于目前住宅内不允许明装绝缘电线和裸露电线，因此简化后的燃气管道与电气设备、相邻管道之间的净距应符合表2-8-3的要求。

燃气管道与电气设备、相邻管道之间的净距 **表2-8-3**

设备或管道		与燃气管道的净距(mm)	
		水平敷设	交叉敷设
电气设备或管道	暗装或管内绝缘电线	50(从所做的管子的边缘算起)	10
	配电箱、电表	300	不允许
	电插座、电源开关	150	不允许
相邻管道		保证相邻管道的安装、修理即可	20

【实施与检查】

对净距离的要求除设计人员遵守外，还应使施工单位技术人员掌握，以便施工过程中及时纠正设计错误。

8.4.9 住宅内各类用气设备排出的烟气必须排至室外。多台设备合用一个烟道时不得相互干扰。厨房燃具排气罩排出的油烟不得与热水器或采暖炉排烟合用一个烟道。

【要点说明】

本条是根据《城镇燃气设计规范》GB 50028—93(2002年版)第7.7.1条(2)“当多台设备合用一个总烟道时，应保证排烟时互不影响”，第7.7.6条“高层建筑的共用烟道，各层排烟不得互相影响”的规定及《住宅设计规范》GB 50096—1999(2003年版)第6.3.3条(3)“燃气热水器的排烟管不得与排油烟机的排气管合并接入同一管道”的规定改写而成。这一规定的实施将保证用气设备的稳定燃烧和安全排烟，是用气安全的重要措施之一。

【实施与检查】

本条规定明确说明：(1)住宅内所有燃气设备(如燃气灶、热水器或采暖炉等)产生的烟气必须排出室外，因此曾使用过的直排式热水器(燃烧空气取自室内，烟气排入室内型)不许在住宅内使用。同样厨房燃气灶排出的油烟气也不要直接排入室内，应在燃气灶上部设置排气罩排至室外或排气竖井内；(2)多台设备合用一个烟道时不论竖向还是横向连接，都不允许相互干扰和串烟；(3)厨房燃具的排气罩排出的烟气中含有油雾(炒菜时)，如果与热水器或采暖炉排出的高温烟气混合，可能会引起火灾或爆炸事故，因此两者不得合用。

8.5 电　气

8.5.1 电气线路的选材、配线应与住宅的用电负荷相适应，并应符合安全和防火要求。

【要点说明】

用电负荷指的是导线、电缆和电气设备(变压器、断路器等)中通过的功率和电流。该负荷不是恒定值，是随时间而变化的变动值。因为用电设备并不同时运行，即使用时，也并不是都能达到额定容量。另外，各用电设备的工作制也不一样，有长期、短时、重复短时之分。选择导线、电缆截面过大会使设备欠载，是不经济的。过小又会出现过载运行，会出现过热绝缘损坏、线损增加，影响导线、电缆或电气设备的安全运行，严重时，会造成火灾事故。现代建筑中各种电气系统日趋复杂，由于配线的选择、安装和使用不当所造成的火灾也逐年增多。在我国近年来每年发生火灾中，电气火灾比例也呈上升的趋势。据《中国火灾统计年鉴》统计，1993～2002 年发生电气火灾 203780 起，占火灾总数近 30%，这个数字不能不引起人们的警惕和深思。为了安全和防火的需要，在电气线路的选材、配线方面作此规定。其相关标准规定有：

1.《建筑设计防火规范》GBJ 16—87(2001 年版)中规定：

(1) 第 10.1.3 条　消防用电设备应采用单独的供电回路，并当发生火灾切断生产、生活用电时，应仍能保证消防用电，其配电设备应有明显标志。

(2) 第 10.1.4 条　消防用电设备的配电线路应穿管保护。当暗敷时应敷设在非燃烧体结构内，其保护层厚度不应小于 3cm，明敷时必须穿金属管，并采取防火保护措施。采用绝缘和护套为非延燃性材料的电缆时，可不采取穿金属管保护，但应敷设在电缆井沟内。

2.《高层民用建筑设计防火规范》GB 50045—95(2005 年版)中规定：

(1) 第 9.1.3 条　消防用电设备应采用专用的供电回路，其配电设备应设有明显标志。其配电线路和控制回路宜按防火分区划分。

(2) 第 9.1.4 条　消防用电设备的配电线路应满足火灾时连续供电的需要，其敷设应符合下列规定：

9.1.4.1　暗敷设时，应穿管并应敷设在不燃烧体结构内且保护层厚度不宜小于 30mm。明敷设时，应穿有防火保护的封闭式金属线槽。

9.1.4.2　当采用阻燃或耐火电缆时，敷设在电缆井、电缆沟内可不采取防火保护措施。

9.1.4.3　当采用矿物绝缘类不燃材料的电缆时，可直接敷设；

9.1.4.4　宜与其他配电线路分开敷设；当敷设在同一井沟内时，宜分别布置在井沟的两侧。

3.《低压配电设计规范》GB 50054—95 中规定：

(1) 第 1.0.3 条　低压配电设计应节约有色金属，合理地选用铜铝材质的导体。

(2) 第 2.2.1 条　导体的类型应按敷设方式及环境条件选择。绝缘导体除满足上述条件外，尚应符合工作电压的要求。

(3) 第 2.2.2 条　选择导体截面，应符合下列要求：

1) 线路电压损失应满足用电设备正常工作及起动时端电压的要求；

2) 按敷设方式确定的导体载流量，不应小于计算电流；

3) 导体应满足动稳定与热稳定的要求。

(4) 第 2.2.8 条　采用单芯导线作保护中性线(以下简称 PEN 线)干线，当截面为铜材时，不应小于 $10mm^2$；为铝材时，不应小于 $16mm^2$；采用多芯电缆的芯线作 PEN 线干线，其截面不应小于 $4mm^2$。

【实施与检查】

在住宅建设活动中，应按《低压配电设计规范》GB 50054—95 第 1.0.3 条、第 2.2.1 条、第 2.2.2 条确定电气线路材质和截面，并在多层住宅中按《建筑设计防火规范》GBJ 16—87(2001 年版）第 10.1.3 条、第 10.1.4 条对消防用电设备进行供电，在高层住宅中按《高层民用建筑设计防火规范》GB 50045—95(2005 年版)第 9.1.3 条、第 9.1.4 条对消防用电设备进行供电。

作为本规范实施的监督和检查机构，核实电气线路的选材、配线应与住宅的用电负荷相适应，并监督是否符合安全和防火要求。

8.5.2　住宅供配电应采取措施防止因接地故障等引起的火灾。

【要点说明】

短路是引起电力系统严重故障和电气火灾的重要原因之一。在电力系统的设计和运行中，必须考虑其高度可靠性、供电质量、运行经济性和防火安全问题，因此，对电力系统短路的研究具有重要意义。电力系统的正常运行往往因短路而破坏，造成短路故障和火灾事故：低压电气设备也常因短路而造成电气火灾。所谓短路故障，是指电力网中(或电器设备中)不同相的导线直接金属性连接或经过小阻抗连接在一起。在电力系统中，短路的主要原因是电气装置的载流部分绝缘破坏。造成绝缘破坏的因素有：(1)电气装置安装时造成；(2)电气装置投运后维护不周，未能定期进行预防性试验和清扫；(3)绝缘因陈旧老化而损坏；(4)电气绝缘强度不够，装置投运后遭电击穿；(5)线路过电压或遭受直接雷击；(6)绝缘被破坏、电缆碰伤等机械损伤；(7)运行操作人员不遵守安全操作规程或进行负荷拉闸(隔离开关)等误操作；(8)电气装置检修后未拆地线送电，造成弧光短路；(9)鸟类等跨接裸露的载流导线。

而接地故障是指相线对地及与地有联系的导体之间的短路，当发生接地故障时，其短路电流不大，一般为同点三相短路电流的 1/2～1/4，保护装置不一定动作，这样使短路(或漏电)点产生大量的热量，其局部温度可高达二三千摄氏度，很易引燃近旁可燃物质起火，这种短路电弧往往成为火灾的点火源。因此，接地电弧性短路是最常见多发的电气火灾起因。为了避免接地故障引起的火灾，作此规定。其相关标准规定有：

《低压配电设计规范》GB 50054—95 第 4.4.21 条中规定："为减少接地故障引起的电气火灾危险而装设的剩余电流保护器，其额定动作电流不应超过 0.5A。"

《高层民用建筑设计防火规范》GB 50045--95(2005 年版）中规定：

9.5.1 高层建筑内火灾危险性大、人员密集等场所宜设置漏电火灾报警系统。

9.5.2 中规定：漏电火灾报警系统应具有下列功能：

9.5.2.1 探测漏电电流、过流等信号，发出声光信号报警，准确报出故障线路地址，监视故障点的变化。

9.5.2.2 储存各种故障和操作试验信号，信号存储时间不应少于 12 个月。

9.5.2.3 切断漏电线路上的电源，并显示其状态。

9.5.2.4 显示系统电源状态。

【实施与检查】

在住宅建设活动中，应按《低压配电设计规范》GB 50054—95 第 4.4.21 条，《高层民用建筑设计防火规范》GB 50045—95(2005 年版)第 9.5.1 条、第 9.5.2 条设置防止接地故障的措施。

作为本规范实施的监督和检查机构，对住宅供配电是否采取措施防止因接地故障进行监督，当采用剩余电流保护器时，其额定动作电流不应超过 0.5A。

8.5.3 当应急照明在采用节能自熄开关控制时，必须采取应急时自动点亮的措施。

【要点说明】

节能型住宅是指在保证住宅功能和舒适度的前提下，减少能源消耗，实现资源节约的住宅。出于节能的需要，应急照明可以采用节能自熄开关控制，但必须采取措施，使应急照明在应急状态下可以自动点亮，保证应急照明的使用功能。《住宅设计规范》GB 50096—99(2003 年版)第 6.5.3 条中规定："住宅的公共部位应设人工照明，除高层住宅的电梯厅和应急照明外，均应采用节能自熄开关。"本规范从节能角度对此条进行了修改，应急照明可以采用节能自熄开关控制，但必须有一个前提条件，就是当发生应急情况时应能自动点亮。

【实施与检查】

在住宅建设活动中，如果应急照明采用了节能自熄开关控制，必须采取应急时自动点亮的措施。

作为本规范实施的监督和检查机构，如果应急照明采用了节能自熄开关控制，监督是否采取应急时自动点亮的措施。

8.5.4 每套住宅应设置电源总断路器，总断路器应采用可同时断开相线和中性线的开关电器。

【要点说明】

从安全和便于管理方面对每套住宅的电源总断路器作此规定。其相关标准规定有：

《住宅设计规范》GB 50096—99(2003 年版)第 6.5.2 条 5 规定："每套住宅应设置电源总断路器，并应采用可同时断开相线和中性线的开关电器。"

【实施与检查】

在住宅建设活动中，每套住宅应设置电源总断路器，并应采用可同时断开相线和中性线的开关电器。

作为本规范实施的监督和检查机构，应监督每套住宅设置电源总断路器是否采用可同时断开相线和中性线的开关电器。

8.5.5 住宅套内的电源插座与照明，应分路配电。安装在 1.8m 及以下的插座均应采用安全型插座。

【要点说明】

为了避免儿童玩弄插座发生触电危险，对安装在 1.8m 及以下的插座作此规定。其相关标准规定有：

1.《住宅设计规范》GB 50096—99(2003 年版)第 6.5.2 条 3 中规定："每套住宅的空调电源插座、电源插座与照明，应分路设计；厨房电源插座和卫生间电源插座宜设置独立回路。"

2.《通用用电设备配电设计规范》GB 50055—93 第 8.0.7 条中规定："六、住宅内插座，若安装在 1.8m 及以上时，可采用一般型插座；低于 1.8m 时，应采用安全型插座。"

【实施与检查】

在住宅建设活动中，住宅套内的电源插座与照明，应分路配电。安装在 1.8m 及以下的插座均应采用安全型插座。

作为本规范实施的监督和检查机构，应监督住宅套内的电源插座与照明是否分路配电，安装在 1.8m 及以下的插座是否均采用安全型插座。

8.5.6　住宅应根据防雷分类采取相应的防雷措施。

【要点说明】

1. 雷电的起因：雷电是因为天气发生强对流而形成的雷雨云间和雷雨云与大地之间强烈瞬间放电现象。雷电形成的三个条件：空气中必须有足够的水汽；有使潮湿水气强烈上升的气流；有使潮湿空气上升凝结成水珠或冰晶的气象、地理条件。

2. 雷电的种类与危害：

(1) 雷电的种类可分为直击雷、感应雷、雷电波侵入及球雷四种。

(2) 雷电的危害

1) 直击雷是雷雨云对大地和建筑物的放电现象。它以强大的冲击电流、炽热的高温、猛烈的冲击波、强烈的电磁辐射损坏放电通道上的建筑物、输电线、室外设备，击死击伤人、畜，造成局部财产和人、畜伤亡。

2) 感应雷(雷电感应)是由于雷电流的强大电场和磁场变化产生的静电感应和电磁感应造成的。它能造成金属部件之间产生火花放电，引起建筑物内的危险物品爆炸或易燃物品燃烧。

(*A*) 静电感应：当雷云出现在导体的上空时，由于感应作用，使导体上感应产生而带有与雷云符号相反的电荷，雷云放电时，在导体上的感应电荷得不到释放，会使导体与大地之间形成很高的电位差。这些现象叫做静电感应。在电力线路上同样会发生这种现象，而且这种电压很高，并能形成向线路两端前进的雷电波。因为它是被雷云感应出来的，所以称为感应过电压(感应雷)，感应过电压一般为 20～30 万伏，最高可达 40～50 万伏。

(*B*) 电磁感应：由于雷电流的迅速变化(极大的幅值和陡度)，在它周围的空间里，会产生强大的变化的电磁场。处于这一电磁场中的导体会感应产生强大的电动势，这种情况称为电磁感应。

3) 雷电波侵入是由于雷电对架空线路或金属导体的作用，所产生的雷电波就可能沿着这些导体侵入室内危及人身安全或损坏设备。雷电波侵入造成的事故在雷害事故中占相当大的比重，因此而引起的雷电火灾和人身伤亡的损失也是很大的。

4) 关于球雷的研究，还没有完整的理论。通常认为它是一个炽热的等离子体，温度极高并发出紫色或红色的发光球体，直径在 10～20cm 以上。球雷通常沿地面滚动或在空气中飘行，它能经烟囱、门、窗和其他缝隙进入建筑物内部，或无声消失，或发生剧烈爆炸，造成人身伤亡或使建筑物遭受严重破坏，有时甚至引起爆炸和火灾事故。

3. 建筑物防雷的目的，是为了使建筑物(含构筑物)防止或者极大地减小雷击建筑物，发生雷害损失。其意义可概括为以下几点：

(1) 当建筑物遭受直击雷或雷电波侵入时，可保护建筑物内部的人身安全。

（2）当建筑物遭受直击雷时，防止建筑物被破坏。

（3）保护建筑物内部存放的危险物品，不会因雷击和雷电感应而引起损坏、燃烧和爆炸。

（4）保护建筑物内部的贵重机电设备和电气线路不受损坏。

尽管雷电对建筑物的破坏性很大，但并没有必要对所有的建筑物都进行防雷保护。各地可根据雷电活动情况，建筑物所在地点和本身的重要性等许多因素，来综合考虑是否安装防雷装置。选择防雷装置就在于将需要防雷的建筑物每年可能遭雷击而损坏的危险减到小于或等于可接受的最大损坏危险范围内。所以建筑物防雷设计，应认真调查地理、地质、地貌、土壤、气象、环境等条件和雷电活动规律以及被保护物的特点等，研究防雷装置的形式及其布置，因地制宜地采取相应的防雷措施，做到安全可靠、技术先进、经济合理，设计应符合国家现行有关标准和规范的规定。这里要说明的一点，就是建筑物安装防雷装置后，不能保证绝对的安全，并非万无一失，而只能是防止或减少雷击事故。

4. 建筑物年预计雷击次数的计算

（1）建筑物年预计雷击次数应按下式确定：

$$N=kN_gA_e \tag{2-8-1}$$

式中 N——建筑物预计雷击次数(次/a)；

k——校正系数，在一般情况下取 1，在下列情况下取相应数值：位于旷野孤立的建筑物取 2；金属屋面的砖木结构建筑物取 1.7；位于河边、湖边、山坡下或山地中土壤电阻率较小处、地下水露头处、土山顶部、山谷风口等处的建筑物，以及特别潮湿的建筑物取 1.5；

N_g——建筑物所处地区雷击大地的年平均密度(次/km^2・a)；

A_e——与建筑物截收相同雷击次数等效面积(km^2)。

（2）雷击大地的年平均密度应按下式确定：

$$N_g=0.024T_d^{1.3} \tag{2-8-2}$$

式中 T_d——年平均雷暴日，根据当地气象台(站)资料确定(d/a)。

（3）建筑物截收相同雷击次数等效面积 A_e 应为其实际面积向外扩大后的面积。其计算方法应符合下列规定：

1）当建筑物的高度 H 小于 100m 时，其每边的扩大宽度和等效面积应按下列公式计算确定(图 2-8-2)：

$$D=\sqrt{H(200-H)} \tag{2-8-3}$$

$$A_e=[LW+2(L+W)\cdot\sqrt{H(200-H)}+\pi H(200-H)]\cdot 10^{-6} \tag{2-8-4}$$

式中 D——建筑物每边的扩大宽度(m)；

L、W、H——分别为建筑物的长、宽、高(m)。

注：建筑物平面面积扩大后的面积 A_e 如图 2-8-2 中周边虚线所包围的面积。

2）当建筑物的高 H 等于或大于 100m 时，其每边的扩大宽度应按等于建筑物的高 H 计算；建筑物等效面积应按下式确定：

$$A_E=[LW+2H(L+W)+\pi H^2]\cdot 10^{-6} \tag{2-8-5}$$

3）当建筑物各部位的高度不同时，应沿建筑物周边逐点算出最大扩大宽度，其截收相同雷击次数等效面积 A_e 应按每点最大扩大宽度外端的连接线所包围的面积计算。

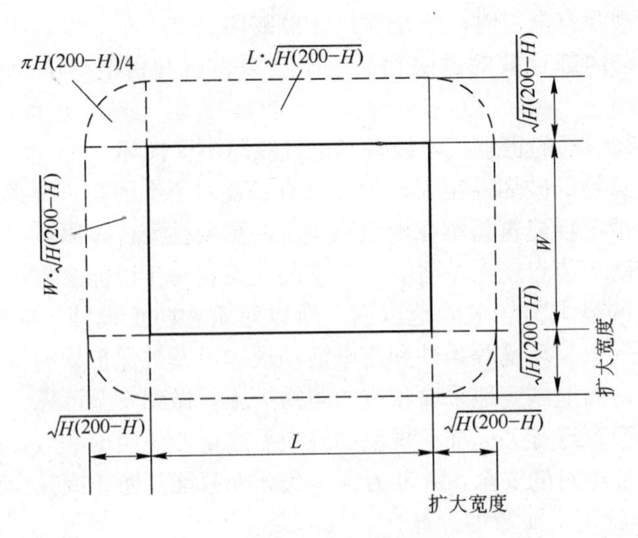

图 2-8-2 建筑物截收相同雷击次数等效面积

5. 住宅建筑应根据其重要性、使用性质、发生雷电事故的可能性和后果，分为第二类防雷建筑物和第三类防雷建筑物。其相关标准规定有：

《建筑物防雷设计规范》GB 50057—94(2000 年版)中规定：

(1) 第 2.0.3 条 九、当预计雷击次数大于 0.3 次/a 的住宅建筑物应划为第二类防雷建筑物。

(2) 第 2.0.4 条 三、当预计雷击次数大于或等于 0.06 次/a，且小于或等于 0.3 次/a 的住宅建筑物，应划为第三类防雷建筑物。

(3) 第 3.1.1 条 各类防雷建筑物应采取防直击雷和防雷电波侵入的措施。

(4) 第 3.3.10 条 第二类防雷建筑物高度超过 45m 的钢筋混凝土结构、钢结构建筑物，尚应采取防侧击和等电位的保护措施。

(5) 第 3.4.10 条 第三类防雷建筑物高度超过 60m 钢筋混凝土结构、钢结构建筑物，尚应采取侧击和等电位的保护措施。

【实施与检查】

在住宅建设活动中，应根据住宅建筑其重要性、使用性质、发生雷电事故的可能性和后果，确定建筑物防雷分类，并采取相应的防雷措施。

第二类防雷建筑物宜采用装设在建筑物上的避雷网(带)或避雷针或由其混合组成的接闪器。避雷网(带)应沿屋角、屋脊、屋檐和檐角等易受雷击的部位敷设，并应在整个屋面组成不大于 10m×10m 或 12m×8m 的网格。所有避雷针应采用避雷带相互连接。引下线不应少于两根，并应沿建筑物四周均匀或对称布置，其间距不应大于 18m。当仅利用建筑物四周的钢柱或柱子钢筋作为引下线时，可按跨度设引下线，但引下线的平均间距不应大于 18m。每根引下线的冲击接地电阻不应大于 10Ω。建筑物高度超过 45m 的钢筋混凝土结构、钢结构建筑物，尚应采取防侧击和等电位的保护措施。同时，应采取防直击雷和防雷电波侵入的措施。

第三类防雷建筑物防直击雷的措施，宜采用装设在建筑物上的避雷网(带)或避雷针或由这两种混合组成的接闪器。避雷网(带)应沿屋角、屋背、屋檐和檐角等易受雷击的部位敷设。并应在整个屋面组成不大于 20m×20m 或 24m×16m 的网格。平屋面的建筑物，当其宽度不大于 20m 时，可仅沿网边敷设一圈避雷带。每根引下线的冲击接地电阻不宜大于 30Ω，其接地装置宜与电气设备等接地装置共用。防雷的接地装置宜与埋地金属管道相连。当不共用、不相连时，两者间在地中的距离不应小于 2m。引下线不应少于两根，但周长不超过 25m 且高度不超过 40m 的建筑物可只设一根引下线。引下线应沿建筑物四周均匀或对称布置，其间距不应大于 25m。当仅利用建筑物四周的钢柱或柱子钢筋作为引下线时，可按跨度设引下线，但引下线的平均间距不应大于 25m。建筑物高度超过 60m 的钢筋混凝土结构、钢结构建筑物，尚应采取防侧击和等电位的保护措施。同时，应采取防直击雷和防雷电波侵入的措施。

作为本规范实施的监督和检查机构，应监督住宅是否按其重要性、使用性质、发生雷电事故的可能性和后果，确定建筑物防雷进行了分类，并是否采取了相应的防雷措施。

8.5.7　住宅配电系统的接地方式应可靠，并应进行总等电位联结。

【要点说明】

《住宅设计规范》GB 50096—1999(2003 年版)第 6.5.2 条 1 中规定：“住宅建筑配电系统应采用 TT、TN—C—S 或 TN—S 接地方式，并进行总等电位联结。”

1. TT 接地方式：接地系统有一个直接接地点，装置的外露可导电部分接至电气上与电力系统的接地点无关的接地极，如图 2-8-3 所示。

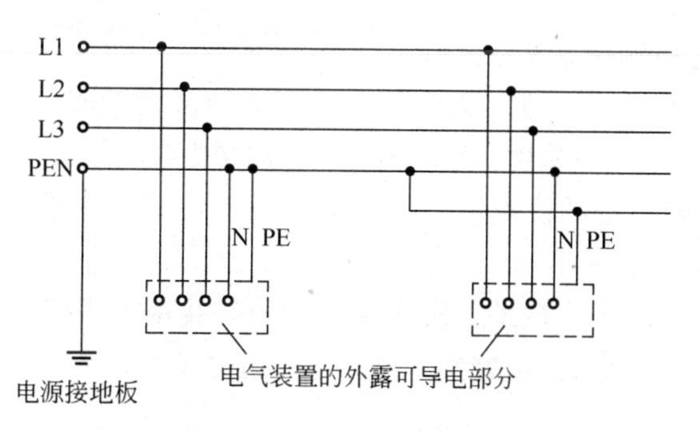

图 2-8-3　TT 接地系统

2. TN—S 配电系统：系统(包括分支线路)中，具有单独的中线(N)和保护接地线(PE)，即在整个系统中中线与保护接地线始终是分开的，如图 2-8-4 所示。

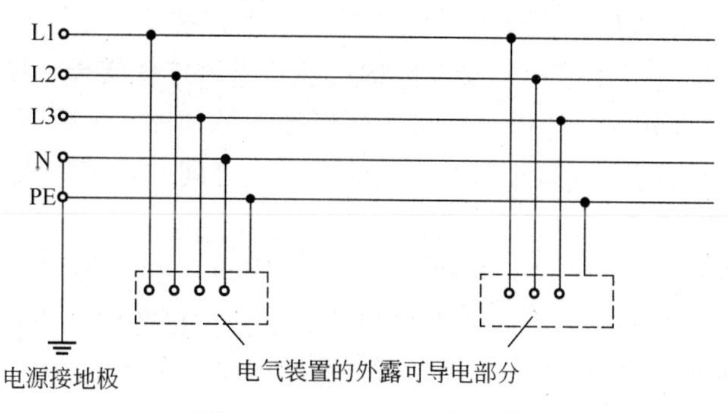

图 2-8-4　TN—S 配电系统

3. TN—C—S 配电系统：在系统的某一部分中，中性线 N 和保护接地线 PE 是分开的，某一部分合并在一起连在一条单独的导线上，如图 2-8-5 所示。

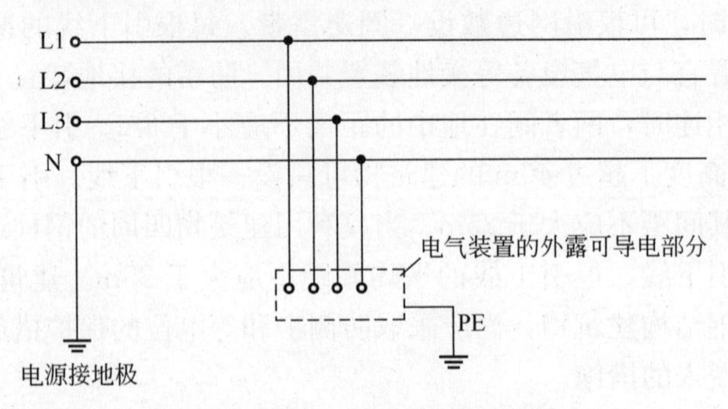

图 2-8-5　TN—C—S 配电系统

等电位联结是指为达到等电位目的而实施的导体联结。这些导体的联结正常工作时不通过电流，只传递电位，仅在故障时才通过故障电流。等电位联结的目的是当发生触电时，减少电击对人身安全产生的危险。

【实施与检查】

在住宅建设活动中，住宅建筑配电系统应采用 TT、TN—C—S 或 TN—S 接地方式。并在建筑物内应将下列导电体作总等电位联结：

1. PE、PEN 干线；
2. 电气装置接地极的接地干线；
3. 建筑物内的水管、煤气管、采暖和空调管道等金属管道；
4. 条件许可的建筑物金属构件、导电体、电位联结中金属管道连接处应可靠地连通导电。

作为本规范实施的监督和检查机构，应监督住宅建筑配电系统是否有可靠接地方式，如 TT、TN—C—S 或 TN—S，是否按要求将必要的导电体进行了总等电位联结。

8.5.8　防雷接地应与交流工作接地、安全保护接地等共用一组接地装置，接地装置应优先利用住宅建筑的自然接地体，接地装置的接地电阻值必须按接入设备中要求的最小值确定。

【要点说明】

引自《建筑物电子信息系统防雷技术规范》GB 50343—2004 中强制性条文第 5.2.5 条。共用接地系统是由接地装置和等电位连接网络组成。接地装置是由自然接地体和人工接地体组成。采用共用接地系统的目的是达到均压、等电位以减小各种接地设备之间、不同系统之间的电位差。其接地电阻因采取了等电位连接措施，所以按接入设备中要求的最小值确定。

应将各种接地(交流工作接地、安全保护接地、直流工作接地、防雷接地等)共用一组接地装置。上述四种接地的接地引出线可与环形接地体相连，形成等电位连接，但防雷接地在环形接地体上的接地点与其他几种接地的接地点之间的距离宜大于 10m。

【实施与检查】

在住宅建设活动中，应将各种接地(交流工作接地、安全保护接地、直流工作接地、防雷接地等)共用一组接地装置。接地电阻值应根据接入设备中要求的最小值确定。

作为本规范实施的监督和检查机构，应监督防雷接地是否与交流工作接地、安全保护接地等共用一组接地装置，是否应优先利用住宅建筑的自然接地体，接地装置的接地电阻是否满足要求。

第9章 防火与疏散

概述

一、住宅火灾现状

随着中国住房改革的深化，住宅建设成为今后的一个经济增长点，普通多层、高层住宅、高级公寓、花园别墅等各种类型的住宅拔地而起，以满足不同消费层次的需求。与此同时，居民住宅火灾呈逐年上升趋势。对于住宅火灾，一旦处置不当极易造成不良的社会影响。公安部统计资料显示，我国住宅火灾导致的死亡人数占火灾死亡总人数的七成以上，2005年，住宅共发生火灾55456起，死亡1795人，受伤1008人，直接财产损失21988.3万元，分别占全国火灾总数的23.5%、71.9%、40.2%和16.1%。

全球近年来每年发生火灾总数约为600万～700万起，其中家庭住宅火灾约占80%。据调查，德国每年在火灾中死亡的600～700人中，75%以上是死于住宅火灾，受伤人数则更多。英国每年在住宅火灾中死亡的人数和德国大体一致，但受伤者则多达1500～2000人。

越是发达的国家，越是发达的城市，住宅火灾发生的次数、火灾造成的死伤人数，在总体火灾中所占的比例越大。这就表明，随着社会经济的发展，人民生活水平的提高以及住宅舒适条件的改善，住宅火灾问题越来越为突出。

二、住宅建筑火灾特点

随着经济的发展和人们对居住条件需求的不断提高，居民住宅从整体布局到装饰装修越来越讲究，与过去的居民住宅相比较，现在的居民住宅有了新的特点，并且这些新特点带来了更多的火灾隐患，同时也给灭火救援工作带来了一些新的难度。现今的住宅建筑火灾有以下几个方面的特点：

1. 火灾荷载大，燃烧迅速

为追求住宅的美观，不少家庭大量采购可燃、易燃材料来装修住宅，使得住宅中火灾荷载很大，一旦发生火灾，就会猛烈燃烧，迅速蔓延。国外的科学家曾做过一些试验，去模拟现代家居发生火灾的情况。试验表明，从点燃沙发开始到火势发展到整个房间仅用了不到5分钟的时间。

对于高层住宅，其楼梯井、电梯井、管道井、电缆井等竖井在火灾发生时候易成为火灾蔓延通道，起到助长火势的作用。

2. 火灾隐患大，诱发火灾的因素多

现代家庭中灯具的大量使用和家用电器的增加，造成家庭中引起火灾的因素增多。家用电器使用不当，线路超负荷、短路等因素引发的电气火灾在居民住宅中时有发生。

天然气、液化气等易燃易爆燃气的日益普及，也是诱发火灾的因素。这些一拧就来、一点就着的“自来火”，极大地方便了人们起居生活。但随着时间的推移，贮存与输送这些气体燃料的管道和设备易发生损坏泄漏；在使用燃器具时因麻痹大意，不及时关闭气源，同样会导致液化气泄漏，引发火灾，发生爆炸事故。

因吸烟或小孩玩火引发火灾。吸烟引发火灾的现象是吸烟者随意乱扔烟头，引燃可燃物而导致火灾。小孩玩火更是居室火灾中常见的原因之一。据公安部门有关资料统计，全国每年因小孩玩火引起的火灾数约为火灾总数的10%，小孩玩火年龄一般在5～12岁，其中6～8岁最多。

生活用火不慎引发的火灾。如油炸食品时，因食油沸溢引发火灾。

有些生活用品，如气体喷雾杀虫剂、摩丝、发胶、气体打火机与充气罐等物品，有易燃易爆性，人们往往忽视了它们的危险性，一旦处置不当易导致火灾发生。

通风采光井、燃气计量表出户、大面积落地低窗、隐蔽式空调室外机组、有机材质上下水管等新技术得到了广泛的应用，对美化住宅、提高住宅功能起到了积极作用。与此同时，这些新技术的应用也给住宅的防火设计带来了新的问题，如果不引起设计人员的重视，就会留下新的火灾隐患，对住宅的消防安全构成威胁。

城市公共消防设施和消防装备建设滞后于住宅建设，给灭火工作，特别是重特大火灾的扑救带来了较大的困难。

3. 住宅火灾易导致人员伤亡

我国居民存在着缺乏消防知识和逃生经验的普遍问题，同时老人、小孩、妇女的逃生能力又相对较差，易受到火灾的伤害。

火灾调查资料显示，大部分住宅火灾发生在深夜，由于人们熟睡中嗅觉不敏感以致夜间火灾不能得到及时发现，再加上夜间住宅中的人员数量多，容易演变成有大量人员伤亡和有大量财产损失的恶性事件。

居民住宅防盗要求比较高，多数防盗门是全封闭的，且较坚固，发生火灾时，防盗门如果是锁着的，在没有钥匙的情况下，防盗门通常无法开启和破拆，灭火人员往往无法从门进入室内，使灭火行动受阻；还有许多家庭在窗口处设置防盗网，给人员疏散和外部灭火、救援带来了困难。

4. 住宅内部管理相对松散，防火监督不足

居民住宅楼内的消防设施是住宅安全的保护神，对及时扑灭住宅火灾，把损失控制在最小的程度起到关键的作用，但居民住宅消防设施保养不当或者损坏不能使用的情况十分严重。

由于物业管理不到位，部分市民素质较差等原因，居民住宅消防设施的管理和维护一直是个老大难问题，严重降低了居民住宅的消防安全系数，导致火灾发生后不能及时控制，小火变大灾。

住宅建筑没有一个统一的强有力的社会组织管理机构，对于消防培训、消防演练组织起来都比较困难。

三、住宅防火安全对策

建筑防火的根本目的，在于综合确保建筑的防火安全性能，也就是使建筑的防火条件

达到一定的对应标准。防火安全性能不是单一的，例如疏散安全性能，防止火势扩大性能和防止延烧性能等都属于防火安全性的范畴。

从住宅建筑火灾隐患和火灾特点的分析可知，增强居民的消防安全意识，提高自防自救能力，加强消防设施的维护和管理对提高住宅防火安全是十分重要的，另外一个方面就是搞好住宅防火设计工作与监督管理工作。

住宅防火的基本条件应包含以下几方面：尽量减少起火的概率，减少火灾扩大延烧的可能性，最大限度的保证建筑中人员的生命安全，降低火灾造成的财产损失等，而这些防火条件是通过一系列住宅的防火措施(主动和被动)来实现的。

1. 减少火灾危险性

减少居民住宅的火灾危险性，确保不发生或少发生火灾，这是最关键的一条。虽然国家标准《建筑内部装修设计防火规范》GB 50222—95(2001 年局部修订)及本规范中未对住宅内装修作出严格的要求，但为了安全起见，家庭住宅中的装饰装修材料，在经济允许的条件下应尽量选用防火材料，或者对可燃材料采用阻燃剂浸泡、涂刷处理等措施，以达到防火目的。此外，减少火灾危险性的措施还包括减少可燃物数量、使易燃物品远离火源电源；用电不超负荷；教育小孩不玩火；烹饪做饭注意防火等。

2. 疏散逃生技术对策

在早期发现火灾时，原则上使用普通出入口的通道作为疏散路径，平时应确保此路径的安全。除了主要疏散通道外，宜有其他逃生方式。

原则上疏散逃生出口要与道路等公共空间相连通并确保逃生通道的畅道、安全。垂直疏散通道的内部装修应为不燃材料；若疏散要求与防盗措施相互冲突时，应考虑“室内易出去，室外难进入”的设计原则。

3. 控制火灾及防止其扩大的对策

防止住宅居室内火势蔓延扩大的技术措施，不仅能够减少燃烧损失，而且还可抑制火源向相邻楼栋蔓延，既能暂时防止扩大，又有助于安全疏散。

早期探测和初期灭火对减少火灾损失最为有效；室内装修的不燃化和难燃化在防止初期火灾扩大方面也非常重要；构件耐火设计可使建筑在一定时间内保证结构的整体安全。

火灾向相邻建筑物延烧的原因有：火星和飞火、热气流、辐射热等。屋顶不燃化的措施，可以减少火星和飞火的灾害。火宅喷出的火焰，会对相邻地区造成强大的辐射热，控制外墙开口面积，或增加相邻建筑的防火间隔，都能有效降低辐射热的灾害。

4. 电气火灾的预防对策

电气火灾的发生，有时是因电气设备本身构造的缺陷，有时是因电气设备或线路导线绝缘材料老化，但多数是使用不当所造成的。其预防对策如下：

防止绝缘材料的劣化造成漏电或短路；插座及线路的连接应良好，避免接触不良；电气设备及线路的使用不可超过安全负载量；使用具有消弧能力的过电流(短路)保护断路器；装置漏电断路器(漏电警报器)；电热(灯)器具的发热体应与易(可)燃物保持安全距离；采用防火电缆线；建筑物应装设避雷针，电气线路装设避雷器。

5. 消防安全管理对策

通过防灾教育提升住户防火安全意识；加强日常防火安全检查；对高龄者等弱势群体及其家庭，进行防火指导；普及住宅用防灾器材等等。

四、本章编制的原则和技术特点

住宅防火设计是建筑防火设计体系中很重要的一个组成部分。由于住宅的使用性质、建筑平面布局等与公共建筑有较大的不同，所以在防火设防的考虑上，住宅建筑与公共建筑有较大的差异。鉴于住宅建造费用承担的主体是个人，所以在防火投资水准的确定上，也是一个政策性很强的工作。目前世界各国在制定防火设计规范时，都将公共建筑和居住建筑区别对待。

我国目前是将住宅的防火要求混入在其他建筑之中的，而且又因住宅的建筑高度不同分别在两本规范中加以规定。为了更科学、更合理地评估住宅的防火安全，本规范将所有与住宅相关的重要规定编在一本标准中。这样既可以突出重点，又确保逻辑性强，适用性好。

1. 编制原则

本章专门就住宅建筑的防火与疏散问题作出了系统的要求。本章的编制遵循了以下几个原则：

（1）安全性与经济性兼顾的原则。

（2）被动防火要求为主，主动防火措施为辅的原则。

（3）体现以高度划定防火等级的原则。

（4）与现行相关规范整体协调，局部突破的原则。

2. 技术特点

该章的编制工作体现了以下几个技术特点：

（1）首次将性能化的要求和具体的指标规定融合在一本标准中。

（2）首次将各类住宅的防火要求统一在一本标准中。

（3）首次统一用层数作为各项要求的基准，并规范了楼层的折算方法。

（4）对构件燃烧性能的描述首次使用了“不燃性”和“难燃性”的提法。

（5）明确了在住宅建筑中不考虑防火分区的问题。

（6）在安全疏散设计中不再具体界定建筑类型，并明确用层建筑面积和疏散距离决定安全出口的数量。

（7）顺应建筑方式的发展，适当调整了耐火等级允许的建造层数。

（8）统一了设置室内消火栓和消防电梯的条件，不再考虑建筑类型的差别。

保证住宅防火安全，确保生命安全与减少财产损失是当前创建和谐社会的基本需要和根本要务，也才能保护广大人民的根本利益。住宅建筑火灾对于整个城市或整个社会而言，有可能造成重大的后果。住宅防火措施的最终目的是保障生命安全和减少物质损失，而更实际的目标是可以减少起火的危险性，防止火灾造成危险的扩大，并且降低都市大火的危险性。

9.1 一 般 规 定

9.1.1 住宅建筑的周围环境应为灭火救援提供外部条件。

【要点说明】

本条对住宅建筑周围外部灭火救援条件进行了原则性规定，外部条件涵盖了对消防通道、防火间距以及消防水源等条件和设施的要求。

1. 消防车道

消防车道是外部救援的最基本要求。一方面，随着人们生活水平的提高，住宅平面变化越来越复杂，室外总平面布置越来越注意外部环境的设置，但过多地设置小桥流水、亭台小品，会影响消防车通行。

另一方面，由于防盗需要，住宅入户门一般都为全封闭式防盗门或所谓的防火防盗门，火灾时消防队员很难迅速开启进入户内灭火，通常只能靠云梯车等登高装备，由室外进入。

消防车通道的设置不合理以及无合适的外部条件，将严重影响大型消防车的通行和救援，给火灾扑救带来困难。因此，设计要保持消防车道的平直，保证消防车能迅速到达火场。对于楼层较多的住宅，沿长边设置的消防车道的宽度除满足消防车通行外，还应根据各地实际情况满足登高车操作需要。以目前一些城市装备的53m云梯车为例，一般用于登高车操作的消防车道，宽度应达到5.0m左右方可保证登高操作的实际需要。另外，条件许可时，应在居民住宅的前后两面都设置消防车登高车道，以方便登高车就近登高作业，迅速展开灭火救援。

2. 防火间距

保持防火间距一方面是防止火灾在建筑间或建筑与其他设施间蔓延的需要，另一方面也是保证外部灭火救援的需要。

3. 消防水源

周密地考虑消防给水设计，保证住宅建筑灭火的需要，尤其是确保消防给水水源十分重要。消防用水可采用给水管网、消防水池或天然水源。

天然水源包括存在于地壳表面暴露于大气的地表水(江、河、湖、泊、池、塘水等)，也包括存在于地壳岩石裂缝或土壤空隙中的地下水(暗河、泉水等)。天然水源用作消防给水要保证水量和水质以及取水的方便。

(1) 水量。应考虑枯水期最低水位时的消防用水量。

(2) 水质。应考虑水中的悬浮物杂质不致堵塞喷头出口，被油污染或含有其他易燃、可燃液体的天然水源也不能作消防用水使用。

(3) 取水。应使消防车能靠近水源取水，且在最低水位时能吸上水，即保证消防车水泵的吸水高度不大于6m。在寒冷地区(采暖地区)，利用天然水源作为消防用水时，还应有可靠的防冻措施，保证在冰期内仍能供应消防用水。

住宅建筑周围还应设置适当扑救场地、消防车和救援车辆易达道路等灭火救援条件，有利于住宅建筑火灾的控制和救援。

【实施与检查】

本条侧重于对建筑的消防通道、防火间距以及消防水源和设施的要求，具体要求在本规范第9.3.1条、第9.3.2条、第9.8.1条、第9.8.2条，以及《建筑设计防火规范》GBJ 16—87(2001年版)和《高层民用建筑设计防火规范》GB 50045—95(2005年版)相关条文中有详尽规定。

9.1.2 住宅建筑中相邻套房之间应采取防火分隔措施。

【要点说明】

随着我国城市化进程的发展，旧城区的改造，城市里一些耐火等级较低，人员稠密的居民区，已逐步得到改造，取而代之的是楼房居住小区。楼房的耐火等级较高，每户住宅内房间多，隔墙多，火灾在相邻房间或相邻住户间的蔓延速度得到减缓，在单元与单元之间的水平蔓延相对困难。

现代的居民住宅主要有卧室、起居室(厅)、卫生间、厨房、阳台、储藏室等组成部分，具有隔间较小和私密性好的特点，住宅的火灾多表现为局部空间内火势较大、火灾温度高，疏散出口单一等特点。

考虑到住宅建筑特点和火灾特点，防止火灾蔓延应以单个住户或住宅单元为目标进行控制，从被动防火措施上，宜将每个住户作为一个防火单元处理，如果设计过程中不能将每户形成独立的防火隔间，火灾时极易在不同住户之间蔓延、扩大。住宅的防火设计，应该以将火灾有效地控制在一户范围内作为目标，否则就不是很完善的防火设计，因此本条对住户之间的防火分隔要求做了原则性规定。值得注意的是本章防火分隔原则并不等同于对防火墙的要求。

本章不再对住宅做防火分区的要求，这并非对防火分隔措施有所放松，相反是对防火设计提出了更高的要求。设计师为了满足通风采光的需要，采光通风凹井的设置越来越普遍，这些部位设置的内转角外窗，其最近边缘的水平距离往往不能满足防止火灾蔓延的要求，火灾时极易成为水平方向向相邻住户蔓延的通道；凹井内的外窗如果不进行防火处理，火灾时也成了上、下层之间蔓延的通道，这些问题应引起设计人员的注意。

针对户型平面多样化，在设计内转角处的外窗时，可采用设置固定防火窗等办法，防止火灾在同一层面的不同住户之间蔓延。凹井内上下层之间的外墙窗，应尽可能加大窗槛墙高度，有困难时可采用设防火挑檐等措施防止火灾的纵向蔓延。

【实施与检查】

本条为对住宅套房围护结构的原则要求，强调对分户墙的要求，属于被动防火措施，对于围护结构的具体要求详见本规范第 9.2.1 条。

9.1.3　当住宅与其他功能空间处于同一建筑内时，住宅部分与非住宅部分之间应采取防火分隔措施，且住宅部分的安全出口和疏散楼梯应独立设置。

经营、存放和使用火灾危险性为甲、乙类物品的商店、作坊和储藏间，严禁附设在住宅建筑中。

【要点说明】

本条规定了住宅与其他建筑功能空间之间的防火分隔要求和住宅部分安全出口、疏散楼梯的设置要求与处理原则，并对禁止在住宅建筑中附设火灾危险性场所做了明确规定。

当住宅与其他功能空间处在同一建筑内时，采取防火分隔措施可使各个不同使用空间具有相对较高的安全度。经营、存放和使用火灾危险性大的物品，容易发生火灾，引起爆炸，故该类场所不应附设在住宅建筑中。

条文中的“其他功能空间”指商业营业性场所，以及机房、仓储用房等场所；“其他功能空间”不包括直接为住户服务的物业管理办公用房和棋牌室、健身房等活动场所。

对于允许附设或与住宅建筑合建的其他功能场所，本条文未做出全面的限制性规定，对于这类场所的设置，不仅应考虑对建筑的火灾安全的影响，还应考虑影响居住者的卫生、健康及其他安全等多方面的因素。

城市中心地带及沿城市道路建设的高层居民住宅，一般底部都设有商业营业用房。商业营业用房的规模随工程建设地点的不同而不同，使用功能也往往因为购买对象的不确定而不确定，但其火灾危险性往往较大，故要求当住宅与商业等其他功能空间处于同一建筑内时，住宅部分与非住宅部分之间应采取防火分隔措施，且住宅部分的安全出口和疏散楼梯应独立设置。

对于住宅部分及其他功能空间部分的安全疏散、消防设施等防火设计应分别按照各自的防火安全要求进行防火设计。

【实施与检查】

本条具体要求在《建筑设计防火规范》GBJ 16—87(2001 年版)和《高层民用建筑设计防火规范》GB 50045—95(2005 年版)均有所规定。

9.1.4 住宅建筑的耐火性能、疏散条件和消防设施的设置应满足防火安全要求。

【要点说明】

本条对住宅建筑的耐火性能、疏散条件以及消防设施的设置做了原则性规定。

本条的“耐火性能”是指由不同燃烧性能和耐火极限的建筑构件所组成的建筑所体现出来的综合耐火能力。

本条的“疏散条件”是指用于火灾时人员疏散的水平通道、疏散楼梯间、对外出口以及仅用于紧急疏散使用的其他特定设施等。

防止住宅火灾造成伤亡的重要条件是制定并实施疏散计划。一旦发生火灾，人员要立刻离开房子，并向消防部门报警。许多死于火灾的人是由于他们在火宅初期因穿衣服、搜寻贵重物品花费了不该花费的时间。另外，重要的是当主要出口被火封住的情况下，尚有第二条可供选择的疏散路径。

此处的“消防设施”指设置或配置在建筑内部，用于防止火灾发生、扩大及在火灾发生时及时发现、确认、扑救火灾的设施总称，包括用于探测、传递火灾信息，为人员疏散创造便利条件和实现对建筑进行防火、防烟分隔的装置，包括住宅家庭配备的必要的灭火器材与逃生用品等。

在我国的家庭中，可在厨房和易发生火情的地方设置家用灭火器以备应急之用，同时还要学会正确使用灭火器的方法，这是保证及时迅速扑灭初起火灾的关键。

针对住宅火灾，日本正推广并逐步普及家用防火装置，同时向住宅的不燃化方向发展。日本消防部门在家庭中推广和普及安装煤气泄漏报警器，在一些新建的居民住宅中在施工时就将煤气报警器安装上，其成本摊在煤气施工费用中，不需居住者去购买；对其他住户则推广使用一种价格低、性能又好的简易小型煤气报警器。同时也在推广一种简易火灾报警器及家用小型灭火器等。已研制出一些具有防火性能的制品进入家庭，其中包括窗帘、被褥、垫子、家具等，但不是要求清一色的都得配备，而是根据需要和可能，有针对性的配备。对独居无人照顾的老年人，尽量能采用上述防火制品，甚至连他们穿的睡衣都考虑不燃化，从而减少或避免因火灾而带来的伤亡。

美国也积极推广阻燃的衣料和被褥。美国法律明文规定，老人和孩子穿的衣服以及他们所使用的被褥、床上用品等都必须是阻燃织物做成的。

【实施与检查】

本条具体要求应按照本规范第 9.2 节、第 9.4 节、第 9.5 节、第 9.6 节、第 9.7 节有关规定，以及《建筑设计防火规范》GBJ 16—87(2001 年版)、《高层民用建筑设计防火规范》GB 50045—95(2005年版)和相关系统设计、施工及验收的国家现行有关标准执行。

9.1.5 住宅建筑设备的设置和管线敷设应满足防火安全要求。

【要点说明】

本条原则规定了各种建筑设备和管线敷设的防火安全要求。这里的“建筑设备”包括住宅建筑内给水排水设备、电气设备、通风空调设备、燃气设备等。

近年来，上下水管材的变革，给火灾室内纵向蔓延留下了隐患。为了提高住房面积率，住宅一般不设给水排水管道井，上下水管道采用在厨房间和卫生间垂直明敷的方式。随着建筑业的发展，铸铁管道已越来越多地被有机材质上下水管所取代，厨房间是火灾发生几率较高的场所，其可燃物多，火灾时室内温度高，破损的管道将成为火灾室内纵向蔓延的主要途径。

设计中应注重上下水管道的防火处理，堵塞火灾室内纵向蔓延的通道。根据目前的设计方法，在对大口径有机材质上下水管加装阻火圈的同时，应注意小口径管道的阻火处理，特别是对火灾危险性较大的厨房内的管道，更应该引起重视。加装阻火圈，虽然能阻止火灾蔓延，但着火层的管道一旦在火灾中受损，将直接影响到着火层以上居民的生活。因此，为防止火灾纵向蔓延，减少火灾影响，应该提倡在建设或装饰过程中对这些管道采用非燃烧材料进行外包处理。

燃气管道布置的不合理，对住宅安全同样构成威胁。因此要合理敷设燃气管道，解决好计量表具出户与安全的关系。

在某些工程设计中，厨房和卫生间的排风管直接通向楼层垂直排风管道或竖井。因为火灾发生后高层建筑中的垂直排风管道或竖井会起到一个抽拔烟火的作用，往往成为火势垂直蔓延的一个通道，若不进行恰当的防火处理，发生火灾时垂直排风管道或竖井不仅会助长火势，而且还成为火与有毒烟气转播的途径，造成扑救困难且严重危及人员生命安全。对于厨房和卫生间的垂直排风管道或竖井设计，应采取防止回流的措施或在支管上加设防火阀等措施以确保安全。

电气设备与线路的负荷要达到要求并相匹配，不能一线多设备，超负荷使用。电气线路荷载应经计算确定，并留有一定的荷载余量。有条件的家庭还可以安装漏电保护器，目前新建住宅建筑中，广泛普及自动空气开关，在一定程度上降低了火灾危险性。敷设电气线路要按照国家现行有关标准设计、施工。

【实施与检查】

本条具体要求应按照《建筑设计防火规范》GBJ 16—87(2001年版)和《高层民用建筑设计防火规范》GB 50045—95(2005年版)以及与建筑设备的设计、施工及验收相关的国家现行有关标准执行。

9.1.6 住宅建筑的防火与疏散要求应根据建筑层数、建筑面积等因素确定。

注：1 当住宅和其他功能空间处于同一建筑内时，应将住宅部分的层数与其他功能空间的层数叠加计算建筑层数。

2 当建筑中有一层或若干层的层高超过3m时，应对这些层按其高度总和除以3m进行层数折算，余数不足1.5m时，多出部分不计入建筑层数；余数大于或等于1.5m时，多出部分按1层计算。

【要点说明】

本条原则规定了确定住宅建筑防火与疏散要求应考虑的主要因素，在本条注释中特别明确规定了仅适用于本章的“建筑层数”的含义。

住宅建筑确定的防火与疏散要求是出于保护居住者人身安全，减少财产损失为目标做出的，防火安全标准的确定是依据建筑本身耐火能力、火灾扑救和疏散的难易程度等因素做出的，同时也应同当今国家技术经济水平相适应。

随着城市居住建筑的快速发展，住宅建筑的类型发生了许多的变化，出现了复式住宅、跃层住宅和错层住宅。复式住宅在概念上是一层，但层高较普通的住宅高，一般层高为3.3m或以上，可在局部设置夹层，安排卧室或书房等内容，用楼梯联系上下，其目的是提高住宅空间利用率。跃层住宅是一套住宅占两个楼层，有内部楼梯联系上下层；一般在下层安排起居室、厨房、餐厅、卫生间及卧室，上层安排卧室、书房、卫生间等，一般总层高为5.0m或以上。所谓“错层式”住宅主要指的是一套房子不处于同一平面，即房内的起居室、卧室、卫生间、厨房、阳台处于几个高度不同的平面上。一个复式住户或跃层式住宅内最不利卧室门口到户门的疏散距离较长，其垂直疏散距离相当于普通住宅层高的2倍。

住宅建筑的高度和面积直接影响到火灾时建筑内人员疏散的难易程度、外部救援的难易程度以及火灾可能导致财产损失的大小，建筑的高度及面积是体现火灾危害程度的两个关键指标，住宅建筑的防火与疏散要求与建筑高度和面积直接相关联。对不同建筑高度和建筑面积的住宅区别对待，可解决安全性和经济性的矛盾。考虑到与现行相关防火规范的衔接，本规范以层数作为衡量高度的指标，并对层高较大的楼层规定了折算方法。

注1中规定了住宅建筑的层数应包括其他使用功能空间的层数，因火灾扑救和疏散难易程度同总的建筑层数或高度相关联。

注2中规定了对层高超过3m部分建筑的层数进行折算的方法。考虑到目前存在大量带有底商的住宅建筑和有部分跃层(或复式住宅)的建筑，其底商及跃层部分(或复式住宅)的建筑层高较标准层要高，如不对其进行折算，将不能体现出建筑高度增加给建筑人员疏散和外部救援所带来的难度，因此对这些层数进行折算是必要的、合理的。

例1　一栋12层的商住楼，下面两层商业每层层高为4m，上面10层住宅每层层高均为3m。则该建筑折算层数计算如下：

商业部分总高为2×4m=8m，将超过3m部分的商业高度8m进行折算，得到：8m÷3m=2层，余数为2m>1.5m，则余数部分计入1层，即商业部分层数为2层+1层=3层。

则该栋楼折算成10+3=13层。

例2　一栋12层的商住楼，下面两层商业每层层高为3.6m，上面10层住宅每层层高均为3m。则该建筑折算层数计算如下：

商业部分总高为：2×3.6m=7.2m。将超过3m部分的商业高度7.2m进行折算，得到：7.2m÷3m=2层，余数为1.2m<1.5m，则余数部分不计入1层，即商业部分层数为2层。

则该栋楼折算成10+2=12层。

例3　一栋9层的住宅楼，其中第八层以下每层层高为2.8m，顶层(第九层)为跃层，其层高为5.0m。则该建筑折算层数计算如下：

超过3m部分即第九层总高为5m，将其进行折算，得到：5m÷3m=1层，余数为2m>1.5m，则应将余数部分计入1层，即跃层部分层数为1+1=2层。

则该栋楼折算成8+2=10层。

例 4 一栋 9 层的复式住宅楼，其每层层高为 3.6m。则该建筑折算层数计算如下：

超过 3m 部分住宅的总高为 9×3.6m=32.4m，将其进行折算，得到：32.4m÷3m=10 层，余数为 2.4m>1.5m，则应将余数部分计入 1 层，即该复式住宅折算层数为 10+1=11 层。

【实施与检查】

本章规定的防火与疏散要求大都同建筑层数相关联，应重点考察带有底商、复式或跃层的住宅。对于下述部位可不计入建筑层数：

(1) 建筑的地下室、半地下室的顶板面高出室外设计地面的高度小于等于 1.5m 者；

(2) 建筑底部设置高度不超过 2.2m 的自行车库、储藏室、敞开空间；

(3) 建筑屋顶上突出的局部设备用房、出屋面的楼梯间等。

住宅顶层当为坡屋面时，该层层高应为从本层设计地面到其檐口的高度；当为平屋面(包括有女儿墙的平屋面)时，应为本层设计地面到其屋面面层的高度。

9.2 耐火等级及其构件耐火极限

9.2.1 住宅建筑的耐火等级应划分为一、二、三、四级，其构件的燃烧性能和耐火极限不应低于表 9.2.1 的规定。

住宅建筑构件的燃烧性能和耐火极限(h) 表 9.2.1

构件名称		耐火等级			
		一级	二级	三级	四级
墙	防火墙	不燃性 3.00	不燃性 3.00	不燃性 3.00	不燃性 3.00
	非承重外墙、疏散走道两侧的隔墙	不燃性 1.00	不燃性 1.00	不燃性 0.75	难燃性 0.75
	楼梯间的墙、电梯井的墙、住宅单元之间的墙、住宅分户墙、承重墙	不燃性 2.00	不燃性 2.00	不燃性 1.50	难燃性 1.00
	房间隔墙	不燃性 0.75	不燃性 0.50	难燃性 0.50	难燃性 0.25
柱		不燃性 3.00	不燃性 2.50	不燃性 2.00	难燃性 1.00
梁		不燃性 2.00	不燃性 1.50	不燃性 1.00	难燃性 1.00
楼板		不燃性 1.50	不燃性 1.00	不燃性 0.75	难燃性 0.50
屋顶承重构件		不燃性 1.50	不燃性 1.00	难燃性 0.50	难燃性 0.25
疏散楼梯		不燃性 1.50	不燃性 1.00	不燃性 0.75	难燃性 0.50

注：表中的外墙指除外保温层外的主体构件。

【要点说明】

建筑构件的耐火性能是确定建筑物耐火等级的基础。对构件耐火性能的要求包括耐火极限值和燃烧性能两部分。我国现行的规定值源于传统的建筑材料，而这些规定值与现在发展的复合、保温材料组合的构件产生了一些矛盾。

因此从根本上讲，要针对住宅的特点和新型材料发展的现实，重新试验和界定各类构件的耐火要求。鉴于有关规范中对构件的燃烧性能采用人为定义而不够科学、准确的问题，本章明确构件的燃烧性能采用“不燃性”和“难燃性”的提法。而它们是由现行国家检测标准实际测试确定的。

本条对适用于住宅的相关构件进行了整合、协调、汇总，考虑到目前轻钢结构和木结构等住宅建筑的发展要求，对三级和四级住宅相关构件的燃烧性能和耐火极限进行了部分调整。

将“不燃烧体”等表述改为了“不燃性”等，体现了构件燃烧性能的测试要求。

表注考虑到外墙节能保温为现今主流做法，而技术产品多样且尚无完善评价方法，因此暂未考虑外墙保温层对整体构件防火性能的影响。

【实施与检查】

本条的实施应与第9.2.2条一并进行考虑，本表提出的指标为基准要求。

本规范未明确防火分区的划分，对于何处设置防火墙应根据建筑情况由设计单位会同当地的消防监督单位确定，故仍保留“防火墙”一行。

9.2.2　四级耐火等级的住宅建筑最多允许建造层数为3层，三级耐火等级的住宅建筑最多允许建造层数为9层，二级耐火等级的住宅建筑最多允许建造层数为18层。

【要点说明】

本条对部分建筑耐火等级要求进行了调整和整合。

根据住宅建筑的特点，对不同建筑耐火等级要求的住宅的建造层数做了调整，允许四级耐火等级住宅建至3层，三级耐火等级住宅建至9层。考虑到住宅的分隔特点及其火灾特点，本规范强调住宅建筑户与户之间、单元与单元之间的防火分隔要求，不再对防火分区做出规定。

【实施与检查】

本条的实施应与第9.2.1条一并进行考虑。

9.3　防　火　间　距

9.3.1　住宅建筑与相邻建筑、设施之间的防火间距应根据建筑的耐火等级、外墙的防火构造、灭火救援条件及设施的性质等因素确定。

【要点说明】

为了有效地防止火灾蔓延，并为消防扑救创造条件，在城市规划、建设中，必须要求建筑物之间留有一定的防火间距。这个间距应力求使建筑物发生火灾时，其相邻建筑物在辐射热的作用下，不加任何保护而又不致被火烤着。

确定建筑的防火间距需要考虑的主要因素：

(1) 热辐射。火灾的火焰和高温从房屋围护结构的门窗洞口向外传播，如果火焰辐射热的强度比较高，虽然建筑物之间有一定距离，仍然可能把被它辐射的可燃物烤着起火。在建筑火灾中，火焰和烧热的构件都可能发出热辐射。非燃烧体构件的温度一般不会很高，所以辐射热大部分来自燃烧的火焰。火焰热辐射的面积，又是随着洞口面积、围护结构的燃烧性能、建筑物的层数和长度而变化的。当可燃物受到邻近燃烧的建筑物辐射时，距离越近，接收的辐射热越多，引燃相邻建筑之可燃物的时间就越短。

(2) 热对流。起火建筑物炽热的烟气由室内冲出门窗洞口向上升腾，室外温度较低的空气从窗口下部进入室内，形成冷热空气对流。炽热烟气从窗口冲出时温度很高，能把流经的可燃物引燃起火。

(3) 飞火。在热对流和风力的影响下，火灾中尚未燃尽的物质会被抛向空中，形成飞火。飞火落点可达几十米、几百米，甚至几千米，如果落到可燃物上，就会形成新的起火点。

(4) 可燃物的种类和数量。火灾时热辐射强度的大小与建筑内可燃物的多少是成正比的。此外，如可燃物的种类不同，在数量相同的情况下，其热辐射强度也不同。如汽油、苯、乙醚、丙酮等易燃可燃液体要比木材、纸张等可燃物燃烧速度快，热值高，其热辐射强度相应比较大。

(5) 相邻建筑物高低的影响。一般来讲，较高建筑物的火灾对于较低建筑物的影响要小些，较低建筑物的火灾对较高建筑物的威胁较大。

(6) 消防扑救需要。考虑到火灾时的消防扑救，需要在建筑物之间留有一定的距离，便于消防车的停靠、操作和对室外消火栓的使用。

本条规定了确定住宅与其相邻的建筑、设施防火间距应考虑的主要因素，即应从满足消防扑救需要和防止火势通过“飞火”、“热辐射”和“热对流”等方式向邻近建筑蔓延的要求出发，设置合理的防火间距。在满足防火安全条件的同时，尚应体现节约用地和与现实情况相协调的原则。

这里的相邻建筑、设施包括工业与民用建筑、住宅建筑所属单独建造的变电所、锅炉房、工业与民用管线、构筑物设施等。

【实施与检查】

本条具体要求应按照本规范第 9.3.2 条、《建筑设计防火规范》GBJ 16—87(2001 年版)、《高层民用建筑设计防火规范》GB 50045—95(2005 年版)相关条文执行。

9.3.2 住宅建筑与相邻民用建筑之间的防火间距应符合表 9.3.2 的要求。当建筑相邻外墙采取必要的防火措施后，其防火间距可适当减少或贴邻。

住宅建筑与相邻民用建筑之间的防火间距(m)　　表 9.3.2

建筑类别			10 层及 10 层以上住宅或其他高层民用建筑		10 层以下住宅或其他非高层民用建筑		
			高层建筑	裙房	耐火等级		
					一、二级	三级	四级
10 层以下住宅	耐火等级	一、二级	9	6	6	7	9
		三级	11	7	7	8	10
		四级	14	9	9	10	12
10 层及 10 层以上住宅			13	9	9	11	14

【要点说明】

本条规定了防火间距指标和允许调整的原则。此处的外墙“防火措施”指采用防火墙、开口部位采用防火窗、防火卷帘或水幕保护，以及提高构件燃烧性能和耐火等级等。

目前城市内新建的民用建筑绝大多数是一、二级耐火等级的。一、二级耐火等级之间的防火间距最低为 6.0m，比卫生、日照等要求都低，从消防角度来看，6.0m 的防火间距是必要的。

考虑到城市在改建和扩建过程中，不可避免的会遇到一些具体的困难，因此也对防火间距给了一些放宽的原则条件。

【实施与检查】

本条对于防火间距允许调整的情况应按照《建筑设计防火规范》GBJ 16—87(2001 年版)和《高层民用建筑设计防火规范》GB 50045—95(2005 年版)有关条文执行。

9.4 防 火 构 造

9.4.1 住宅建筑上下相邻套房开口部位间应设置高度不低于 0.8m 的窗槛墙或设置耐火极限不低于 1.00h 的不燃性实体挑檐，其出挑宽度不应小于 0.5m，长度不应小于开口宽度。

【要点说明】

近年来，设计师为了追求宽敞、明亮的住宅室内效果，住宅外墙门窗设计有了很大变化，出现了许多落地低窗、阳光室的住宅项目。由于住宅层高较低，落地低窗和阳光室的外墙设计很难保证窗槛墙的有效高度，有时上下层之间仅有一层楼板相隔，对阻止火灾纵向蔓延十分不利。

在南方地区，分体式空调的使用已十分普及，经过几年的发展，设计师也越来越重视室外机组对立面美观的影响。目前，有一种室外空调机组隐蔽安装设计，在上下层外墙的窗槛墙上开设洞口安放机组，外加百叶窗装饰。这种设计方法虽然满足了立面美观的要求，由于对安装洞口未进行很好的防火处理，同样也彻底破坏了上下层住户之间的纵向防火分隔。

针对目前住宅建筑多样性发展情况，本条对上下相邻住户间防止火灾竖向蔓延的外墙构造措施做了规定。对于 0.80m 高度内的窗槛墙可采用耐火时间不低于 1.00h 的不燃性实体或固定的防火玻璃裙墙。此处“开口部位”指外墙上的开口。

本条是参照《高层民用建筑设计防火规范》GB 50045—95(2005 年版)有关幕墙的规定做出的，该规范第 3.0.8.2 条规定“无窗槛墙或窗槛墙小于 0.80m 的建筑幕墙，应在每层楼板外沿设置耐火极限不低于 1.00h、高度不低于 0.80m 的不燃烧实体裙墙或防火玻璃裙墙。”

对将空调室外机安装在上下层窗槛墙内的设计，一是要保证安装洞口与下层住户之间有良好的防火分隔，其耐火极限一般不应低于楼板的耐火极限；二是下层住户的外窗应设防火挑檐，防止火灾通过该洞口在上下层之间蔓延。另外，避开窗槛墙的位置安装空调，也是减少火灾纵向蔓延途径的有效办法。

【实施与检查】

按本条要求进行实施与检查。

9.4.2 楼梯间窗口与套房窗口最近边缘之间的水平间距不应小于 1.0m。

【要点说明】

楼梯间作为人员疏散的途径，保证其免受住户火灾烟气的影响十分重要。为防止楼梯间受到住户火灾烟气的影响，本条对楼梯间窗口和住户窗口最近边缘的水平间距限值做了规定。

本条措施是参照了《高层民用建筑设计防火规范》GB 50045—95（2005 年版）第 5.2.2 条做出的。但与该规范第 5.2.2 条设置的目标有所区别，本条主要考虑防烟，并结合现实状况确定了 1.0m 的水平间距。

【实施与检查】

按照本条规定加以实施与检查。

9.4.3　住宅建筑中竖井的设置应符合下列要求：

1　电梯井应独立设置，井内严禁敷设燃气管道，并不应敷设与电梯无关的电缆、电线等。电梯井井壁上除开设电梯门洞和通气孔洞外，不应开设其他洞口。

2　电缆井、管道井、排烟道、排气道等竖井应分别独立设置，其井壁应采用耐火极限不低于 1.00h 的不燃性构件。

3　电缆井、管道井应在每层楼板处采用不低于楼板耐火极限的不燃性材料或防火封堵材料封堵；电缆井、管道井与房间、走道等相连通的孔洞，其空隙应采用防火封堵材料封堵。

4　电缆井和管道井设置在防烟楼梯间前室、合用前室时，其井壁上的检查门应采用丙级防火门。

【要点说明】

本条对电梯井、电缆井和管道井等竖井的设置做了规定。

1. 取消了对于住宅建筑无针对性的“严禁敷设甲、乙、丙类液体管道”的要求。电梯是重要的垂直交通工具，其井道易成为火灾蔓延的通道。为防止火灾通过电梯井蔓延扩大，规定电梯井应独立设置，且在其内不能敷设燃气管道及敷设与电梯无关的电缆、电线等，同时规定了电梯井井壁上除开设电梯门和底部及顶部的通气孔外，不应开设其他洞口。

2. 删除了“垃圾道”，因为住宅中设置垃圾道非主流做法，从健康、卫生角度出发，住宅不宜设置垃圾道；删除了对井壁上检查门耐火等级的规定，因井壁上设置检查门应以防止火灾蔓延为目标，综合考虑多种因素确定耐火等级要求。各种竖向管井均是火灾蔓延的途径，为了防止火灾蔓延扩大，要求电缆井、管道井、排烟道、排气道等竖井应单独设置，不应混设。为了防止火灾时将管井烧毁，扩大灾情，规定上述管道井壁应为不燃性构件，其耐火极限不低于 1.00h。

3. 为有效阻止火灾通过管井的竖向蔓延，本条对竖向管道井和电缆井层间封堵及孔洞封堵提高了要求，可靠的层间封堵及孔洞封堵是防止管道井和电缆井成为火灾蔓延通道的有效措施。《高层民用建筑设计防火规范》GB 50045—95(2005 年版)只有超过 100m 才有此规定，不超过 100m 以及多层建筑均要求每隔 2～3 层封堵。

4. 本条对住宅建筑中设置在防烟楼梯间前室和合用前室的电缆井和管道井井壁上检查门的耐火等级做了规定。单元式高层住宅往往需要设置管井，但《高层民用建筑设计防火规范》GB 50045—95(2005 年版)中不允许在前室开设其他洞口或开门，本条对此种情况做出了适当的规定并提出了实施保证措施。

【实施与检查】

按本条文对住宅建筑中的各种竖井进行实施与检查。

9.4.4 当住宅建筑中的楼梯、电梯直通住宅楼层下部的汽车库时，楼梯、电梯在汽车库出入口部位应采取防火分隔措施。

【要点说明】

为防止汽车库火灾导致的火灾和烟气向住宅空间的扩大蔓延，本条对电梯直通住宅下部汽车库时的防火分隔要求做出了规定。多层、高层住宅地下的汽车库内的人员疏散主要依靠楼梯进行，因此要求室内的楼梯必须安全可靠，在楼梯间入口处应设置封闭门使之形成封闭楼梯间。对地下汽车库其楼梯间的封闭门应采用乙级防火门等可靠防火分隔。

【实施与检查】

按本条文对住宅建筑中的地下车库楼梯、电梯出入口部位进行实施与检查。

9.5 安全疏散

9.5.1 住宅建筑应根据建筑的耐火等级、建筑层数、建筑面积、疏散距离等因素设置安全出口，并应符合下列要求：

1 10层以下的住宅建筑，当住宅单元任一层的建筑面积大于650m²，或任一套房的户门至安全出口的距离大于15m时，该住宅单元每层的安全出口不应少于2个。

2 10层及10层以上但不超过18层的住宅建筑，当住宅单元任一层的建筑面积大于650m²，或任一套房的户门至安全出口的距离大于10m时，该住宅单元每层的安全出口不应少于2个。

3 19层及19层以上的住宅建筑，每个住宅单元每层的安全出口不应少于2个。

4 安全出口应分散布置，两个安全出口之间的距离不应小于5m。

5 楼梯间及前室的门应向疏散方向开启；安装有门禁系统的住宅，应保证住宅直通室外的门在任何时候能从内部徒手开启。

【要点说明】

住宅建筑有高层、多层和单层之分。建筑体形有塔式、通廊式、单元式、跃廊式等。单元式住宅楼通常由2个以上的单元组成，一般为一梯2户或3户；塔式住宅楼通常只有1个单元，一般为一梯4户、6户、8户不等。《高层民用建筑设计防火规范》GB 50045—95(2005年版)第6.1.1条条文说明中描述了塔式住宅的主要特点是“以疏散楼梯为中心，向各个方向布置住宅。”随着城市地价的日益攀升及住宅建筑的多样化，出现了一类新的高层住宅形式，由数个单元的塔式住宅组成。如果对住宅建筑的各种形式分别提出不同的疏散要求，则难免出现定义不清、逻辑有误、不便操作等问题。为此，本条对住宅安全疏散不再区分建筑的类型，而只考虑一些具体通用的主要因素。

本条规定了设置安全出口需考虑的因素。考虑到当前住宅建筑形式趋于多样化，本条对各种建筑形式的住宅安全出口做了原则性规定，兼顾了住宅的功能需求和安全需要。

本条根据不同的建筑层数，对安全出口设置数量做出规定，兼顾了安全性和经济性的要求。本条规定表明，在一定条件下，对18层及以下的住宅，每个住宅单元每层可仅设置一个安全出口。

19层及19层以上的住宅建筑，由于建筑层数多，高度大，人员相对较多，一旦发生火灾，烟和火易发生竖向蔓延且蔓延速度快，而人员疏散路径长，疏散困难。故对此类建筑，规定每个单元每层设置不少于两个安全出口，以利于建筑内人员及时逃离火灾场所。

建筑安全疏散出口应分散布置。主要考虑到在同一建筑中，若两个楼梯出口之间距离太近，会导致疏散人流不均而产生局部拥挤，还可能因出口同时被烟堵住，使人员不能脱离危险而造成重大伤亡事故。故本条要求两个安全出口之间的距离不应小于5m。

若门的开启方向与疏散人流的方向不一致，当遇有紧急情况时，会使出口堵塞，造成人员伤亡事故。疏散用门具有不需要使用钥匙等任何器具即能迅速开启的功能，是火灾状态下对疏散门的基本安全要求。

关于通向屋顶问题本规范未作具体规定，应本着人员疏散安全进行设计。

【实施与检查】

按本条文进行实施与检查。

9.5.2　每层有2个及2个以上安全出口的住宅单元，套房户门至最近安全出口的距离应根据建筑的耐火等级、楼梯间的形式和疏散方式确定。

【要点说明】

本条规定了确定户门至最近安全出口的距离时应考虑的因素，其原则是在保证人员疏散安全的条件下，尽可能满足建筑布局和节约投资的需要。

【实施与检查】

具体要求应按照《建筑设计防火规范》GBJ 16—87(2001年版)和《高层民用建筑设计防火规范》GB 50045—95(2005年版)的相关要求执行。

9.5.3　住宅建筑的楼梯间形式应根据建筑形式、建筑层数、建筑面积以及套房户门的耐火等级等因素确定。在楼梯间的首层应设置直接对外的出口，或将对外出口设置在距离楼梯间不超过15m处。

【要点说明】

本条对确定楼梯间形式的原则和首层对外出口做了规定。

本条规定了确定楼梯间形式时应考虑的因素及首层对外出口的设置要求。建筑发生火灾时，楼梯间作为人员垂直疏散的惟一通道，应确保安全可靠。楼梯间可分为防烟楼梯间、封闭楼梯间和室外楼梯等，具体形式应根据建筑形式、建筑层数、建筑面积以及套房户门的耐火等级等因素确定。

楼梯间在首层设置直通室外的出口，有利于人员在火灾时及时疏散；若没有直通室外的出口，应能保证人员在短时间内通过不会受到火灾威胁的门厅，但不允许设置需经其他房间再到达室外的出口形式。

【实施与检查】

具体要求应按照《建筑设计防火规范》GBJ 16—87(2001年版)和《高层民用建筑设计防火规范》GB 50045—95(2005年版)的相关要求执行。

9.5.4　住宅建筑楼梯间顶棚、墙面和地面均应采用不燃性材料。

【要点说明】

本条对住宅建筑楼梯间顶棚、墙面和地面的装修要求进行了限制性规定。水平走廊和楼梯是安全疏散的重要通道，也应是设计关注的重点位置。因此住宅建筑物中的楼梯间、封闭楼梯间、防烟楼梯间等(包括前室)的顶棚、墙面和地面只能采用A级装修材料。

【实施与检查】

具体要求应按照《建筑内部装修设计防火规范》GB 50222—95(2001年局部修订)相关要求执行。

9.6 消防给水与灭火设施

9.6.1 8层及8层以上的住宅建筑应设置室内消防给水设施。

【要点说明】

8层及8层以上的住宅建筑，不论何种情况都必须设置室内消火栓给水系统。

条文基于以下几个方面的考虑：

1. 层数达到一定高度后，外部扑救难度较大，因而必须设置有效的内部灭火系统。

2. 在用于灭火的灭火剂中，目前水仍是国内外使用的主要灭火剂。

3. 以水为灭火剂的消防系统，主要用消火栓给水系统和自动喷水灭火系统两类。自动喷水灭火系统同消火栓灭火系统相比，工程造价高。因此从节省投资考虑，主要灭火系统采用消火栓给水系统。

《建筑设计防火规范》GBJ 16—87(2001年版)第8.4.1条规定：超过7层的单元式住宅，超过6层的塔式住宅和通廊式住宅、底层设有商业网点的单元式住宅应设置室内消火栓系统。

本条规定了住宅建筑公共区域设置室内消防给水设施的范围，并将设置室内消防给水设施范围的建筑层数界限统一调整为8层。

对于建筑层数较高的各类住宅建筑，其火势蔓延较为迅速，扑救难度大，必须设置有效的灭火系统。此条中室内消防给水设施包括室内消火栓、消防卷盘和干管系统等。水灭火系统具有使用方便、灭火效果好、价格经济合理、器材简单等优点，当前采用的主要灭火系统为消火栓给水系统。

消火栓系统实施灭火需要有两个基本要素：一是消火栓设备，二是消火栓的使用者——消防队员，二者缺一不可。在正常情况下，消防队开始用水枪灭火是在失火后约15分钟左右，其中：现场人员发现火情，4分钟；向消防队报警，2.5分钟；消防队接警车辆出动，1分钟；到达现场，5分钟；使用消火栓喷水灭火，2.5分钟。在各环节100%的保证率情况下，消火栓给水系统保证率可达81%。

消防给水系统是目前建筑中设置的最为有效的灭火控火措施，值得说明的是消防设施灭火保证率是建立在供水水量和水压100%保证率的前提下，若供水系统水量、水压不能得到保证，则灭火保证率就无从谈起，建筑的消防设备大部分将失去作用(尤其在火灾初期)。因此保证消防供水系统的水量和水压是保证建筑消防安全的关键所在。

【实施与检查】

本条所要求设置的室内消防给水设施应满足《建筑设计防火规范》GBJ 16—87(2001年版)和《高层民用建筑设计防火规范》GB 50045—95(2005年版)以及相关的施工及验收规范的有关规定。

9.6.2 35层及35层以上的住宅建筑应设置自动喷水灭火系统。

【要点说明】

《高层民用建筑设计防火规范》GB 50045—95(2005 年版)规定："建筑高度超过 100m 的高层建筑，除面积小于 5.00m^2 的卫生间、厕所和不宜用水扑救的部位外，均应设自动喷水灭火系统。"

本条规定了必须设置自动喷水灭火系统的范围，并将界限中的高度 100m 折算成 35 层。自动喷水灭火系统具有良好的控火及灭火效果，已得到许多火灾案例的实践检验。对于建筑层数为 35 层及 35 层以上的住宅建筑，由于建筑高度高，人员疏散困难，火灾危险性大，为保证人员生命和财产安全，规定设置自动喷水灭火系统是必要的。

据统计，凡是安装自动喷水灭火系统的家庭与没有安装自动喷水灭火系统的家庭相比，发生火灾时人员死伤率可降低 1/3～2/3，同时减少火灾损失达 1/2～2/3。从总体上计算，住宅安装自动喷水灭火系统能减少 55%左右的家庭火灾死伤率，其效果是很显著的。

美国亚利桑纳州斯科德尔市 55% 的单户住宅、70%的多户住宅都安装了自动喷水灭火系统，使该市十年来的火灾损失减少了 84%。实践证明自动喷水灭火系统的应用为减少火灾损失发挥了巨大作用，随着我国经济的发展，在条件许可的地区住宅中也可以安装自动喷水灭火系统(或简易喷淋灭火系统)，使住宅火灾消灭在初期阶段。

自动喷水灭火系统是集火情探测与喷水灭火于一身的一种最常用自动灭火系统。在一般层高的民用建筑中，喷头感温元件的启动主要受两个因素的影响，一是火势的大小，二是感温元件的热敏感性能(RTI)。火势大，感温元件启动就快，反之就慢；元件热敏感性好，元件启动就快，反之就慢。正常情况下喷头自动喷水灭火的启动时间只有几分钟。喷水灭火的喷头的开启数量取决于火势的大小。可燃物量大、火势大、蔓延迅速，开启的喷头数量就多，反之就少。喷头的启用数量及范围与火势范围自动吻合。由此，使火势得以被控制及扑灭在一局部空间内，统计资料表明：57%的失火被扑灭在 2 个喷头保护的范围内；83%的失火被扑在 8 个喷头保护的范围内；95%的失火被扑灭在 300 平方米的范围内。国外自动喷水灭火系统经过一百多年历史的发展，灭火的保证率已高达 95%以上，自动喷水灭火系统的灭火有效性已经得到广大消防人士的共识。随着经济的发展和技术的进步，住宅建筑，特别是高层住宅，应用自动喷水灭火系统提高消防安全将成为发展趋势，开发适合于住宅建筑的自动喷水灭火系统已经迫在眉睫。

【实施与检查】

本条所要求设置的自动喷水灭火系统应满足《自动喷水灭火系统设计规范》GB 50084—2001(2005 年版)的有关规定。

9.7 消 防 电 气

9.7.1 10 层及 10 层以上住宅建筑的消防供电不应低于二级负荷要求。

【要点说明】

本条对消防供电要求进行了规定。

《高层民用建筑设计防火规范》GB 50045—95(2005 年版)规定"高层建筑的消防控制室、消防水泵、消防电梯、防烟排烟设施、火灾自动报警、自动灭火系统、应急照明、疏散指示标志和电动的防火门、窗、卷帘、阀门等消防用电，应按现行国家标准《供配电系统设计规范》GB 50052 的规定进行设计，一类高层建筑应按一级负荷要求供电，二类高层建筑应按二级负荷要求供电。”

本条对 10 层及 10 层以上的住宅建筑的消防供电提出了基本要求。高层建筑发生火灾时，主要利用建筑物本身的消防设施进行灭火和疏散人员。合理地确定供电负荷等级，对于保障建筑消防用电设备的供电可靠性非常重要。

【实施与检查】

本条对于供电负荷的具体设计要求应满足现行国家标准《供配电系统设计规范》GB 50052 的规定。

9.7.2 35 层及 35 层以上的住宅建筑应设置火灾自动报警系统。

【要点说明】

《高层民用建筑设计防火规范》GB 50045—95(2005 年版)“建筑高度超过 100m 的高层建筑，除面积小于 5.0m^2 的厕所、卫生间外，均应设火灾自动报警系统。”

本条对住宅建筑必须设置火灾自动报警系统的范围做了规定，并将规范的高度指标“100m”折算为层数“35 层”。

火灾自动报警系统由触发器件、火灾报警装置及具有其他辅助功能的装置组成，是为及早发现和通报火灾，并采取有效措施控制和扑灭火灾，而设置在建筑物中或其他场所的一种自动消防设施。目前，许多国家的消防部门已经或正准备着手在居民住宅中安装探测器。

在德国，从 1999 年起由家庭财产保险部门出资，对每幢居民住宅强制性安装烟火报警器，因此住宅火灾明显减少。为了满足需要，德国消防技术部门近期又研制成 ICU 新型住宅防火报警设备，此设备不但对烟、火和异常温度感应报警，而且对食品烧糊、电器短路着火发出的异常气味也及时发出报警信号。此外，和接触断路报警器件相联用，还可作为防盗报警器。

北爱尔兰从 1993 年起，由消防部门给每个居民住宅安装火灾探测器，1995 年 3 月安装完毕。自 1995 年 3 月至 1998 年的 3 年多，未发生过一起因住宅火灾导致人员伤亡的事故。

美国现在已有 90％的住宅安装了火灾探测器，住宅火灾的伤亡人数已减少了 78％。住宅要求在卧室、起居室、民用住宅游艺室、厨房、车库、地下室等处各安装一个烟感报警器。对于残废人住房，要使报警器能向邻居家发出报警，以便邻居及时赶来提供帮助。对听力有障碍的住户，探测器可与床上按摩器、闪光灯等连接，以便提供触觉和视觉信号。使用煤气的家庭，还得安装煤气漏气报警器。

英国目前已有 79％的住宅安装了火灾探测器，住宅火灾的伤亡人数已下降了 72％。目前，英国消防安全产品市场上又出现了一种交直流、双配套电源供电的住宅火灾烟雾报警器，其安全保障系数及节约经济开支等优越性更加“确定无疑”。英国内务部电视宣传运动的目标是：继续深入开展社会宣传，大力发动民众安装住宅火灾烟雾报警装置，直到国内城乡居民住户全部普及使用为止。

英美等国家在 1997 年底都在消防法中增加了一款，规定“每一所住宅都必须安装火灾探测器”。美国还进一步规定，住宅火灾探测器由消防部门免费安装，以保证居民及时发现并扑灭火灾。德国内政部强调，住宅中的火灾报警器与汽车中的安全带一样重要。因此，新建的住宅、宾馆、医院和幼儿园都必须安装火灾探测器。老住宅由各地消防部门统一安排，在 2000 年前就已安装完毕。

烟感报警器安装之后正确的保养和维护十分重要，以使探测器发挥应有的作用。火灾伤亡案例证明，大都是由于烟感器未能发挥作用造成的。安装了报警器的民用住宅，最好每周能试验一次烟感报警器是否灵验。另外，每年至少要清洁一次报警器，并且重新更换电池，还要让家中成员都熟悉报警器的声音，以便发生火灾时能安全逃生。

考虑到现阶段国内的实际条件，规定 35 层及 35 层以上的住宅建筑应设置火灾自动报警系统。

对于 35 层以下的住宅建筑，应结合建筑设置的应急照明、消防电梯和加压防烟楼梯等设施考虑消防联动措施。

【实施与检查】

火灾自动报警系统的设置要求应满足现行国家标准《火灾自动报警系统设计规范》GB 50116 和《火灾自动报警系统施工及验收规范》GB 50166 的有关规定。

9.7.3　10 层及 10 层以上住宅建筑的楼梯间、电梯间及其前室应设置应急照明。

【要点说明】

本条对住宅建筑应急照明设置的范围和场所进行了规定。事故照明灯设置位置大致有以下几种：在楼梯间，一般设在墙面或休息平台板的下面；在走道，一般设在墙面或顶棚的下面；在厅、堂，一般设在顶棚或墙面上；在楼梯口、太平门，一般设在门口的上部。

为防止火灾时迅速烧毁事故照明灯影响安全疏散，应注意在事故照明灯具和疏散指示标志的外表面加设保护措施。

本条对超过 10 层的住宅建筑应急照明的设置场所范围进行了规定，为防止人员触电和防止火势通过电气设备、线路扩大，在火灾时需要及时切断起火部位及相关区域的电源。此时若无应急照明，人员在惊慌之中势必产生混乱，不利于人员的安全疏散。

考虑到住宅建筑的常用平面布置形式，条文未提及超过 20m 的内走道场所，也未提及无居民存在的、火灾时仍需坚持工作的使用场所。

【实施与检查】

本条所要求设置的应急照明应满足《高层民用建筑设计防火规范》GB 50045—95(2005 年版)的有关规定。

9.8　消　防　救　援

9.8.1　10 层及 10 层以上的住宅建筑应设置环形消防车道，或至少沿建筑的一个长边设置消防车道。

【要点说明】

本条对消防车道的设置的范围和方式进行了规定。

《高层民用建筑设计防火规范》GB 50045—95(2005 年版)规定“高层建筑的周围，应设环形消防车道。当设环形车道有困难时，可沿高层建筑的两个长边设置消防车道。当高层建筑的沿街长度超过 150m 或总长度超过 220m 时，应在适中位置设置穿过高层建筑的消防车道。”

本条所要求设置的消防车道可为环形，也可沿建筑的一个长边进行设置，考虑到住宅建筑火灾特点，本条要求较《高层民用建筑设计防火规范》GB 50045—95(2005 年版)要求有所放宽。

【实施与检查】

本条所要求设置的消防车道应满足《建筑设计防火规范》GBJ 16—87(2001 年版)和《高层民用建筑设计防火规范》GB 50045—95(2005 年版)的有关规定。

9.8.2 供消防车取水的天然水源和消防水池应设置消防车道，并满足消防车的取水要求。

【要点说明】

本条对消防水池和天然水源(如江、河、湖、海、水库、沟渠等)必要的取水条件做了规定。有的建筑距水池距离较远，又没设置消防车道，当发生火灾时，消防车到不了取水池跟前，延误取水时间。反之，设有消防车道或可供消防车通行的平坦空地，发生火灾时，消防车能顺利到达取水地点，对于及时控制火势蔓延扩大，起了很好作用。所以供消防车道取水的天然水源和消防水池，应设置消防车道。

《建筑设计防火规范》GBJ 16—87(2001 年版)规定“供消防车取水的天然水源和消防水池，应设置消防车道。”

本条设置的目的是保证外部灭火扑救的供水，为消防车取水提供必要的外部条件。

【实施与检查】

本条所要求设置的消防车道应满足《建筑设计防火规范》GBJ 16—87(2001 年版)和《高层民用建筑设计防火规范》GB 50045—95(2005 年版)的有关规定。

对于消防车取水的天然水源和消防水池的最低水位，应满足消防车取水要求。

9.8.3 12 层及 12 层以上的住宅应设置消防电梯。

【要点说明】

普通电梯的平面布置，一般都敞开在走道或电梯厅。火灾时因电源切断而停止使用，因此，普通电梯无法供消防队员扑救火灾，故高层建筑应设消防电梯。

本条对于设置消防电梯的范围进行了规定，将住宅的“高度”界限统一改写为“层数”。规定所有类型的住宅均从 12 层起设置消防电梯。

《高层民用建筑设计防火规范》GB 50045—95(2005 年版)“下列高层建筑应设消防电梯：一类公共建筑、塔式住宅、十二层及十二层以上的单元式住宅和通廊式住宅、高度超过 32m 的其他二类公共建筑。”

本条是考虑消防队员接近火场进行灭火战斗的登高能力确定的指标，为住宅建筑设置消防电梯的基本要求。综合考虑当地的技术经济水平、建筑的形式、建筑内消防设施的设置情况以及外部救援能力等因素，可提出扩大设置范围的要求。

设置消防电梯的台数，应既满足火灾扑救的需要，又节约投资。故应根据不同楼层的建筑面积，去确定应设置的消防电梯台数。

【实施与检查】

本条所要求设置的消防电梯，其设置数量、停靠要求、消防设施设置以及电气系统设置等要求应满足《高层民用建筑设计防火规范》GB 50045—95(2005 年版)的有关规定。

第10章　节　　能

概　　述

本章所涉及的主要是住宅建筑如何在保证室内较好的热环境前提下的节能问题。室内的热环境是室内物理环境的一个组成部分，在我国绝大部分地区的气候条件下，为了在冬夏两季维持一个适合居住的室内热环境，采暖和空调是不可或缺的。采暖和空调在改善住宅建筑室内热环境的同时也消耗着数量相当可观的能源。因此，设计、建造和使用住宅时应该关注节能问题。

能源是一种宝贵的自然资源，无论是人类的生存还是社会的发展都离不开充足的能源供应。当今人类社会消耗的三大主要能源——石油、煤和天然气都是不可再生的矿物性资源。我国地大物博，资源丰富，然而人口众多，无论是石油、天然气还是煤，人均占有量都远低于世界平均水平。我国的燃料构成以煤为主，以当前的科学技术发展水平，燃煤产生的污染远远超过燃油和燃气。因此无论是从节约能源还是从保护环境出发，提高能源利用效率，降低能源消耗对我国都有非常重要的意义。

建筑行业是一个耗能的大户，据建设部的统计，2000年我国建筑用商品能源消耗共计3.6亿吨标准煤，当年能源消费总量为13.0亿吨标准煤，建筑用能占全社会终端能源消费量的27.5%，而1978年这个比例大约为11%。根据北美和欧洲发达国家的统计，建筑能耗要占社会总能耗的30%～40%。改革开放以来，我国的经济发展很快，伴随着经济的高速发展，每年成万上亿平方米的新建筑雨后春笋似地在全国各地涌现出来。而且，随着生活水平的提高，人们对室内环境的要求也越来越高，越来越多的建筑配备了采暖空调系统、热水供应设施等耗能设施。因此，可以预计我国建筑能耗占全社会总能耗的比例还会不断升高。

建筑节能的目的在于提高能源利用效率，在创造舒适的室内环境的同时尽量少消耗能源，减缓建筑用能的增长速度。

本章分成三节，第1节内容所涉及的主要是住宅建筑中与节能相关的一般情况。第2、3节则专门涉及建筑围护结构和采暖空调设备的节能问题。由于本规范第8章已经包含了采暖空调设备，所以在本章中更多讨论的是建筑围护结构的节能问题。

本章的很大一部分条文定的是一些节能的原则，具体的实施需要更多细节的规定，尤其是第2、3节的条文更是如此。因此，除遵循本章规定的原则外，居住建筑的节能设计(包括施工与验收)更需要执行国家、行业以及地方的建筑节能相关标准。建筑节能相关标准的编制则应遵循本章规定的原则。

10.1 一 般 规 定

10.1.1 住宅应通过合理选择建筑的体形、朝向和窗墙面积比，增强围护结构的保温、隔热性能，使用能效比高的采暖和空气调节设备和系统，采取室温调控和热量计量措施来降低采暖、空气调节能耗。

【要点说明】

通常所说的建筑节能是指要降低建筑在使用过程中的能耗。建筑在其长达几十年的使用过程中，要消耗大量的能源以维持室内适合人们生活、生产和开展其他社会活动所必需的条件和环境。例如建筑内部需要照明，夏季需要空调，冬季需要采暖，另外建筑内部可能要供应热水、设置电梯、配置炊事设备等，所有这些都需要消耗能源。

在各种能耗中，采暖、空调和照明消耗的能源最多，而且其消耗的多少还与建筑的设计和建造有着密切的关系。

对于住宅建筑，建筑节能最主要的就是要降低采暖和空调能耗。在住宅建筑中降低采暖空调能耗有三个技术关键。第一是降低采暖、空调系统的负荷，第二是提高采暖、空调系统的效率，第三是提倡居住者的行为节能。

采暖、空调系统的负荷大小除了与建筑物所处地区的气候相关外，还与建筑设计以及建筑围护结构的热工性能有着直接而密切的关系。建筑物的体形系数过大(体形系数等于建筑物的外包面积除以建筑物的体积)、朝向不合理、窗墙面积比过大都会强化建筑物室内外之间的传热，从而增大采暖和空调的负荷。建筑围护结构的保温隔热能力差同样也会强化建筑物室内外之间的传热而增大采暖和空调的负荷。因此本条文的前半部分明确指出要“合理选择建筑的体形、朝向和窗墙面积比，增强围护结构的保温、隔热性能”。

使用能效比高的采暖和空气调节设备和系统可以达到少耗能多产出“热”和“冷”的目的，也就是提高了采暖、空调系统的效率。

居住者的行为节能对住宅的采暖、空调能耗也有很大的影响。例如，冬天出门上班家中无人时，将室温调低一些就可以直接节能。但是如果采暖系统并未提供调控温度的手段，即使居住者有很强的节能意识也无法对室温进行调节。另外在我国的采暖地区，传统上采暖是福利制，采暖费用与个人无关。最近一些年来，一些城市作了改革，但基本上还是按采暖面积收费而不是按消费的热量收取采暖费，不利于提高居住者行为节能的积极性。因此本条文明确要“采取室温调控和热量计量措施”。

本条文列举了住宅建筑中与采暖、空调能耗直接相关的各个因素，指明了住宅设计时应注意采取的建筑节能措施。

【实施与检查】

本条文的实施主要是在设计阶段，在设计阶段应检查设计图纸和其他设计文件，核查本条文的规定是否得到落实。

10.1.2 节能设计应采用规定性指标，或采用直接计算采暖、空气调节能耗的性能化方法。

【要点说明】

进行住宅节能设计可以采取的两种方法。第一种方法是规定性指标法，所谓规定性指标就是对所有那些与建筑采暖、空调能耗密切相关的因素都给出一个明确的控制指标，设计住宅时不得突破其中的任何一个指标。与建筑采暖、空调能耗密切相关的因素主要包括建筑的体形系数、建筑的窗墙面积比、外窗(门)的传热系数、外窗的遮阳系数、外墙的传热系数、屋顶的传热系数、锅炉的效率、供暖管网的输送效率、空调器的能效比等。一旦所有这些因素都得到了很好的控制，那么采暖空调的能耗也就因此得到了控制。

然而，并非所有的住宅的设计都能完全符合规定性指标的要求。例如为了使住宅更加通透，吸引住房购买者，很多住宅都开设了很大的窗户，使得窗墙面积比远远超过相应的规定性指标。之所以规定窗墙面积比不得超过一定的限制值，主要是考虑到窗的热工性能要比墙差得多，窗户面积过大，通过窗的室内外传热量就大，因此而引起的采暖、空调负荷就大。可见限制窗墙面积比实际上就是要限制室内外的传热。事实上，限制通过窗户的传热一方面可以通过限制窗户的面积来达到，另一方面也可以通过提高窗户的热工性能来达到。通过一个面积小但传热系数较大的窗的传热量，与通过另一个面积大但传热系数较小的窗的传热量可能是一样的。基于这样的考虑，住宅节能设计也可以采取另外一种方法。

住宅节能设计的第二种方法是性能化方法，所谓性能化方法就是并不对与建筑采暖、空调能耗密切相关的所有因素都给出一个明确的控制指标，而是直接对住宅在某种约定条件下的采暖、空调能耗规定一个限制值，所设计的住宅由计算得到的采暖、空调能耗不得突破这个限制值。

显然，住宅节能设计的规定性指标法考虑的是限制会影响最终结果(采暖、空调能耗)的各个环节，所有的环节都限制住了，最终的结果也就得到了控制。而住宅节能设计的性能化方法则是直接控制最终结果。两种方法各有利弊，殊途同归。

【实施与检查】

本条的实施是在设计阶段检查住宅设计是否经过节能审查。

10.1.3　住宅围护结构的构造应防止围护结构内部保温材料受潮。

【要点说明】

围护结构保温、隔热性能的优劣对住宅采暖、空气调节能耗的影响很大，而围护结构的保温、隔热主要是依靠保温材料来实现的。一般说来，保温材料受潮后其保温隔热性能会大打折扣，因此必须保证保温材料不受潮。

侵入建筑围护结构内部保温材料的水分可以来自室内、外两个方向。如果由于构造不当或施工缺陷，外墙面出现明显的裂缝，下雨、下雪时水分就会顺着裂缝渗入到墙里面的保温层中，造成保温材料受潮。另外，在北方地区，冬季室内空气的水蒸气分压力比室外空气的水蒸气分压力大，在水蒸气分压力差的作用下，水蒸气会通过墙体从室内传向室外。如果由于构造不当，墙体内部保温层外侧材料的水蒸气渗透阻大于墙体内部保温层内侧材料的水蒸气渗透阻，就会发生水蒸气容易进入保温层而又不容易出去的现象，造成水分在保温材料层中的积累，久而久之，保温材料也会因此而受潮。对于屋顶内部的保温材料层，情况同外墙类似，水分也可以从内、外两个方向侵入。

防止围护结构内部保温材料受潮要从内外两侧入手，一方面墙体的外表面不得出现明显的裂缝和其他缺陷，另一方面，保温层内侧应该选用水蒸气渗透阻大的材料，必要时在保温层的内表面设置隔汽层。

【实施与检查】

本条的实施分设计和施工两个阶段。在设计阶段核算墙体和屋面的水蒸气渗透阻，判定是否需要设置隔汽层。在施工阶段加强质量控制，避免墙面和屋面出现开裂。

10.1.4 住宅公共部位的照明应采用高效光源、高效灯具和节能控制措施。

【要点说明】

在住宅建筑中，除了采暖、空调外，照明也消耗着数量相当可观的能源，因此也要注意照明节能。

在住宅建筑的套内空间安装多少灯，安装何种灯是居住者的个人行为，一般说来不易干预。但是，除了套内空间外，住宅建筑内还有许多公共部位，如走廊、楼梯间、电梯前厅等。这些公共部位的照明主要受设计和物业管理的控制，因此本条文强调了公共部位的照明节能。

高效光源是指发光效率高的灯，例如各种节能灯、细管日灯等，这类灯功率小但发光效率远远超过传统的灯。灯具也有一个效率问题，例如常见的嵌入式隔栅灯，不好的隔栅会把光源发出的很大一部分光消耗在隔栅内部的相互反射、遮挡中，而好的隔栅则能将光很好地射出。

住宅公共部位长明灯的现象并不少见，不仅浪费电，而且缩短了灯的实际使用寿命，如不及时更换损坏的灯泡，又会常常出现黑走道、黑楼梯间等现象。住宅公共照明的节能措施就是要做到人来灯开，人走灯灭。其实从技术的角度讲，要做到这一点很容易，市场上有很多声控开关、光控开关、定时开关、延时开关等都能起到节能控制的作用。

【实施与检查】

在设计阶段要检查设计图纸及其他相关设计文件，在竣工阶段要核对所安装灯、灯具和开关。

10.1.5 住宅内使用的电梯、水泵、风机等设备应采取节电措施。

【要点说明】

随着人们居住水平的不断提高，住宅建筑使用的电梯、水泵、风机等机电设备越来越多，越来越普遍。这些设备在给居住者的生活带来便利的同时也消耗着大量的电能，因此也应该注意这类机电设备的节能问题。

在采暖、空调领域中涉及到住宅内应用的水泵、风机，一般情况下是指集中采暖系统中的循环水泵；户式中央(集中)空调系统中的风机(风道机)，或末端风机盘管机组中的风机；以及卫生间的排风机。其中耗能高的应该是集中采暖系统中的循环水泵，如何来选择合理的水泵型号，在《民用建筑节能设计标准(采暖居住建筑部分)》JGJ 26—95 中第5.2.11条有明确的规定。要说明的是，选择合理水泵的前提是供热采暖系统应该实现水力平衡。由于采暖系统在运行过程中，大部分时间都处于部分负荷工况下工作。因此，管道里的流量都低于设计值。也就是说，实际上在大部分时间里，末端设备并不需要向用户提供这么多的流量。因此，采取变频水泵进行变流量调节也是一种节能措施。

【实施与检查】

在设计阶段要检查设计图纸及其他相关设计文件，在竣工阶段要对系统进行调试。

10.1.6 住宅的设计与建造应与地区气候相适应，充分利用自然通风和太阳能等可再生能源。

【要点说明】

通常所说的“建筑节能”是指节约煤、油、天然气等能源。电，大都也是由这几种一次能源转换而来的，在我国绝大部分电来自于燃煤的电厂。之所以要节约煤、油、气主要有两个原因，一是因为煤、油、气都是不可再生的能源，而且地球上存储量有限。二是因为燃烧不可避免地要产生污染，破坏地球的大气环境。降低建筑物在长期正常使用期间的能耗，就可以少消耗宝贵的能源资源，同时也减轻对地球大气环境的污染。从这个意义上说，充分利用可再生能源来替代常规能源是一种更高层次的“节能”。国际上推崇的所谓“零能耗”住宅，实际上并不能真正做到不需要耗能，而是通过各种技术手段，将住宅的能耗需求降至很低的水平，同时这部分用能又直接或间接地使用可再生能源。

可再生能源的种类很多，太阳能、风能、潮汐能、水能、地热能等都可归入可再生能源的范畴。在住宅建筑中最直接可以利用的就是太阳能和风能。

在住宅建筑中太阳能的利用主要有光热利用和光电利用。

在住宅建筑中，太阳能热水器是最典型的光热利用。住宅建筑热水需求大，太阳能热水器又是一种非常成熟而且成本比较低的产品，很适合在住宅建筑中安装使用。目前，在工程实际中迫切需要解决的问题不在太阳能热水器本身，而在于太阳能热水系统与建筑的一体化结合上。

太阳能的光电利用是指在建筑的外表面(通常都是在屋顶上)安装光电转换板，将光能直接转换为电能。到目前为止，光电转换板的转换效率还是比较低，而且价格很高，在普通住宅建筑中应用较少。

风力发电是一种风能的利用方式，而且是一种很有潜力的可再生能源利用方式。在欧洲一些国家的可再生能源开发利用规划中，风力发电占有很高的比例。但是风力发电只适合在风力大的场合，通过大规模的利用才能充分体现出它的价值。住宅建筑通常都出现在城市或城镇中，城市和城镇通常都不具备大规模利用风力来发电的条件。因此，除了边远地区零星住宅(如草原牧区的定居点)由于距离电网很远，依靠小规模风力发电解决住宅的动力需求比较现实外，一般住宅利用风力发电满足自身用电需求的可行性不强。

住宅中利用风能的另外一种形式就是通过精心设计和建造，充分控制和利用自然通风。事实上，人们也一直在利用着自然通风，可开启的窗户就是为了自然通风。

自然通风虽然不像风力发电那样直接产生电能，但在室外气象条件良好的条件下，加强自然通风有助于大大缩短房间空调设备的实际运行时间，降低空调能耗。即使在炎热的夏季，也常常存在着凉爽的时段，在凉爽时段里自然通风的降温效果也是完全可以替代房间空调器的。自然通风还可以提高居住者的舒适感，有助于健康。

住宅能否获取足够的自然通风与通风开口面积的大小、通风开口之间的相对位置以及相对开口之间是否有障碍物密切相关。显然，开在同一面外墙上的两个窗的自然通风效果不如开在相对的两面外墙上的同样大小的窗好。相对开着的窗之间如果没有隔墙或其他遮挡，很容易出现“穿堂风”。这些都应该在住宅建筑设计和建造时加以考虑。

在住宅建筑中太阳能和风能是否值得利用，以及如何来利用都与建筑所处地区的气候特征有密切的关系。例如我国大部分地区的太阳能资源都很丰富，日照时间长，日照强度大，但是在成都地区太阳能资源就比较贫乏，一年的太阳辐射总量比较小，为了给居住者提供足够使用的生活热水，在成都地区需要的太阳能热水系统的集热器面积就要比在昆明地区大很多，因而成本会高很多，保证率也会低很多。

【实施与检查】

在设计阶段检查是否为利用可再生能源提供了便利。

10.2 规定性指标

10.2.1 住宅节能设计的规定性指标主要包括：建筑物体形系数、窗墙面积比、各部分围护结构的传热系数、外窗遮阳系数等。各建筑热工设计分区的具体规定性指标应根据节能目标分别确定。

【要点说明】

进行住宅节能设计可以采取本规范第10.1.2条所论及的规定性指标方法。所谓规定性指标就是对与建筑采暖空调能耗密切相关的所有因素都给出一个明确的控制指标，设计住宅时不得突破其中的任何一个指标。

进行住宅节能设计，建筑方面的规定性指标应包括建筑物的体形系数、窗墙面积比、墙体的传热系数、屋顶的传热系数、外窗的传热系数、外窗遮阳系数等。一旦所有这些参数都得到了很好的控制，那么采暖空调负荷就会因此而得到控制，采暖空调的最终能耗也就得到了控制。

由于规定这些指标的目的是限制最终的采暖、空调能耗，而采暖、空调能耗又与建筑所处地区的气候密切相关，因此参数具体的指标值也应该根据不同的建筑热工设计分区和最终允许的采暖、空调能耗确定。

我国幅员辽阔，南北东西之间气候差异很大。根据一月份和七月份的平均气温，全国960万平方公里的国土被分成了五个不同的建筑气候区，分别是：严寒地区、寒冷地区、夏热冬冷地区、夏热冬暖地区和温和地区。传统上严寒地区和寒冷地区又称作为采暖地区。

除温和地区外，我国绝大部分国土上的住宅建筑都需要通过采暖和空调来保证冬夏两季的室内热舒适环境。北方的严寒地区和寒冷地区主要考虑冬季采暖，南方的夏热冬暖地区主要考虑夏季空调，而地处长江中下游的夏热冬冷地区则要兼顾夏季空调和冬季采暖。

各地制定具体的规定性指标，例如规定墙体、屋顶、外窗的传热系数限值，显然要根据各自的气候情况来考虑。上海市住宅的墙体传热系数限值肯定要比哈尔滨市大得多。另外，指标的高低还同节能目标密切相关，为了取得更高的节能率，建筑围护结构的传热系数的限值就必须定得很严。各地的建筑节能设计标准都应依据此原则给出具体的指标。

本条文只涉及建筑本体方面的节能规定性指标。锅炉的效率、供暖管网的输送效率、空调器的能效比等设备方面的技术参数也是节能设计规定性指标的内容，在其他条款涉及。

【实施与检查】

本条文的实施可在设计阶段检查设计图纸，核对节能审查计算文件。

10.2.2 当采用冷水机组和单元式空气调节机作为集中式空气调节系统的冷源设备时，其性能系数、能效比不应低于表10.2.2-1和表10.2.2-2的规定值。

冷水(热泵)机组制冷性能系数　　表 10.2.2-1

类型		额定制冷量(kW)	性能系数(W/W)
水冷	活塞式/涡旋式	<528	3.80
		528～1163	4.00
		>1163	4.20
	螺杆式	<528	4.10
		528～1163	4.30
		>1163	4.60
	离心式	<528	4.40
		528～1163	4.70
		>1163	5.10
风冷或蒸发冷却	活塞式/涡旋式	≤50	2.40
		>50	2.60
	螺杆式	≤50	2.60
		>50	2.80

单元式空气调节机能效比　　表 10.2.2-2

类型		能效比(W/W)
风冷式	不接风管	2.60
	接风管	2.30
水冷式	不接风管	3.00
	接风管	2.70

【要点说明】

住宅建筑可以采取多种空调方式，如集中方式、分散方式。如果采用集中式空调系统，比如，由空调冷源站向多套住宅、多栋住宅楼、甚至住宅小区提供空调冷源(往往采用冷水)；或者，应用户式集中空调机组(户式中央空调机组)向一套住宅提供空调冷源(冷水、冷风)进行空调。当然，对于既需要空调也需要采暖地区，往往应用热泵型机组提供夏季空调冷源和冬季采暖的热源，本条文也涵盖这类热泵型机组。另外，本条文仅指用电驱动压缩机的冷水(热泵)机组和电驱动压缩机的单元式空调(热泵)机组。

集中空调系统中，冷源的能耗是空调系统能耗的主体。因此，冷源的能源效率对节省能源至关重要。性能系数、能效比是反映冷源能源效率的主要指标之一，为此，将冷源的性能系数、能效比作为必须达标的项目。

随着建筑业的持续增长，空调的进一步普及，中国已成为空调设备的制造大国。大部分世界级品牌都已在中国成立合资或独资企业，大大提高了机组的质量水平，产品已广泛应用于各类建筑。国家质量监督检验检疫总局和国家标准化管理委员会已于 2004 年 8 月 23 日发布了国家标准《冷水机组能效限定值及能源效率等级》GB 19577—2004，《单元式空气调节机能效限定值及能源效率等级》GB 19576—2004 等三个产品的强制性国家能效标准，规定 2005 年 3 月 1 日实施。标准将产品根据能源效率划分为 5 个等级，目的是配合我国能效标识制度的实施。能效等级的含义：1 等级是企业努力的目标；2 等级代表节能型产品的门槛(按最小寿命周期成本确定)；3、4 等级代表我国的平均水平；5 等级产品是未来淘汰的产品。目的是能够为消费者提供明确的信息，对其选择购买时提供帮助，并促进高效产品的市场开拓。

本条文规定的表10.2.2-1冷水(热泵)机组制冷性能系数(COP)值和表10.2.2-2单元式空气调节机能效比(EER)值，是根据国家标准《公共建筑节能设计标准》GB 50189—2005中5.4.5和5.4.8条强制性条文规定的能效限值。我们认为，对于采用集中空调系统的居民小区，或者设计阶段已完成户式中央空调系统设计的住宅，其冷源的能效规定应该等同于公共建筑。具体来说，对照“能效限定值及能源效率等级”标准，冷水(热泵)机组取用标准“能源效率等级指标”中的规定值为：活塞/涡旋式采用第5级，水冷离心式采用第3级，螺杆机则采用第4级；单元式空气调节机中，取用标准“能源效率等级指标”中的第4级。

【实施与检查】

在设计阶段实施；检查设计图纸及说明书，核对所安装设备的能效值。

10.3 性能化设计

10.3.1 性能化设计应以采暖、空调能耗指标作为节能控制目标。

【要点说明】

本规范第10.1.2条规定住宅节能设计也可以采用性能化方法。性能化设计方法的个特征是不对具体的每一个细节提出刚性的要求，而是直接关注这些细节所导致的最终结果。住宅建筑节能的最主要的直接目的是降低住宅的采暖空调能耗，所以住宅建筑节能的性能化设计当然要以采暖、空调能耗为控制目标。

住宅建筑节能设计的常规方法是对与建筑采暖、空调能耗密切相关的所有因素都给出一个明确的控制指标，例如对建筑物的体形系数、窗墙面积比、墙体的传热系数、屋顶的传热系数、外窗的传热系数、外窗遮阳系数、锅炉的效率、供暖管网的输送效率、空调器的能效比等都给出一个限值，所设计的住宅每一个对应的参数都不得突破规定的限值。而住宅建筑节能设计的性能化设计则并不关注与建筑采暖、空调能耗密切相关的所有因素是否都符合规定，而是直接计算住宅在某种约定条件下的采暖、空气调节能耗，并且保证计算得到的这个能耗值不超过某一个事先规定好的限值。

10.3.2 各建筑热工设计分区的控制目标限值应根据节能目标分别确定。

【要点说明】

采暖、空调能耗与建筑所处地区的气候密切相关，节能性能化设计所控制的目标应根据不同的气候区而定。例如在严寒地区，夏季住宅建筑没有空调降温的需求，所以性能化设计的控制目标应该仅仅是采暖能耗或另外一个能够反映采暖能耗的参数。而在夏热冬暖地区，冬季住宅也很少有采暖需求，所以性能化设计的控制目标可能仅仅是空调能耗或另外一个能够反映空调能耗的参数。

无论采取哪一种具体的控制目标，节能设计的性能化方法都要牵涉到该具体控制目标的限值。例如在严寒地区取采暖能耗为控制目标，则还必须规定住宅采暖能耗的最高允许值，只有当所设计建筑的通过计算得出的采暖能耗不超过最高允许值，所设计的建筑才是一个符合节能要求的住宅。

节能是一个相对的概念，通常都将在一个能耗基础上节能百分之多少，显然节能率越高，性能化设计方法控制目标的限值就越小。例如，北京市实行住宅节能50%时，允许的建筑耗热量是20.6W/m²，到了实行节能65%时，允许的建筑耗热量就降到了14.6W/m²。

各地的建筑节能设计标准如果允许使用性能化设计方法，都应依据本条文的原则给出具体的采暖、空调能耗限值，或者给出与采暖、空调能耗一一对应的参数(如北方采暖住宅的耗热量)的限值。

【实施与检查】

本条文的实施可在设计阶段检查设计图纸，核对节能审查计算文件。

10.3.3 性能化设计的控制目标和计算方法应符合下列规定：

1 严寒、寒冷地区的住宅应以建筑物耗热量指标为控制目标。

建筑物耗热量指标的计算应包含围护结构的传热耗热量、空气渗透耗热量和建筑物内部得热量三个部分，计算所得的建筑物耗热量指标不应超过表10.3.3-1的规定。

建筑物耗热量指标(W/m²) **表10.3.3-1**

地名	耗热量指标	地名	耗热量指标	地名	耗热量指标	地名	耗热量指标	地名	耗热量指标
北京市	14.6	博克图	22.2	齐齐哈尔	21.9	新乡	20.1	西宁	20.9
天津市	14.5	二连浩特	21.9	富锦	22.0	洛阳	20.0	玛多	21.5
河北省		多伦	21.8	牡丹江	21.8	商丘	20.1	大柴旦	21.4
石家庄	20.3	白云鄂博	21.6	呼玛	22.7	开封	20.1	共和	21.1
张家口	21.1	辽宁省		佳木斯	21.9	四川省		格尔木	21.1
秦皇岛	20.8	沈阳	21.2	安达	22.0	阿坝	20.8	玉树	20.8
保定	20.5	丹东	20.9	伊春	22.4	甘孜	20.5	宁夏	
邯郸	20.3	大连	20.6	克山	22.3	康定	20.3	银川	21.0
唐山	20.8	阜新	21.3	江苏省		西藏		中宁	20.8
承德	21.0	抚顺	21.4	徐州	20.0	拉萨	20.2	固原	20.9
丰宁	21.2	朝阳	21.1	连云港	20.0	葛尔	21.2	石嘴山	21.0
山西省		本溪	21.2	宿迁	20.0	日喀则	20.4	新疆	
太原	20.8	锦州	21.0	淮阴	20.0	陕西省		乌鲁木齐	21.8
大同	21.1	鞍山	21.1	盐城	20.0	西安	20.2	塔城	21.4
长治	20.8	葫芦岛	21.0	山东省		榆林	21.0	哈密	21.3
阳泉	20.5	吉林省		济南	20.2	延安	20.7	伊宁	21.1
临汾	20.4	长春	21.7	青岛	20.2	宝鸡	20.1	喀什	20.7
晋城	20.4	吉林	21.8	烟台	20.2	甘肃省		富蕴	22.4
运城	20.3	延吉	21.5	德州	20.5	兰州	20.8	克拉玛依	21.8
内蒙古		通化	21.6	淄博	20.4	酒泉	21.0	吐鲁番	21.1
呼和浩特	21.3	双辽	21.6	兖州	20.4	敦煌	21.0	库车	20.9
锡林浩特	22.0	四平	21.5	潍坊	20.4	张掖	21.0	和田	20.7
海拉尔	22.6	白城	21.8	河南省		山丹	21.1		
通辽	21.6	黑龙江		郑州	20.0	平凉	20.6		
赤峰	21.3	哈尔滨	21.9	安阳	20.3	天水	20.3		
满洲里	22.4	嫩江	22.5	濮阳	20.3	青海省			

2　夏热冬冷地区的住宅应以建筑物采暖和空气调节年耗电量之和为控制目标。

建筑物采暖和空气调节年耗电量应采用动态逐时模拟方法在确定的条件下计算。计算条件应包括：

1）居室室内冬、夏季的计算温度；

2）典型气象年室外气象参数；

3）采暖和空气调节的换气次数；

4）采暖、空气调节设备的能效比；

5）室内得热强度。

计算所得的采暖和空气调节年耗电量之和，不应超过表10.3.3-2按采暖度日数HDD18列出的采暖年耗电量和按空气调节度日数CDD26列出的空气调节年耗电量的限值之和。

建筑物采暖年耗电量和空气调节年耗电量的限值　　表10.3.3-2

HDD18(℃·d)	采暖年耗电量 E_h(kWh/m²)	CDD26(℃·d)	空气调节年耗电量 E_c(kWh/m²)
800	10.1	25	13.7
900	13.4	50	15.6
1000	15.6	75	17.4
1100	17.8	100	19.3
1200	20.1	125	21.2
1300	22.3	150	23.0
1400	24.5	175	24.9
1500	26.7	200	26.8
1600	29.0	225	28.6
1700	31.2	250	30.5
1800	33.4	275	32.4
1900	35.7	300	34.2
2000	37.9		
2100	40.1		
2200	42.4		
2300	44.6		
2400	46.8		
2500	49.0		

3　夏热冬暖地区的住宅应以参照建筑的空气调节和采暖年耗电量为控制目标。

参照建筑和所设计住宅的空气调节和采暖年耗电量应采用动态逐时模拟方法在确定的条件下计算。计算条件应包括：

1）居室室内冬、夏季的计算温度；

2）典型气象年室外气象参数；

3）采暖和空气调节的换气次数；

4）采暖、空气调节设备的能效比。

参照建筑应按下列原则确定：

1）参照建筑的建筑形状、大小和朝向均应与所设计住宅完全相同；

2）参照建筑的开窗面积应与所设计住宅相同，但当所设计住宅的窗面积超过规定性指标时，参照建筑的窗面积应减小到符合规定性指标；

3）参照建筑的外墙、屋顶和窗户的各项热工性能参数应符合规定性指标。

【要点说明】

住宅节能设计的性能化方法是对住宅在某种约定条件下的采暖、空气调节理论能耗规定一个限制值，所设计的住宅计算得到的采暖、空气调节能耗不得突破这个限制值。

采暖、空调能耗与建筑所处地区的气候密切相关，因此具体的限制值也应该根据具体的气候条件确定。

目前基本上按三种不同的气候条件来考虑住宅节能设计的性能化方法的具体落实。第一种是北方寒冷和严寒地区的气候条件，在这种条件下只需要考虑采暖能耗。第二种是中部夏热冬冷地区的气候条件，在这种条件下不仅要考虑采暖能耗而且也要考虑空调能耗。第三种是南方夏热冬暖地区的气候条件，在这种条件下主要考虑空调能耗。

对我国北方严寒和寒冷地区的住宅，本条文规定以建筑物耗热量指标为控制目标，根据各个城市的气象条件，表10.3.3-1给出了建筑物耗热量指标的限值。也就是说，对严寒和寒冷地区的住宅建筑实施节能的性能化设计时，计算得到的耗热量指标不得超过表中对应的数值。

耗热量指标构成包括围护结构的传热耗热量、空气渗透耗热量和建筑物内部得热量三个部分。

耗热量指标是一个与采暖能耗一一对应的参数。从单位上看，它是一个“功率”。正如电器的功率乘以使用时间就得到该电器消耗的电能一样，耗热量指标乘以采暖期的时间长度就得到在一个采暖期内需要向每平方米住宅建筑提供的热量，将这份热量除以锅炉的效率，除以供热管网的输送效率，就得到每平方米住宅建筑一个采暖期消耗的热量。再将这个数值除以标准煤的热值，就是每平方米住宅建筑的采暖能耗。

对我国中部夏热冬冷地区的住宅，本条文规定以建筑物采暖和空气调节年耗电量之和为控制目标，各个城市的气象条件，表10.3.3-2给出了不同采暖度日数HDD18和不同空调度日数CDD26各自对应的建筑物采暖和空气调节年耗电量的限值。也就是说，对夏热冬冷地区的住宅实施节能的性能化设计时，计算得到的建筑物采暖和空气调节年耗电量不得超过表中对应的数值。

表10.3.3-2没有像表10.3.3-1那样直接给出每一个城市的能耗参数限值，而是按采暖度日数HDD18给出了采暖耗电量限值，按空调度日数CDD26给出了空调耗电量限值。

采暖度日数HDD18是个专门的术语，HDD是英语采暖度日（Heating Degree Day）三个词的词头缩写，18则是表示这个采暖度日数是以18℃为基础计算的。一个地方室外空气温度是随时变化的，每天都有一个不同的日平均温度。一年365日中，有些天的日平均温度高于 18℃，有些天则低于 18℃。将每一个低于 18℃的日平均温度与 18℃之间的差乘以 1 天，然后累加起来，就得到了该地以 18℃为基准的采暖度日数 HDD18。

一个地方的采暖度日数 HDD18 大致反映了该地气候的寒冷程度。例如，哈尔滨的采暖度日数 HDD18 大致是 5000 左右，而合肥市则大致是 1000 左右。

空调度日数 CDD26 也是个专门的术语，CDD 是英语制冷度日(Cooling Degree Day)三个词的词头缩写，26 则是表示这个空调度日数是以 26℃为基础计算的。一年 365 日中，有些天的日平均温度高于 26℃，有些天则低于 26℃。将每一个高于 26℃的日平均温度与 26℃之间的差乘以 1 天，然后累加起来，就得到了以 26℃为基准的空调度日数 CDD26。

一个地方的空调度日数 CDD26 大致反映了该地气候的炎热程度。例如，哈尔滨的采暖度日数 CDD26 仅为 15 左右，完全可以忽略不计，而合肥市则大致是 260 左右。

合肥市处在夏热冬冷地区，按照合肥市的 HDD18 和 CDD26，采用内插的方法可以从 10.3.3-2 计算出合肥市住宅建筑年采暖和空调年耗电量限值。对合肥市的住宅实施节能的性能化设计时，计算得到的所设计建筑物的采暖和空气调节年耗电量之和不得超过依据合肥市的 HDD18 和 CDD26 根据表 10.3.3-2 算出的限值。

本条文规定在夏热冬冷地区计算建筑物采暖和空气调节年耗电量应采用动态逐时模拟方法。这是由夏热冬冷地区的气候特性决定的。在夏热冬冷地区室内外温差与北方寒冷地区相比很小，一天之内温度的波动对围护结构传热的影响比较大。尤其是在夏季，白天室外气温很高，又有很强的太阳辐射，热量通过围护结构从室外传入室内；夜里室外温度下降比室内温度快，热量有可能通过围护结构从室内传向室外。由于这个原因，为了比较准确地计算采暖、空调负荷，需要采用动态计算方法，逐时地计算传热和采暖空调能耗。动态计算方法比较复杂，必须依靠专门的计算机软件才能完成。

由于计算得到的采暖、空调耗电量与许多计算条件有关，为了维护计算的严肃性，也为了不同计算程序的计算结果之间的可比性。本条文对影响计算采暖、空调能耗的一些条件进行了明确的规定。这也是保证性能化方法的公正性和惟一性所必需的。

对我国南方夏热冬暖地区的住宅，本条文规定以参照建筑的空气调节和采暖年耗电量为控制目标。

参照建筑是一个与实际所设计的建筑相对应的虚拟建筑，实际并不存在。之所以要引出参照建筑这个概念主要是要为进行性能化节能设计的住宅建筑设定一个能耗限值。参考建筑与所设计的实际建筑在大小、形状等方面完全一致，但是它的围护结构等与建筑空调、采暖能耗有关的性能参数完全满足当地规定性指标的要求，因此它是一栋符合节能要求的建筑，它的空调和采暖计算能耗可以作为所设计的实际建筑的空调、采暖能耗的限值。

本条文规定在夏热冬暖地区计算建筑物空气调节和采暖年耗电量应采用动态逐时模拟方法。这一点与夏热冬冷地区是一样的，所不同的是在夏热冬冷地区的一个城市里，采暖和空调年耗电量之和的限值对所有的建筑都是相同的。而在夏热冬暖地区即使在一个城市里，不同的建筑有各自的空调和采暖年耗电量限值。

夏热冬冷地区和夏热冬暖地区两种不同的能耗限值方法各有利弊，前者在一个城市内统一，便于管理，但是未顾及不同建筑之间的差异，例如低层建筑要达到与高层建筑同样的能耗水平，就必须在围护结构上采取严得多的措施。而后者则充分顾及了不同建筑之间的差异，允许由于建筑本身的差异带来的在采暖、空调能耗方面的差异。

对夏热冬暖地区住宅建筑节能实施性能化设计计算工作量大，因为每一栋建筑都需要先构造一栋虚拟的参照建筑，好在这些工作都可以依靠计算机程序来完成。

与夏热冬冷地区的性能化设计一样，为了性能化方法的公正性和惟一性，也为了不同计算程序的计算结果之间的可比性。本条文对影响计算夏热冬暖地区住宅空调、采暖能耗的一些条件也进行了明确的规定。

【实施与检查】

本条文的实施可在设计阶段检查设计图纸，核对节能审查计算文件。

第11章　使用与维护

11.0.1　住宅应满足下列条件，方可交付用户使用：

1　由建设单位组织设计、施工、工程监理等有关单位进行工程竣工验收，确认合格；取得当地规划、消防、人防等有关部门的认可文件或准许使用文件；在当地建设行政主管部门进行备案；

2　小区道路畅通，已具备接通水、电、燃气、暖气的条件。

【要点说明】

住宅竣工验收合格，取得当地规划、消防、人防等有关部门的认可文件或准许使用文件，并满足地方建设行政主管部门规定的备案要求，才能说明住宅已经按要求建成。在此基础上，住宅具备接通水、电、燃气、暖气等条件后，可交付使用。本条的要点共有四个方面：①住宅验收合格；②取得当地规划、消防、人防等有关部门的认可文件或准许使用文件；③在当地建设行政主管部门备案；④具备接通水、电、燃气、暖气等条件。

我国《建筑法》和《建设工程质量管理条例》明确规定："建设工程竣工验收合格后，方可交付使用，未经验收或者验收不合格的，不得交付使用"。《建设工程质量管理条例》和《房屋建筑工程和市政基础设施工程竣工验收暂行规定》规定："建设单位应当自工程竣工验收合格之日起15日内，向工程所在地的县级以上地方人民政府建设行政主管部门备案"。

建筑工程质量备案的流程是：

建筑工程完工后，施工单位向建设单位提交工程竣工报告，申请工程竣工验收。建设单位组织勘察、设计、施工、监理单位进行工程的竣工验收。负责监督该工程的质量监督机构对工程竣工验收的组织形式、验收程序、执行验收标准等情况进行现场监督，并依据工程竣工验收的监督情况和日常监督情况，提出工程质量监督报告，报告备案机关。根据《建筑法》、《建设工程质量管理条例》和《建筑工程施工质量验收统一标准》，建筑工程竣工验收合格之日起15日内，一般应按下列程序办理竣工备案手续：

1. 建设单位向承监质监站领取《房屋建筑工程竣工验收备案表》，并如实填写；

2. 建设单位提交备案所必须的其他资料，将备案文件报送承监质监站；

3. 承监质监站收到建设单位报送的竣工验收备案文件，经验证文件齐全后，在《房屋建筑工程竣工验收备案表》上签署审查意见；

4. 建设单位和承监质监站将《房屋建筑工程竣工验收备案表》和质量监督报告送备案部门审核，经审核符合规定的，由备案部门在《房屋建筑工程竣工验收备案表》上盖章，或给建设单位核发《房屋建筑工程竣工验收备案证》。

由此可见，建筑工程竣工后从施工单位自检，到建设单位、勘察设计单位、施工单位、监理单位联合组织验收，到最后报建筑工程质量监督机构监督、审核备案，核发《房屋建筑工程竣工验收备案证》，是建筑工程竣工验收的完整工作流程。因此，建设行政管理机关核发的《房屋建筑工程竣工验收备案证》是工程验收工作中惟一对社会公众具有公示效力的法定证明文件。

根据现行法规，建筑工程未经建设行政主管部门备案，不得交付使用。房屋竣工验收不仅包括该工程土建部分和配套设施安装部分的验收，还包括建设工程档案的验收、消防设施的验收、特种设备的验收、人民防空工程的验收、环境质量的验收、规划验收等涉及许多其他主管部门必须参与的强制性验收，以上验收内容不合格则工程不能交付使用，不具备工程竣工验收备案的条件，无法取得《房屋建筑工程竣工验收备案证》。

《房屋建筑工程竣工验收备案表》是建设单位申请工程竣工备案审批过程的流程记载，各参与单位对申请备案工程分别依该表格的先后顺序签署意见，最后备案机关在该表格签署意见的时间才是建设单位取得《房屋建筑工程竣工验收备案证》的时间。开发商在房屋交付使用时，应将《房屋建筑工程竣工验收备案证》向购房人公示。此外，房产管理机关在接受开发商申请办理房屋产权登记备案时，也要求开发商提供《房屋建筑工程竣工验收备案证》。

《行政许可法》于2004年7月1日起实施以来，由于建筑工程竣工验收备案不具备行政许可的四个特征，不属于行政许可的范畴，所以建设部及各地方政府并未将备案制度列为行政许可事项。但建筑工程质量监督和竣工验收备案制度是《建筑法》和《建设工程质量管理条例》所规定的法律制度，是政府加强建筑市场监管，防止不合格工程流向社会的一个重要手段，因此仍应当切实、有效地执行。

【实施与检查】

建设单位负责组织实施竣工验收，并负责报备，是否满足交付使用条件由当地政府建设行政主管部门负责检查。

11.0.2 住宅应推行社会化、专业化的物业管理模式。建设单位应在住宅交付使用时，将完整的物业档案移交给物业管理企业，内容包括：

1 竣工总平面图，单体建筑、结构、设备竣工图，配套设施和地下管网工程竣工图，以及相关的其他竣工验收资料；

2 设施设备的安装、使用和维护保养等技术资料；

3 工程质量保修文件和物业使用说明文件；

4 物业管理所必需的其他资料。

物业管理企业在服务合同终止时，应将物业档案移交给业主委员会。

【要点说明】

物业档案是实行物业管理必不可少的重要资料，归小区全体业主共同所有，其所有权由业主委员会行使。物业档案是物业管理区域内对所有房屋、设备、管线等进行正确使用、维护、保养和修缮的技术依据，因此必须妥为保管。物业档案最初应由建设单位在小区建设过程中负责形成和建立，在物业交付使用时由建设单位移交给物业管理企业。每个物业管理企业均应保证物业档案的完好，并及时增补新的内容，在服务合同终止时，物业管理企业应将物业档案移交给业主委员会，由业主委员会再移交给新的物业管理企业。

【实施与检查】

建设单位负责物业档案的形成和建立；业主委员会代表全体业主行使物业档案的所有权；物业管理企业受业主委员会委托行使物业档案的管理权。

小区物业档案的管理情况，由当地政府房地产行政主管部门负责检查。

根据国务院《物业管理条例》的规定，不移交有关资料的，由县级以上地方人民政府房地产行政主管部门责令限期改正；逾期仍不移交有关资料的，对建设单位、物业管理企业予以通报，处1万元以上10万元以下的罚款。

11.0.3　建设单位应在住宅交付用户使用时提供给用户《住宅使用说明书》和《住宅质量保证书》。

《住宅使用说明书》应当对住宅的结构、性能和各部位(部件)的类型、性能、标准等做出说明，提出使用注意事项。《住宅使用说明书》应附有《住宅品质状况表》，其中应注明是否已进行住宅性能认定，并应包括住宅的外部环境、建筑空间、建筑结构、室内环境、建筑设备、建筑防火和节能措施等基本信息和达标情况。

《住宅质量保证书》应当包括住宅在设计使用年限内和正常使用情况下各部位、部件的保修内容和保修期，用户报修的单位，以及答复和处理的时限等。

【要点说明】

国务院《城市房地产开发经营管理条例》第三十一条规定："房地产开发企业应当在商品房交付使用时，向购买人提供住宅质量保证书和住宅使用说明书。""住宅质量保证书应当列明工程质量监督部门核验的质量等级、保修范围、保修期和保修单位等内容。房地产开发企业应当按照住宅质量保证书的约定，承担商品房保修责任。""保修期内，因房地产开发企业对商品房进行维修，致使房屋原使用功能受到影响，给购买人造成损失的，应当依法承担赔偿责任。"

《住宅使用说明书》是指导用户正确使用住宅的技术文件，根据建设部《商品住宅实行住宅质量保证书和住宅使用说明书制度的规定》，《住宅使用说明书》应当对住宅的结构、性能和各部位(部件)的类型、性能、标准等作出说明，并提出使用注意事项，一般应当包含以下内容：

1. 开发单位、设计单位、施工单位，委托监理的应注明监理单位；
2. 结构类型；
3. 装修、装饰注意事项；
4. 上水、下水、电、燃气、热力、通信、消防等设施配置的说明；
5. 有关设备、设施安装预留位置的说明和安装注意事项；
6. 门、窗类型，使用注意事项；
7. 配电负荷；
8. 承重墙、保温墙、防水层、阳台等部位注意事项的说明；
9. 其他需说明的问题。

此外，文件中还规定，住宅中配置的设备、设施，生产厂家另有使用说明书的，应附于《住宅使用说明书》中。

从1999年下半年起，我国开始建立住宅性能认定制度，2005年建设部又批准发布了《住宅性能评定技术标准》GB/T 50362—2005。本条要求《住宅使用说明书》附有《住宅品质状况表》，其中应注明是否已进行住宅性能认定，并应包括住宅的外部环境、建筑空间、建筑结构、室内环境、建筑设备、建筑防火和节能措施等基本信息和达标情况，体现了对消费者知情权的尊重。

《住宅质量保证书》是建设单位按照政府统一规定提交给用户的住宅保修证书，在规定的保修期内，一旦出现属于保修范围内的质量问题，用户可以按照《住宅质量保证书》的提示获得保修服务。根据建设部《商品住宅实行住宅质量保证书和住宅使用说明书制度的规定》，《住宅质量保证书》应当包括以下内容：

1. 工程质量监督部门核验的质量等级。

2. 地基基础和主体结构在合理使用寿命年限内承担保修。

3. 正常使用情况下各部位、部件保修内容与保修期：

屋面防水3年；

墙面、厨房和卫生间地面、地下室、管道渗漏1年；

墙面、顶棚抹灰层脱落1年；

地面空鼓开裂、大面积起砂1年；

门窗翘裂、五金件损坏1年；

管道堵塞2个月；

供热、供冷系统和设备1个采暖期或供冷期；

卫生洁具1年；

灯具、电器开关6个月；

其他部位、部件的保修期限，由房地产开发企业与用户自行约定。

4. 用户报修的单位，答复和处理的时限。

【实施与检查】

《住宅使用说明书》和《住宅质量保证书》由建设单位负责提供给用户，当地政府建设行政主管部门负责检查。

11.0.4　用户应正确使用住宅内电气、燃气、给水排水等设施，不得在楼面上堆放影响楼盖安全的重物，严禁未经设计确认和有关部门批准擅自改动承重结构、主要使用功能或建筑外观，不得拆改水、暖、电、燃气、通信等配套设施。

【要点说明】

用户正确使用住宅设备，不擅自改动住宅主体结构等，是保证正常安全居住的基本要求。鉴于住户擅自改动住宅主体结构、拆改配套设施等情况时有发生，本条对此做了严格限制。

建设部《住宅室内装饰装修管理办法》规定，住宅室内装饰装修活动，禁止下列行为：

（一）未经原设计单位或者具有相应资质等级的设计单位提出设计方案，变动建筑主体和承重结构；

（二）将没有防水要求的房间或者阳台改为卫生间、厨房间；

（三）扩大承重墙上原有的门窗尺寸，拆除连接阳台的砖、混凝土墙体；

（四）损坏房屋原有节能设施，降低节能效果；

（五）其他影响建筑结构和使用安全的行为。

《住宅室内装饰装修管理办法》同时规定，装修人从事住宅室内装饰装修活动，未经批准，不得有下列行为：

（一）搭建建筑物、构筑物；

（二）改变住宅外立面，在非承重外墙上开门、窗；

（三）拆改供暖管道和设施；

（四）拆改燃气管道和设施。

近几年，在住宅二次装修中，经常发生楼板超载和擅自改动承重结构、管线设备的情况，造成结构安全隐患、用电安全隐患和防水构造的破坏，不仅影响正常使用功能，也威胁着居民的生命财产安全，因此，对这些行为必须予以制止。

【实施与检查】

根据国务院《物业管理条例》，建设单位应当在销售物业之前，制定业主临时公约，对有关物业的使用、维护、管理，业主的共同利益，业主应当履行的义务，违反公约应当承担的责任等事项依法作出约定。通过贯彻建设部《住宅室内装饰装修管理办法》，要求需要装饰装修房屋的业主事先告知物业管理企业，由物业管理企业将房屋装饰装修中的禁止行为和注意事项告知业主。

本条规定由物业管理企业代表业主委员会对用户个人的遵守情况进行检查。对于用户违反《住宅室内装饰装修管理办法》等法律、法规规定的行为，物业管理企业应当制止，并及时向有关行政管理部门报告。有关行政管理部门在接到物业管理企业的报告后，应当依法对违法行为予以制止或者依法处理。

11.0.5　对公共门厅、公共走廊、公共楼梯间、外墙面、屋面等住宅的共用部位，用户不得自行拆改或占用。

【要点说明】

共用部位主要指公共门厅、公共走廊、公共楼梯间、外墙面、屋面等。建设部《公有住宅售后维修养护管理暂行办法》规定，业主“不得擅自侵占住宅的共用部位和共用设施设备，不得擅自增加或者减少对该幢住宅共用设施设备正常运行有影响的自用设备。”规定不允许自行拆改或占用共用部位，既是为了维护公众居住权益，也是为了防止因自行拆改而留下结构安全隐患，危及人员的生命安全。

【实施与检查】

由物业管理单位代表业主进行实施与检查。

11.0.6　住宅和居住区内按照规划建设的公共建筑和共用设施，不得擅自改变其用途。

【要点说明】

目前，建设单位、物业管理企业或其他相关部门擅自将居住区内按照规划建设的公共建筑和共用设施改为其他经营场所的情况时有发生，严重侵害了业主的利益，干扰了正常的居住生活，因此必须制止。

国务院《物业管理条例》中关于住宅和居住区内按照规划建设的公共建筑和共用设施，有以下若干相关规定：

业主对物业共用部位、共用设施设备和相关场地使用情况享有知情权和监督权；

业主大会有权制定、修改物业管理区域内物业共用部位和共用设施设备的使用、公共秩序和环境卫生的维护等方面的规章制度；

业主依法享有的物业共用部位、共用设施设备的所有权或者使用权，建设单位不得擅自处分；

物业管理企业承接物业时，应当对物业共用部位、共用设施设备进行查验；

物业管理区域内按照规划建设的公共建筑和共用设施，不得改变用途；

业主依法确需改变公共建筑和共用设施用途的，应当在依法办理有关手续后告知物业管理企业；物业管理企业确需改变公共建筑和共用设施用途的，应当提请业主大会讨论决定同意后，由业主依法办理有关手续；

专项维修资金属业主所有，专项用于物业保修期满后物业共用部位、共用设施设备的维修和更新、改造，不得挪作他用；

利用物业共用部位、共用设施设备进行经营的，应当在征得相关业主、业主大会、物业管理企业的同意后，按照规定办理有关手续，所得收益应当主要用于补充专项维修资金，也可以按照业主大会的决定使用。

【实施与检查】

擅自处分属于业主的物业共用部位、共用设施设备的所有权或者使用权的，由县级以上地方人民政府房地产行政主管部门处 5 万元以上 20 万元以下的罚款；给业主造成损失的，依法承担赔偿责任；

擅自改变物业管理区域内按照规划建设的公共建筑和共用设施用途，或擅自利用物业共用部位、共用设施设备进行经营的，由县级以上地方人民政府房地产行政主管部门责令限期改正，给予警告，并按规定处以罚款，所得收益，用于物业管理区域内物业共用部位、共用设施设备的维修、养护，剩余部分按照业主大会的决定使用。

11.0.7 物业管理企业应对住宅和相关场地进行日常保养、维修和管理；对各种共用设备和设施，应进行日常维护、按计划检修，并及时更新，保证正常运行。

【要点说明】

住宅结构以及相关设备设施，如电梯等，既关系住宅的使用功能，又关乎居民的人身安全，因此必须作好日常维修保养，保证正常使用。

国务院《物业管理条例》中关于对住宅、居住区场地和各种共用设备设施的维修管理，有以下规定：

物业管理企业应当按照物业服务合同的约定，提供相应的服务，如物业管理企业未能履行物业服务合同的约定，导致业主人身、财产安全受到损害的，应当依法承担相应的法律责任。

业主、物业管理企业不得擅自占用、挖掘物业管理区域内的道路、场地，损害业主的共同利益；

因维修物业或者公共利益，业主确需临时占用、挖掘道路、场地的，应当征得业主委员会和物业管理企业的同意；物业管理企业确需临时占用、挖掘道路、场地的，应当征得业主委员会的同意；

业主、物业管理企业应当将临时占用、挖掘的道路、场地，在约定期限内恢复原状；

供水、供电、供气、供热、通信、有线电视等单位，应当依法承担物业管理区域内相关管线和设施设备维修、养护的责任；如因维修、养护等需要，临时占用、挖掘道路、场地的，应当及时恢复原状；

物业存在安全隐患，危及公共利益及他人合法权益时，责任人应当及时维修养护，有关业主应当给予配合；责任人不履行维修养护义务的，经业主大会同意，可以由物业管理企业维修养护，费用由责任人承担。

【实施与检查】

由物业管理单位实施。业主委员会和当地政府房地产行政主管部门负责检查。

11.0.8　必须保持消防设施完好和消防通道畅通。

【要点说明】

建国以来，由于我国住宅大量采用以难燃或不燃建筑材料为主的结构形式，如砖混结构或钢筋混凝土结构等，因此，我国居民的防火灾意识相对比较淡漠。居住小区内按规定设置的消防设施，往往得不到人们重视，日久天长，丢失损坏的现象时有发生。一旦遭遇火灾，消火栓箱里找不到水龙带，或消火栓系统没水，或灭火器丢失，或药品过期失效等问题层出不穷，往往延误了宝贵的抢救时间，成倍地扩大了火灾损失。

由于汽车乱停、违章建筑及违章设置等原因造成消防通道堵塞，致使消防车无法及时进入火场扑救，会导致重大火灾损失的事件。

【实施与检查】

由物业管理单位或住宅管理单位负责落实，当地消防部门检查。

第三篇 专 题 论 述

专题一 住宅建筑日照

（中国城市规划设计研究院 赵文凯 王玮华）

国家标准《住宅建筑规范》GB 50368—2005（以下简称《本规范》）第4.1.1条取自国家标准《城市居住区规划设计规范》GB 50180—93（2002年版）（以下简称《居住区规范》）中第5.0.2条。"住宅建筑日照标准"作为强制性条文颁布实施以后，一些地方在实施中对住宅的日照标准仍存在一些争议，甚至对《居住区规范》中住宅日照标准的科学性与适用性等提出疑义，如是否需要"住宅日照标准"、是否有必要把"住宅日照标准"作为强制性标准等。为便于理解和澄清实践中的一些争议，利于执行本条，特立此专题进行较详细的论述。

一、住宅日照的起源与发展

1. 阳光是中国传统居住文化的基本要素之一

我国的传统建筑的主要房间强调向阳布置，不但能获得充足光照，感受阳光温暖，促使身心舒畅、增进人体健康，而且更具有吉祥之意，这种传统文化要素一直延续至今。以目前投放市场的住宅建筑产品为例：朝阳套型，特别是朝南套型比朝北套型价位高出许多；层数越高房价越贵且易于出售。其主要原因不但因视野开阔，更重要的是可获取充足的阳光。

2. 住宅日照是现代城市规划体系建立的直接动因之一

分析国外经验，英国作为工业革命的起源地，也是最早发生大规模城市化运动的国家，所以1875年英国的《公共卫生法》（Public Health Act，1875）规定地方当局有权制定规划实施细则，规范街道的最小宽度，以保证建筑物拥有基本充足的空气流通和日照。1890年的《工人阶级住宅法》（The Housing of the Working Class Act，1890）要求地方政府采取具体措施对不符合卫生条件的居民区（包括居室不能摄入充足的阳光的住宅）进行改造。1909年，随着这一系列工作的推进，第一部城市规划法（The Housing Town Planning，etc Act，1909）在英国出现，这标志着英国城市规划体系的建立，也使英国成为第一个建立现代城市规划体系的国家。由此显示，住宅的日照是促使现代城市规划体系建立的直接动因之一。换言之，城市规划之所以存在的意义之一，就是要保障城市中的住宅具有充足的阳光，以保证基本的卫生条件。

3. 阳光直接关系人居环境的卫生质量和居住者的身心健康

经有关专家研究，由于阳光对人的身心存在极大的潜在影响，所以阳光是极其重要的环境卫生因素。如因阳光不足可引起多种生理疾病，包括佝偻病、黄疸、骨质疏松症等，甚至是那些难以捉摸的疾病，如季节性阵发症(SAD)，其他一些因人工环境的视觉和光照质量引发的健康疾病还包括建筑相关疾病(BRI)和建筑综合症(SBS)。早在《居住区规范》(1994年版)编制之初及2005年编制组和有关部门以实验证明：适宜的日照可以起到消灭细菌、降低不良气体的含量和干燥潮湿房间的作用，以及在冬季能使房间获得太阳辐射热而增高室温，从而促使室内具有健康、良好的卫生环境，具有提高人的机体免疫力作用。

因此，评价城市规划与建设、认识住宅日照问题不应该仅仅停留在土地经济的层面上，更不能倒退到现代城市规划出现以前的状况，甚至达不到中国古代对居住建筑日照的重视程度。所以，为住宅提供更多的阳光、空气应该是作为代表公众利益的城市规划必须考虑的问题，这也是科学发展观在城市规划工作中的具体体现。

二、全面认识日照问题

1. 日照权利的认识

住宅的日照权利不仅仅是城市规划和建筑学科范畴内的问题，公共卫生学、法律学、经济学甚至能源学也都对此问题有过不同深度的探讨。规划设计及管理人员往往只从本学科的角度去思考日照问题，不能全面理解其社会内涵，而日照问题在我国又没有引起其他学界的足够重视，这也是目前住宅建筑日照标准经常超越规划设计和管理的范畴，引起社会舆论关注，甚至引起民事和行政诉讼的一个重要症结。因此，首先要引入各种视角，全面地思考住宅建筑日照标准问题。

2. 日照问题的卫生学认识

(1) 阳光具有较强的杀菌和提高机体抗菌的能力。

根据《北京市居住建筑日照标准研究》(1984～1986年)中由北京医科大学和北京市卫生防疫站合作进行的卫生学实验证明，阳光中的紫外线及其照射时间与其杀菌和提高动物机体抗菌能力呈正比关系。

从阳光紫外线杀菌效率实验结果表明，冬至日或大寒日连续日照两小时以上有比较好的杀菌效果，日照1小时杀菌效力微弱。阳光紫外线照射对动物(小白鼠)肌体抗菌力实验情况表明，冬至或大寒日连续日照2～3小时，动物机体抗菌力明显增强，日照1小时则对肌体抗菌力效果甚微。

(2) 日照能明显改善和提高室内空气质量

据有关资料显示，继“煤烟型”和“光化学烟雾型”污染后，现代人正进入以“室内空气污染”为标志的第三污染时期。经有关专家调查分析，现代人平均有90％的时间生活和工作在室内，其中有65％的时间是在家里。而现代城市中室内空气污染的程度则比室外高出许多倍，对人体的危害是极其严重的。

据此，为进一步测试日照对室内空气质量的净化和卫生作用，《居住区规范》编制组特委托中国疾病预防控制中心环境与健康相关产品安全所，在北京和广州两地于2003年12月冬至日前后和2004年1月大寒日前后对阳面(南)和阴面(北)房间的室内空气质量分别作了测试。如对氨，阳面房间衰减了92.8%，而阴面房间仅衰减了32%。经研究分析，在其研究报告中表明：日照对降低室内空气中污染物质的浓度及其杀菌效力具有明显作用，有利人体健康。

室内的空气质量对人的身体健康非常重要，由此也进一步证明：在影响室内空气质量的众多因素中，日照是重要的因素之一，有效的日照能够改善和提高室内空气质量。与此同时室内的通风状况也极重要，原因在于有些有害物质如甲醛可能还要借助通风来稀释。

(3) 人对阳光的心理需求的认识

住宅的日照标准受到质疑，很大程度上因为日照是一种心理需求，而心理需求的评价标准难以选取，长期不能得到科学证明。但最近的一些科学研究已经证明，日照时间短会使人容易患抑郁症等心理疾病。“健康”并非一般所指的人处于身体无疾病的状态，根据世界卫生组织的定义为“人在身体上、精神上和社会上都保证具有良好的状态”。因此，人对阳光的心理需求不是可有可无，而是有着充分的科学依据。

3. 日照问题的经济认识

日照是一种经济资源，在市场上可以很清楚地看到，向阳的房屋同背阴的房屋有价格差别，这就是阳光的市场价格。在日常的经济生活中，日照的经济行为以种种方式体现。充足的日照可以提高住宅的价格，而日照权利受到侵害后住宅的价值也受到相应贬损。另外，经济补偿也作为法律诉求的一部分，经常在日照侵害案例中被提出。日照标准的提出，既符合经济学基于效率的资源分配方法，同时体现了城市规划的公平理想。

4. 日照问题的法律认识

(1) 我国关于日照问题的法律规定与研究

在《中华人民共和国民法通则》中第八十三条对日照问题有原则性的规定：不动产的相邻各方，应按照有利生产、方便生活、团结互助、公平合理的精神，正确处理截水、排水、通行、通风、采光等方面的相邻关系。给相邻方造成妨碍或损失的，应当停止侵害，排除妨碍，赔偿损失。《最高人民法院关于贯彻执行＜中华人民共和国民法通则＞若干问题的意见》(试行)中第97～103条对邻地利用，因相邻关系而产生的截水、排水、通行、通风、采光等相邻关系作出了司法解释。但未对采光(包括日照)问题单独规定。在尚未颁布施行的《中华人民共和国民法(草案)》第二篇“物权法”中，第九十三条：“建造建筑物，应当遵守国家有关建筑规划的规定，不得妨碍相邻建筑物的通风、采光和日照。”(中华人民共和国物权法(草案)(三审稿)2005年7月10日)，即第一次将“日照”列入与通风、采光同等的权利，但未作出具体的规定。除了以上的这些法律、技术法规规定，各地方管理规定中对此问题也多有具体规定。

(2) 国内外的对比

一般来说，各国在法律上并没有明确规定日照、通风为具体的权利，因此，直接规制日照、通风的法律并不存在。如日本是通过民法以及建筑基准法的有关规定一起来解决日照、通风问题。现行的《中华人民共和国民法通则》也没有明确提到日照权利。《中华人民共和国物权法(草案)三审稿》参考各国家和地区判例所积累起来的裁判经验及学说理论，特别是日本的“忍受限度”理论，规定了处理这些相邻关系纠纷的诸多规定。但是在《中华人民共和国民法(草案)》中，未采纳这种比较具体的方案，而是根据其他国家的经验做出原则性规定，在这一点上，国内外物权法并无太大区别。

另一方面，国外一般具有比较完善的其他配套法规来保护日照权利。日本于1950年5月24日公布的《建筑基准法》，最初只是规定了有关建筑物的基地、构造、设备以及用途等一般的最低标准，而关于日照、通风的保护，其规定极为不完善。随着1960年末保护日照、通风的呼声日趋强烈，1970年，《建筑基准法》得以修改。修改后的《建筑基准法》限制规定了容积率、建筑面积、斜线、高度等标准，同时将以往的基本用途地域由4种修改为8种，同时，还规定了特别工业地区、防火地域、准防火地域、风致地区、邻港地区等补充地域地区。在此基础上，根据各不同地域的性质，对各类地域的建筑物的用途进行了明确的限制规定，并根据用途地域、地区种类的不同，明确规定了其不同的用途地域建筑物的容积率、建筑面积、斜线规制、建筑物高度等指标，确切地保护了相邻建筑物的日照、通风。

在其他国家中也大多如此，一般是通过建筑立法或者是地方立法来具体保护建筑物的日照权利。对比我国，因类似日本《建筑基准法》中相应内容的缺失，致使我国的日照法律纠纷仍然无法可依，而只能通过规划管理和强制性国家标准来解决日益复杂的日照矛盾与纠纷。

据此，对我国住宅建筑日照相关技术法规的制定，应结合我国实情因地制宜确定。

三、确定住宅间距的主要因素——日照

《居住区规范》选定了日照作为确定住宅间距的基本因素，主要理由是："根据我国所处地理位置与气候状况，以及我国居住区规划实践，说明绝大多数地区只要满足日照要求，其他要求基本都能达到"。同时，在本论述中主要分析《居住区规范》日照标准的确定依据，以印证采用日照标准的科学性、适用性、通用性和可操作性。

1. 延续中国传统习俗

根据当地气候条件，以日照为基础确定不同的间距，应当说在我国自古而有之。在传统居住建筑的相关研究中已经发现了这一规律。《中国居住建筑简史》在"云南一颗印"一章中提到"此种小而高之天井，以常例断之，似于宅之通风、采光及同容纳骡马、牲畜等稍感不足，但在云南却无甚问题。盖因南风大、房内通风实无甚困难，而地近赤道，阳光入射角较北方大，天井虽小，其直射光及反射光均强，昼间尚可足用"。并在四川住宅建筑一章中进一步提到"天井与房屋面积的比例，就普通四合房来说(乡间同此)约略是1∶3，对于通风采光勉强足用，但是云南一颗印房天井与屋面积比例是1∶5.5，北京约为1∶2，辽宁约为1∶1.5，天井愈北愈大的现象，也许是和冬天纳阳有关系。"我国传统住宅的规划设计始终是从居住的需要出发，以基本统一的日照标准来确定不同的住宅间距，形成地方建筑的特色和不同的城市肌理。

2. 深化现行法规

住宅间距是居住用地规划的基本要素之一。间距大小直接关系到居住用地的密度、土地利用以及空间环境，是决定居住用地建设的社会效益、经济效益和环境效益的重要因素。建国以来，城市规划学科一直把日照标准作为规划设计的基本原理之一在教学和设计中贯彻。继后，我国逐渐开始建立自己的规划建设标准体系，受原苏联影响，在《城市规划定额指标暂行规定》(1980年)和《民用建筑设计通则》JGJ 37—87(1987年)中，均以

"日照标准"作为确定住宅间距的基本依据，为当时我国的城市规划建设打下了一个合理而良好的基础。因此，《居住区规范》(1993年版)在编制时，经多方论证后认为延续这个基本依据有其必要性与合理性，并在研究基础上根据当时的国情进行了深化。

对确定住宅建筑间距基本依据的优选过程，《居住区规范》编制组也进行了有益的探索：

(1) 以通风要求确定，难达到。

在编制《居住区规范》之初，编制组在调研中走访的风动力专家称，若以"通风"要求作为确定住宅建筑正面间距的基本依据，则其建筑间距的绝对值一般应为建筑高度的4倍。显然这一标准难以付诸实施。

(2) 以采光、消防或管线埋设要求确定，难制定。

由于采光受环境的影响十分复杂和难以度量，消防和防灾的要求又太低，管线埋设和空间环境的影响因素也很多，都难以替代日照作为稳定的标准。

(3) 以与国内外确定住宅建筑间距基本依据对比进行优选。

据收集到的调查资料显示，世界上采用日照时间或基于日照的间距标准作为住宅间距基本标准的国家和地区为数不少，如前苏联、原西德、美国的部分州、法国、日本、韩国以及我国的台湾地区，另外，英国、中国香港等国家和地区是通过控制窗户外其他建筑的遮挡角度来间接实现日照标准，还有一些欧洲国家以日照时间为基础，采用间距系数作为标准，并以一定的法规形式确定下来(表3-1-1)。

我国与部分国家及地区确定住宅间距基本依据及规定内容对比　　表3-1-1

	法规形式	法律效力	管辖范围	规定内容	详细程度
中　　国	标准规范	强 制 性	国家/地方	日照时间	原　　则
中国香港地区	条例或规例	强 制 性	地　　方	高度与角度限制	详　　细
中国台湾地区	技术规则	非强制性	地　　方	日照时间	原　　则
日　　本	建筑基准法	强 制 性	国家/地方	日照时间	详　　细
韩　　国	条　　例	强 制 性	国　　家	日照时间/间距	原　　则
澳大利亚	标准规范	非强制性	地　　方	日照时间	原　　则
前 苏 联	标准规范	—	国　　家	日照时间	原　　则
美　　国	立　　法	强 制 性	地　　方	—	详　　细
瑞　　典	—	—	国　　家	日照时间	原　　则
法　　国	标准规范	强 制 性	国　　家	日照时间	原　　则
德　　国	条　　例	—	地　　方	日照时间/间距	—
英　　国	公共卫生法/立法	—	国家/地方	日照时间/高度与角度限制	原则/详细

据此，分析《居住区规范》编制的过程可以看到，以日照作为确定住宅建筑间距的标准，有其科学性、适用性、通用性、合理性与历史必然性。

3. 借鉴中国台湾地区和国外相关标准经验

(1) 中国台湾

我国的台湾地区对日照问题也始终有所关注。在《建筑技术规则设计施工篇》中明确规定："住宅区超高限制兴建之建筑物在冬至所造成之日照阴影，应使邻地有1小时以上的日照"。即在保障建筑物开发时，邻近居民应有的日照权利。其规定的主要内容，由基本的建筑物高度1.5：1斜率限制线即依日照投射的观念加以修订得到。

台湾地区的规定与《居住区规范》有类似之处，都是以日照时间为标准，但其日照影响范围却是相临的建筑基地，而不是《居住区规范》所规定的底层窗台面，应该说更加严格。另外，台湾地区还有详细的采光与间距规定。

(2) 日本

日本在1964年通过《建筑标准法》具体规定了新建房屋对于相邻用地的阳光资源的最大侵害程度(如斜面限制和阴影限制)。"建筑物的斜面管制"界定建筑物的"外壳"，以确保城市环境质量的最低限度(特别是日照要求)。在斜面管制的"外壳"之内，建筑物的形态设计是完全自由的。另外，许多地方自治体也都制定了对应的行政法规，规定了必须保证的日照条件。

日本的日照规定不仅对住宅而且对所有类别的用地都有规定，且日照时间标准基本上为冬至日2～5小时，应该说比我们国家大寒日、冬至日两个档次和对应的时间标准都高了很多。

日本的日照规定还根据北海道的纬度适当降低了日照标准0.5～1小时；同时把东京都作为特别区域，通过用途区域、容积率、高度地区的组合菜单决定对象区域及限制值，对于此标准有例外的区域，决定标明具体的区域、除外对象、不同限制值，以及规定为对象的区域等。

(3) 韩国

韩国的有关规定比较简单，主要是以间距规定为基础满足住宅的日照要求。但是其特点是用间距系数和日照时间进行双重控制，同时把判定妨碍日照的一部分权利赋予区厅长，这样既有效地保证了日照权利，又满足了视觉卫生等要求，减少了矛盾产生的可能。另外，条例中对违法建设物的调查、整备和损失补偿都有原则性的规定，在操作上有一定灵活性。

(4) 澳大利亚

澳大利亚的住宅设计标准分别从日照、采光、开敞空间、噪声和视觉卫生等方面作出了原则的规定，并且强调在确定间距时应当同时考虑到这几个因素。

澳大利亚的住宅设计标准还从能源利用等方面提出了对建筑朝向和永久性阴影的规定。要求优化设计以获得更多的冬季直射阳光和增加夏季的遮阳，比我国的标准规范考虑到更多的因素。虽然其规定相对比较原则，但是可以通过规划设计人员较好地实现。

(5) 前苏联

前苏联建筑规范(СНиПⅡ—60—75)中规定，一年中的温暖季节"从3月22日到9月22日，建筑地段应该有连续3小时的直射光照"。

前苏联国土面积广大，所以按纬度对不同地区采用了不同的日照标准日和有效时间带。北纬58°以北的北部地区以清明(4月5日)为日照标准日(清明日照3小时)，北纬48°～58°的中部地区以春分、秋分日(3月21日、9月23日)为标准日，北纬48度以南的南部地区采用雨水日(2月19日)为标准日。

四、科学地制定住宅日照标准

住宅日照标准是确定住宅间距的基本指标，是保证居住质量与居住区环境质量的基本标准，成为很重要的一项强制性规定，因此，科学制定“日照标准日”及“日照分级控制标准”是极其重要的。

1. 国家标准《居住区规范》编制时面临的现状与问题

在1980年国家颁布实施的《城市规划定额指标暂行规定》中规定：住宅建筑“应满足冬至日满窗1小时的规定”。这个规定与现实条件相差较大，其后10年内全国不少城市难以遵此执行，失去了国家规定的权威作用。致使全国出现了实际上的“各自为政”的局面，一直未能得到合理控制。

1993年编制《居住区规范》时的专题研究发现，由于我国南北纬度相差悬殊，从海口到漠河就差33°，即同样是冬至日1小时的日照标准，其日照间距系数：海口为遮挡建筑高度的0.89倍，而漠河则为遮挡建筑高度的3.88倍，为海口的4.3倍！显然要达到同样标准，北方比南方要困难得多。事实也是如此，按冬至日1小时的日照标准，哈尔滨的日照间距系数应为遮挡建筑高度的2.46倍，而在1993年《居住区规范》编制前的调研中发现，其实际采用的是1.5～1.8倍；沈阳应为2.02倍，实际采用1.7倍；北京应为1.86倍，实际采用1.6～1.7倍，等等。

与此同时，经调研显示：因城市规模不同，城市化与人口集中及城市用地的紧缺程度也不同，即使在同一地理纬度线上，要采用同一日照标准，中小城市能达到的，大城市却很难达到(详见表3-1-2)。

1992年2月1日前全国主要城市实际采用日照间距系数与冬至日1小时比较表　　表3-1-2

气候区	地区(北纬)	城市	纬度(北纬)	实际采用日照间距系数 H	冬至日1小时日照间距系数 H	实际采用与冬至日1小时日照间距差距
Ⅰ区	东北地区(41°以北)	漠河	53°00′		3.88	
		齐齐哈尔	47°20′	1.8～2.0	2.68	实际降低33%～25%
		哈尔滨	45°45′	1.5～1.8	2.46	实际降低39%～27%
		长春	48°54′	1.7～1.8	2.24	实际降低24%～20%
		沈阳	41°46′	1.7	2.02	实际降低16%
Ⅱ区	华北地区30°～40°	北京	39°57′	1.0～1.7	1.86	实际降低46%～9%
		天津	39°06′	1.3～1.5	1.80	实际降低28%～17%
		济南	36°41′	1.3～1.5	1.62	实际降低20%～7%
		兰州	36°03′	1.1～1.4	1.58	实际降低30%～11%
		西安	34°18′	1.0～1.2	1.48	实际降低32%～19%
Ⅲ区	长江沿岸地区30°左右	南京	32°04′	1.0～1.2	1.36	实际降低26%～12%
		上海	31°02′	0.9～1.1	1.32	实际降低32%～17%
		成都	30°40′	1.1	1.29	实际降低15%
		武汉	30°38′	0.7～1.1	1.29	实际降低46%～15%
		杭州	30°19′	0.9～1.2	1.27	实际降低29%～6%
		重庆	29°34′	0.8～1.1	1.24	实际降低35%～11%
Ⅳ区	云贵桂25°左右	桂林	25°18′	0.7～1.0	1.07	实际降低34%～7%
		昆明	25°02′	0.9～1.0	1.06	实际降低15%～7%

续表

气候区	地区(北纬)	城　市	纬度(北纬)	实际采用日照间距系数 H	冬至日 1 小时日照间距系数 H	实际采用与冬至日 1 小时日照间距差距
Ⅴ区	25°以南	南　宁	22°49′	1.0	0.98	实际提高 2%
		广　州	23°03′	0.5～0.7	0.99	实际降低 49%～29%

据此表明，全国采用统一的一个日照标准日及一个日照标准，不能适应我国地域广大的国情，在实践中难以付诸实施，缺乏可操作性。

2. 日照标准日的确定

从有关资料显示，凡采用日照要求作为确定住宅日照间距的国家，一般均按其国情采用不同的日照标准日，日本与我国北方纬度相近，采用冬至日作为日照标准日。我国的台湾地区采用冬至日作为日照标准日，香港的日照斜线角度则大致相当于雨水日的日照角度。

冬至日太阳高度角最低，是一年中要求最高的日照标准日。因为前苏联、英国和原西德所处纬度都比较高，故较少采用。前苏联按南部、中部和北部地区区分，分别采用三个日照标准日(CHun—60—75)：南部地区(北纬 48°)以雨水日作为日照标准日；中部地区(北纬 48°～58°)以春分、秋分日作为日照标准日；北部地区(北纬 58°以北)以清明日为日照标准日，即要求档次一个比一个低，符合该国国情。同时，还要求在一年中的温暖季节，即“从 3 月 22 日到 9 月 22 日，建筑地段具有连续 3 小时的直射阳光”。而原西德采用的日照标准日相当于雨水日；欧美、英国、伦敦则采用了 8 月 1 日为日照标准日，介于雨水日和春分、秋分日之间。这也符合他们的国情。

与此同时，在国外有的国家制定了日照标准日，也有仅规定每日应有的日照时间为标准，如德国的柏林规定“在建设居住单位时，每幢建筑物必须满足下列条件：所有居住面积，必须每年 250 天，每天两小时可受到阳光照射”。

据此，结合我国国情，《居住区规范》将以往全国采用统一的日照标准日“冬至日”，改为“冬至日与大寒日”两个日照标准日，这样既从国情出发，也符合国际惯例，更具有可操作性。

3. 合理调整有效时间带

在编制《居住区规范》以前，我国过去常以冬至日 9 时～15 时共 6 小时为有效日照时间带。随着日照标准日由冬至日改为冬至日和大寒日两个日照标准日，有效日照时间带也相应作了调整。从阳光质量看，北京地区的实验表明，大寒日上午 8 时的阳光紫外线已具有一定的杀菌作用，又从北京市 1984 年、1985 年两年拍摄的日影效果看，大寒日上午 8 时的阳光强度与冬至日上午 9 时的阳光强度相接近，已具有良好的日照效果和明显的精神环境作用。据此确定：以冬至日为日照标准日时，有效日照时间带为 9 时～15 时；以大寒日为标准日时，其有效日照时间带为 8 时～16 时(共 8 小时)。

国际上也多以因地制宜的原则确定本国的有效日照时间带，一般均与日照标准日相对应，而不是一个统一的常数；如苏联南部地区以雨水日为日照标准日，有效日照时间带为 7 时～17 时(10 小时)，日本的北海道采用 9 时～15 时，而其他地区则为 8 时～16 时等等。

《居住区规范》中合理加宽有效日照时间带，有利于不同朝向布置的建筑物达到日照标准规定的要求；从而有利于住宅布置的灵活性与多样化。如东西向布置的住宅楼，按大寒日 9 时～15 时计，则最大连续日照时间不足 2 小时，不能满足不低于大寒日照 2 小时，更不能满足不低于大寒日照 3 小时的日照标准规定的要求，因而东西向住宅就不能建设，这在实际上也是行不通的；若按大寒日 8 时～16 时计，则最大连续日照时间可接近 3 小时，可符合或基本符合日照标准规定的要求，因而东西向住宅可允许建设。“有效日照时间带”的合理调整也是 1993 年编制《居住区规范》时的一个新发展，上述规定也是合理的。

4. 日照标准的确定

经过广泛调研和分析研究，并借鉴北京市 1984～1986 年进行的《居住区建筑日照标准研究》成果，综合考虑了我国不同地区，不同规模城市的现实条件、用地承受能力和已经形成的生活习惯及卫生学的基本要求等等，为提高《居住区规范》“住宅日照标准”的科学性、适用性和可行性，《居住区规范》编制组确定以多数地区适当提高和少数地区不降低已有标准为基本原则(表 3-1-3)，制定日照标准为：两个日照标准日，三级控制标准。两个日照标准日即大寒日与冬至日；分地区三级控制标准为：大寒日不低于 2 小时或 3 小时，冬至日不低于 1 小时。这在当时是一个重要突破与技术调整。

比较各地现行日照间距，可以看出第Ⅱ、Ⅲ气候区的大多城市由现行的接近大寒日 1 小时提高到大寒日 2 小时，第Ⅳ、Ⅴ气候区所属城市日照标准多略有提高，少数保持现有水平；提高幅度较大的是第Ⅰ气候区即东北地区的长春、哈尔滨、齐齐哈尔等大城市和一些中等城市，但由于现行标准过于偏低，居民反映较大，提高的幅度略大一些，虽难度稍大一些也是必要的，通过努力是可能达到的。

1992 年 2 月 1 日前各城市实际采用日照间距系数与《本规范》规定比较表　表 3-1-3

气候区	城　市	纬度(北纬)	1992 年 2 月 1 日前实际采用日照间距系数 H	本规范日照间距系数			注
				大寒日 2 小时日照间距系数 H	大寒日 3 小时日照间距系数 H	冬至日 1 小时日照间距系数 H	
Ⅰ、Ⅶ区	漠　河	53°00′	—	—	3.33	—	本规范日照标准比实际采用标准提高较多
	齐齐哈尔	47°20′	1.8～2.0	2.32	—	—	
	哈 尔 滨	45°45′	1.5～1.8	2.15	—	—	
	长　春	43°54′	1.7～1.8	1.97	—	—	
	乌鲁木齐	43°47′	—	1.96	(2.04)	—	
	沈　阳	41°46′	1.7	1.80	—	—	
Ⅱ区	北　京	39°57′	1.6～1.7	1.67	—	—	本标准比大多数实际采用标准提高一个档次(原接近大寒日 1 小时)
	天　津	39°06′	1.3～1.5	1.61	—	—	
	石 家 庄	38°04′	1.5	1.55	—	—	
	太　原	37°55′	1.5～1.7	1.54	—	—	
	济　南	36°41′	1.3～1.5	1.47	—	—	
	兰　州	36°03′	1.1～1.4	1.44	—	—	
	西　安	34°18′	1.0～1.2	1.35	—	—	

续表

气候区	城市	纬度（北纬）	1992年2月1日前实际采用日照间距系数 H	本规范日照间距系数			注
				大寒日2小时日照间距系数 H	大寒日3小时日照间距系数 H	冬至日1小时日照间距系数 H	
Ⅲ区	南京	32°04′	1.0～1.2	1.24	—	—	本标准比大多数实际采用标准提高一个档次（原接近大寒日1小时）
	合肥	31°51′	1.2	1.23	—	—	
	成都	30°40′	1.1	1.18	—	—	
	武汉	30°38′	0.7～1.1	1.18	—	—	
	杭州	30°19′	0.9～1.2	1.17	—	—	
	重庆	29°34′	0.8～1.1	1.14	—	—	
	南昌	28°40′		1.11	—	—	
	长沙	28°12′	1.0～1.1	1.09	—	—	
Ⅳ区	福州	26°05′	—	—	1.07	—	—
	厦门	24°27′	—	—	1.01	—	
	广州	23°03′	0.5～0.7	—	0.97	—	
	湛江	21°02′	—	—	—	0.92	
	海口	20°00′	—	—	—	0.89	
Ⅴ、Ⅵ区	西宁	36°35′	—	—	—	1.62	—
	拉萨	29°42′	—	—	—	1.25	
	贵阳	26°35′	—	—	—	1.11	
	桂林	25°18′	0.7～1.0	—	—	1.07	
	昆明	26°02′	0.9～1.0	—	—	1.06	
	南宁	22°49′	1.0	—	—	0.98	

注：1. 本表所列日照间距系数，按沿纬向平行布置的六层条式住宅（楼高18.18m，首层窗台距室外地面1.35m）计算。

2.《本规范》“住宅建筑日照标准”，详见国家标准《居住区规范》表5.0.2-1。

因决定住宅间距的因素很多，根据我国所处地理位置与气候状况，以及居住区规划实践，除少数地区如低于北纬25°的地区，由于气候原因，与日照要求相比更侧重于通风和视觉卫生，尚需作补充规定外，大多数地区只要满足本标准要求，其他如通风等要求基本能达到。为此规定：“住宅间距，应以满足日照要求为基础，综合考虑采光、通风、消防、防灾、管线埋设、视觉卫生等要求确定。”

五、研究释疑

通过以上研究，对普遍提出的问题研究解答如下：

1. 住宅是否需要日照标准

回答是肯定的。

（1）日照问题不是一夜之间出现的，也不是只在中国出现的，而是城市化进程发展到一定程度后，全球范围内普遍关注的问题，即“日照”是住宅应具备的基本环境条件。长远来看，随着宪法对个人财产的认可和保护，日照问题作为一种相邻关系将更加得到重视，即使没有目前的日照标准，问题也不会自行消失。

(2) 不论从卫生、经济、能源和法律的视角，还是从城市规划学科自身的任务来看，住宅的日照标准始终是有必要存在的。

2. 是否有必要把“住宅日照”作为强制性标准

综上所述，住宅建筑日照标准有存在的必要，但是否应当成为强制性条文，在这一点上意见不尽相同。从开发商的角度看，日照标准当然是妨碍其获取最大经济利益的障碍；从住宅的拥有者来看，强制性条文是他们保护自己合法权利的惟一工具；从设计师的角度看，无非给技术工作增加了一些复杂程度；从规划管理部门来看，原则上都希望能够执行日照或间距标准，但是要处理各种复杂的情况，还要承受来自各方面的压力，因此希望能够留有一定余地。

面对相关各方的复杂利益情况，可能造成的社会矛盾激化，以及“一管就死，一放就乱”的局面，中央政府也别无选择，只有坚持一个全国统一的原则性标准。根据我们国家建设全面小康社会的目标，人民对居住环境的质量要求越来越高，对于我国绝大多数地区来说，日照都是居住环境的基本要求。因此，把日照时间作为住宅建筑的强制性标准，并进一步转变为技术法规是完全符合社会发展需要的，不能因为城市建设速度的加快以及经济发展的理由而改变这一标准。

当然，在日照标准实施的法律和行政责任上，还必须明确哪些是应由政府承担的行政责任，哪些是应由建设方承担的民事责任；另外，在标准的落实与操作手段上，要提供便捷的手段与完善的服务，以发挥各地行政主管部门的积极性。

3. 全国是否需要统一的日照标准

全国采取统一的时间标准还是应当采取统一的间距标准，这也是一直存在争议的一个问题。有些人认为从土地资源来看，从北到南都采用统一的间距标准对各个地区更加平等，从我们前文的研究对比看，统一的日照时间标准对住宅的合法权益更加公平。

当然，对于东北城市建设用地的紧张状况还需要一些协调工作，对低纬度地区还应当加紧编制合理的视觉卫生、采光和通风的间距标准，以补充低纬度地区日照标准之不足。

4. 住宅建筑日照标准值是否应修改

对于提高或降低现行的日照标准的建议，我们认为应当慎重对待，不宜对标准值进行大幅度的调整。

目前的日照标准从 1994 年始已执行了 12 年，这期间正是城市建设迅猛发展的时期，一方面大多数城市都是根据这一标准来建设居住区，形成了城市的一般肌理和密度。另一方面由于土地资源的稀缺性和建筑产品的耐用性，城市建设不能像工业产品一样以新换旧，更新换代。因此，日照标准也不能像一般产品标准一样，轻易的提高或降低，任何细微的修改都会引起城市面貌的变化，引起社会舆论的关注与讨论。

至于合理的标准值到底该是多少，这是一个一直以来存在争议且永远会有争议的问题，作为科学研究可以继续进行，但是作为国家的法规政策应当保持其稳定性。而且日照标准已经为社会所广泛接受，成为居民衡量住宅质量，保护合法权益，处理相邻关系的基本工具。从这一意义上来讲，日照标准也具有相对的固定性和长久性。

专题二　居住用地公共服务设施

（中国城市规划设计研究院　赵文凯　王玮华）

国家标准《住宅建筑规范》GB 50368—2005（以下简称《本规范》）第4.2.1条规定："配套公共服务设施（配套公建）应包括：教育、医疗卫生、文化、体育、商业服务、金融邮电、社区服务、市政公用和行政管理等9类设施"。本条根据国家标准《城市居住区规划设计规范》GB 50180—93（以下简称《居住区规范》）中强制性条文第6.0.1条以及《城市社区体育设施建设用地指标》和相关研究成果改写而成。因其是居住用地必配设施，特纳入《本规范》。为便于理解和认识因生活水平提高、生活方式变革及市场经济体制下公共服务设施经营机制、服务方式的变化与发展，以及导致规划观念、设置项目、设置方式的多种变化和利于执行本条，特立此专题进行重点和较详细的论述。

一、居住用地配套公共服务设施发展变化分析

建国之后经历改革开放至今，我国经济体制由计划经济逐步向社会主义市场经济转轨，直至后者占主导地位的今天，公共服务设施已随之迅速发展、变化。经调研分析，计划经济条件下居住用地配套公共服务设施均具有"公益性"、"福利性"的特征，以及如下两大特点：大院建设的"小而全"；居民需求的均质性。即有什么设施用什么、供什么物品买什么，没有选择。而在计划经济向市场经济的转变过程中，居住用地公共服务设施则呈现出与以往数十年来所不同的新特点："公益性"与"经营性"设施并存；市场调控机制日趋主导地位；城市级公共设施对居住用地配套公共设施的影响越来越大。突出的变化是，居民对设施、对物品有选择、有要求，市场也必须满足居民现代化居住生活的所需，才能互补互益。

目前，随着我国经济水平的快速提升，居民经济收入增加、物质生活水平提高、生活方式变革，促使城市居民对居住质量提出了更高的要求，这些要求不仅表现在对住宅户型、功能合理与舒适度的追求，区位、周边条件、配套设施等与其居住生活息息相关的环境状况也日渐成为居民选择住所时重点考虑的问题。作为保障居住用地广大居民日常生活便利性的重要的公共服务设施，其建设的类别、数量、质量以及设置方式，不仅直接影响到居民的生活水平和生活方式，而且在一定程度上也体现并影响到社会的文明程度，更是关系到城市整体功能合理配置的重要因素之一。又由于老年人口所占比重上升和市场经济调控，居住用地配套公共服务设施发生了以下一系列的变化和影响：

1. 建设主体变化对建设思路、开发方式和管理的影响

在市场经济体制条件下，居住用地建设的主体是以房地产开发企业为主，由于城市用地日趋紧张和房地产公司相互竞争，使得土地价格不断上调。既导致了土地成本在开发成本中的比重日益增大，也促使居住用地开发建设规模趋于多样化，例如在建设中也有一些

有实力的开发公司有可能一次性获取较大面积的土地，但也只能是分期、分规模地进行建设。相应于配套设施的建设也必然呈现出阶段性、时序性的特征。

与此同时，房屋设施产权的社会化必然带来相应管理的社会化。1994年国家颁布了《城市新建住宅小区管理办法》，以法规的方式明确了物业管理作为居住用地建设竣工、投入使用后维护和管理的主要方式，使物业管理的模式得到普及。

2. 居民消费结构变革，促使配套设施的发展与变化

在市场经济条件下，随着生活水平的不断提高，居住用地配套公共服务设施在原有计划经济时代的吃、穿、用、修四大类的基础上，文化、休闲娱乐、体育保健、社会服务等经营项目在逐年增加，并且已经占到了相当大的比重。据有关资料显示，我国城市居民的消费结构正发生着根本性的变化，食品支出占家庭消费总支出的比例(即恩格尔指数)逐年下降，用于教育、文化、娱乐和旅游的消费比重在逐年增加。1992～1997年间，居民家庭人均用于教育、文化、娱乐和旅游方面的支出平均每年实际增长25.1%，其中，教育支出的增长为45%，文化娱乐消费支出增长为21%，旅游消费支出增长为24%。居民家庭消费结构的变化说明家庭消费模式正由温饱型向小康型转变。

需求变化导致了与之相应的配套设施的变化和发展，以与文化娱乐相关的设施为例，咖啡厅、酒吧、茶室等休闲类餐饮设施在商业服务设施的比重中不断增加；按摩、桑拿、美容美发等服务性行业开始出现在小区；健身房、棋牌娱乐室、球类活动室等参与性较强的娱乐用房在近几年兴建的居住用地中也屡见不鲜；网吧、图书室等文化设施的建设也得到了不同程度的重视。更有实力的开发建设单位，甚至还兴建了室内攀岩、室内篮球、羽毛球场、室内恒温游泳池等体育设施以迎合居民不断变化的生活需求。

3. 小汽车进入普通家庭及市场机制调控，带来服务距离的变化

由于小汽车迅速进入普通家庭及市场机制调控，促使居民购物方式改变。许多行业为了扩大消费群体，开始提供“专车接送”或“送货上门”等服务，如“校园巴士”、“购物专线车”、“看病专线车”等等。这样，既扩大了服务行业的服务半径，又缩短了与服务对象的服务距离，也为居民提供了多种选择。据此，导致对居住用地配套的教育、医疗、商业等设施的配置方式和规模等产生了较大的影响。即许多设施的建设不再受到地区规模的限制，反而将配套设施的建设作为效益平衡的主要方面。

4. 人口老龄化，对配套设施提出的新要求

据有关资料显示，我国于2000年已全面进入老年型社会。预计到21世纪中叶，我国60岁及60岁以上老年人将占全国总人口的25.2%，与此同时，人口老龄化必将伴随着人口的高龄化。因而，居住用地必须为老年人提供日常生活照料、强身健体及医护服务等设施。

二、主要配套公共服务设施设置要求的调整

《居住区规范》中第6.0.1条规定：“配套公共服务设施(也称配套公建)，应包括：教育、医疗卫生、文化体育、商业服务、金融邮电、社区服务、市政公用和行政管理及其他等八类设施”。经调研，发展变化较快的是教育、文化体育、商业服务和社区服务设施，对这些配套公共服务设施的设置需要进行调整。

1. 教育设施

(1) 义务教育与教育管理体制的影响

1) 国家九年义务教育国策的影响

根据《2003～2007年教育振兴行动计划》(教育部，2004年2月10日)，普及九年义务教育是绝对的，而初中升入普通高中的升学率却远低于百分之百，原因是有部分学生已就读于职业高中。据此，小学和初级中学是居住用地应配的基本教育设施，而完全中学或高级中学则可根据具体情况进行设置。

2) 基础教育管理体制多元化的影响

在教育部发布的《中国基础教育》中指出："国家鼓励社会各界共同参与中小学(幼儿园)的办学管理，逐步形成以政府办学为主体、社会各界共同参与、公办学校和民办学校共同发展的办学体制。倡导中小学校同附近的企事业单位、街道或村民委员会建立社区教育组织，吸引社会各界关心，支持学校建设。"据此，中小学校作为城市居住用地教育设施，出现了多元化的建设管理趋势。促使教育设施走向市场，也必然带来服务群体的开放化，即许多学校和幼儿园已不再只是针对居住用地内服务。为了扩大生源，这些学校和幼儿园不仅拥有自己的接送车辆，同时还配套建设了食堂和学生宿舍以方便就学距离较远的学生寄宿。为此，不仅为适龄生入园、入学提供了方便的条件，也出现了诸如公益性教育设施实施比较困难；营利性教育设施的发展带来教育设施发展的不均衡性等问题。

(2) 低出生率的影响

根据教育部发展规划司2003年的统计，由于低出生率的影响，我国小学和幼儿园在校学生数自1997年开始持续减少。居住用地中已经出现了中小学、幼儿园教育设施过剩、用房闲置或转为它用或托幼合并设置的情况。

发展建议：

1) 合并托幼设施

建议将居住用地中托儿所与幼儿园合并设置，合并后的园所可在原基础上适当扩大规模，但总量应符合相关标准要求。

2) 中小学由政府统一建设

初级中学和小学属于义务制教育范畴设施，建议由政府统一建设，以保障公益性教育设施的投入与落实，并可从区域角度进行平衡。宜在控制性详细规划层面进行控制、保证落实，但与住宅的配套关系，依然存在。

2. 文化体育设施

据调研，居住用地中普遍设有"会所"，因而一般均拥有文化设施。但伴随生活水平与文化素养的不断提高及老年人口的逐年增加，尤其在我国经历了"非典"疫情之后，人们的强身健体意识已迅速增强，要求设置相关设施的呼声也越来越高。但遗憾的是居住用地内的体育设施数量短缺，远远不能满足广大城市居民对相关设施与场地的要求，急待解决。

分析大众体育设施短缺的一个重要原因，是在相关的国家标准中不够具体、不够完善，影响其配套建设，如在《居住区规范》中，虽有一定规定但存在问题是：①文化与体育设施用地合并控制，较难划分各自的用地指标；②对主要的体育设施缺乏强制性规定或基本场地要求；③相关指标太低等。

发展建议：

(1) 将“体育设施”从“文化体育设施”中分列出来；

(2) 根据全国统一建设用地指标《城市社区体育设施建设用地指标》中相关规定(应设置的体育设施基本项目、基本运动项目单项用地标准、分级配建面积指标及配建标准等)进行配置。

3. 商业服务设施

随着市场经济体制的建立，商品经济的发展，生活水平提高，生活方式变革，特别在小汽车迅速进入普通家庭的今天，人们对生活各方面的需求也趋于多元化。商业服务市场中的许多新兴的设施也应运而生，如超市逐渐取代了传统的百货商店；影音用品租售商店随着影音设备的普及成为居住用地中的常见的商业形式；服装店、保健用品店、饮用水派送店等零售商业形式层出不穷；按摩、美容美发、网吧等服务型商业的发展更是令人目不暇接。

也即，在原有配套设施的基础上，文化、休闲娱乐、体育保健、社会服务等经营项目在逐年增多。商业服务设施的总体面积也大有增加。与此同时，在市场机制调控下，商业服务设施为增强生存能力、增加经济效益，横向综合化、规模集约化、连锁化是必然发展趋势。

此外，综合性商业的发展归并了部分专业性质的商店，使居住用地中商业服务设施呈现综合化的趋势，米、面、油等生活必需品已出现在超市的货架上，许多大型超市还集中了肉菜副食制品的销售。在居住用地商业服务设施中，超市已经在相当程度上取代了传统的粮油店、食品店和百货店，今后还有可能在一定程度上取代菜市和集贸市场。

综上所述，以往居住用地中配套的相关设施及设置方式，已不能完全适应市场经济和人们现代化生活需求，而必须研究和采取相应对策。

发展建议：

(1) 将《居住区规范》中商业服务设施不再分项设置。并建议仅控制其面积指标，不规定所设具体项目。达到既控制又灵活，也适应市场调控的要求。

(2) 应重视与城市及周边的公共服务设施的统筹协调、互补互利。重点是应将其配套设施在相关的规划层次中落实。

4. 社区服务设施

如前所述，我国已全面进入老年型社会，伴随着人民生活水平的不断提高和生活方式变革，居民对服务行业的要求越来越高。经调研，虽然在一些居住用地规划与建设中已注意到了这方面的需求，多数物业管理单位，也提供了一定的服务项目，但从实际调研分析，还存在众多问题：

(1) 为老助老、助残设施不足

我国经济尚不发达，为适应人口老龄化，建立以居家养老为基础，依托社区的养老服务体系是我国的必然选择。但目前的实际情况是，对老年群体所需的五个老有：“老有所养、所医、所学、所为、所乐”，以及对伤残人的关怀，在居住用地配套设施规划与建设中体现不足。

(2) 便民设施较薄弱

为解脱双职工后顾之忧，家务劳动社会化是必然的发展趋势。如洗衣做饭、清洁维护、陪老伴幼、家庭病床、接送小孩、帮助购物，等等。家政服务项目的供需之间差距较大，在居住用地配套设施中是比较薄弱的一环。

发展建议：

建议以《居住区规范》相关规定为基础，强化以下项目：

(1) 养老院

专为接待自理老人或综合接待自理老人、介助老人、介护老人安度晚年而设置的全托式社会养老服务机构。应设有生活起居、文化娱乐、康复训练、医疗保健等多项服务设施。

(2) 托老所

为短期接待老年人托管服务的社区养老服务场所，应设有生活起居、文化娱乐、康复训练、医疗保健等多项服务设施，分为日托、全托、临时托等。

(3) 残疾人托养中心

主要功能为残疾人康复、保健、看护及托管等，应设有生活起居、文化娱乐等相关项目。

(4) 社区服务中心

为丰富居民生活的基本服务，满足现代居住生活要求，服务中心应提供家政服务、就业指导、中介、咨询服务、代客定票、为老助残服务等服务项目，并应分别在居住用地和城市中合理安排，相辅相成联为有机整体。

5. 居住用地公共服务设施配建建议

综上分析研究，建议：

(1) 将国家标准《居住区规范》中配套公共服务设施(配套公建)类别由八类增为九类，即教育、医疗卫生、文化、体育、商业服务、金融邮电、社区服务、市政公用和行政管理等九类设施；

(2) 有关项目、设置规定、配建分级等内容作适当调整，以满足居民现代化生活的基本需求，并适应市场经济体制要求。

三、政策建议

1. 理顺建设主体

从现有居住用地配套设施内容分析，除了私人俱乐部式的文化体育设施和一般商业服务设施外，其余设施均具有较强的社会公益性或便民性。其中社会公共产品类公共服务设施的公共属性最为突出，如托幼园所、初级中学等等。相应，此类设施理应由代表群众利益的政府建设才能保证公众利益的最大化；专营类设施，由于其经营为自负盈亏，该类设施对应的经营或产权主体也理应是投资建设的主体。因此，居住用地公共服务设施理想的建设方式，应是按不同设施的产品性质分类，确定不同的建设主体，由政府、开发商及专营设施的使用单位共同建设。

然而，若将全部公共产品类配套建设均交由政府建设，也存在一定的现实问题。其矛盾点在于，由于一些服务设施建设规模不大，从用地节约和服务半径角度，一般采取在住宅底层设置公建用房解决，较为方便。从而，导致这些设施无法从住宅建筑中剥离出来，政府也无从插手，倘若强行分离则必然导致不合理问题的产生。因此，在实施中应选取可以单独建设的设施，以利于独立投资、单独建设。经研究，通过对配套项目中应有单独建设用地的公益性项目分析，一些项目可推荐为政府可单独建设的项目(表 3-2-1)。而对于其他社会公共产品以及专营产品类公共服务设施，可根据专营部门的具体要求，采取单独建设或委托开发商建设的方式，配建时应在规划部门的指导下进行。

居住用地公共服务设施政府建设项目推荐 **表 3-2-1**

设施类别	具体项目	设施类别	具体项目
教育设施	幼儿园	医疗卫生设施	综合医院
	小学		护理康复中心
	普通中学		卫生服务中心
文化体育设施	体育场、馆	市政公用设施	社会车辆停放场
	综合文化活动中心		消防站
社区服务设施	社区服务中心		公交站场
	养老院	行政管理设施	各类行政管理设施(治安点除外)
	残疾人康复中心		
	托老所		

2. 熟地＋净地的土地出让原则

在理顺公共服务设施建设主体关系及保证政府负责项目的实施，具有实际操作的可行性基础上，如何解决土地和资金，就成为建设方式中至关重要的问题。从土地供给角度分析，熟地＋净地的出让方式应是保障政府建设居住用地公共服务设施的有效手段。

(1) 熟地出让方式

即由政府完成土地的初期开发，将生地变为熟地之后，再进行出让。从提高政府对城市开发引导作用的角度分析，“熟地”出让优于“生地”出让。一方面，当一个城市确定了用地发展方向，引导建设向该方向发展的决定性因素之一是公共设施的建设；“熟地”出让更有利于体现政府对城市空间的发展规划及由此产生的对城市开发的引导作用；从全市的范围内，可以充分优化各种公共服务设施的配置。另一方面，城市土地由“生地”转化为“熟地”，将大幅度增值，大市政设施的建设费用可通过地价差额获得并有盈余。此外，从防止公众利益流失的角度分析，也应尽量实行“熟地”出让。再从提高居住用地开发效率的角度分析，政府具有优先征地权以及整合各个市政建设部门资源的优势，是社会公共物品的主要提供者，较适合前期的土地开发。而开发商的优势在于对市场需求的灵敏把握，较适合后期“面向服务对象”的房产开发，是私人物品的主要提供者。因此“熟地”出让对开发商而言，将更有利于成本控制和加快开发进度。

(2) 净地出让原则

即将政府所应承担，并同时具有充分可操作性的公共服务设施建设所需用地，从毛地中剥离出来，作为独立用地单独建设，以保障该类公共服务设施建设能够落到实处。采用“净地出让”的方式，首先，便于明晰产权，政府可以根据需要，将住宅开发与公共服务设施的建设最大限度地分离开来，从而可通过不同的资源配置方式，委托不同的产权主体从事公共服务设施的建设，如学校、医院等。其次，能够有效地提高和改善公共服务设施的建设效率和建设效果。因为，在住宅开发与公共服务设施的建设分离之后，公共服务设施的建造将作为单独的建设项目进入一个竞争性的市场，而在富有竞争的环境下，各种建造质量问题、时滞问题无疑将会有明显改观。第三，有助于从整体和局部两个方面优化居住用地公共服务设施的总体布局，充分发挥公共服务设施建设对物业开发的引导作用。

(3) 项目资金的合理分摊

在实行“熟地+净地”的出让方式的同时，为了保证政府承担的那部分公共服务设施的建设，能够按照预定目标圆满落实，实行相应的建设资金分摊机制是十分重要的。目前，我国房地产税收制度还不够完善，而西方惯用的通过销售税收，回收政府投资的办法在现阶段还难以实行。那么，根据开发建筑面积向开发商征收社会公共服务设施的配套费用，计入开发成本，应是合理解决政府建设公共服务设施资金来源的有效途径之一。这样，就更有利于居住用地配套服务设施的建设，特别是能促使公益性配套服务设施付诸实现。

3. 在各层次规划中落实

配套公共服务设施的规划建设中，往往存在以下两种矛盾：

(1) 各种规模的住区都存在，具体如何确定配套项目的增减；

(2) 配套与非配套设施在实际中很难区分，有的配建设施兼顾对外服务，有的是居民从临近的公共设施得到服务，对指标确定带来疑惑。因此，从城市规划角度看，应将配套公共服务设施的要求在相关层次的城市规划中充分落实，尤其应在控制性详细规划中从整片、整区出发统筹解决，将要求的配套公共服务设施的规模、项目等转化为针对地块的控制指标更符合实际。

4. 建立空间预留储备机制

由于城市经济发展水平不同，居民收入不均、生活习惯各异，在市场经济体制下，在不同城市、城市的不同地区、不同的住宅开发项目中，居民对配套公共服务设施的需求都存在比较大的差异性。但是，我国保持长期快速的经济增长也使居民生活水平和消费需求的提高较快，在住宅建设中不能仅仅根据目前的市场需要降低配套规模或减少配套内容，必须为未来的发展留有余地。因此，对居住用地而言，无论其属何种档次，均应配套设置九类设施(包括可为其服务的城市相关设施)，以保障居民居住生活的基本要求；对暂时缺少市场需求的内容应当做好用地预留，并建立相关的保障机制，以利于居住用地的长远发展。

专题三　住宅窗台与阳台栏杆的安全防护措施

（中国建筑设计研究院　林建平）

《住宅建筑规范》GB 50368—2005（以下简称《本规范》）对窗台、阳台栏杆的高度以及防护措施作出了规定，但在征求意见过程中，各有关方面提出过大量不同意见，经专题研究论证，作如下进一步论述：

一、防护栏杆的高度需“从可踏部位表面起算”才起防护作用

征求意见稿期间，曾经有意见要求用图示方法说明栏杆高度的“净高”，规范编制组认为栏杆高度的计算方法属说明性质的条款，本规范全文强制，不必带解释性条文，因此没有采纳。但在第 5.1.5 条说明中引用了《住宅设计规范》GB 50096—1999（2003 版）的规定：“窗台的净高或防护栏杆的高度均应从可踏面起算，保证净高 0.90m”。这里需特别指出，本规定是针对国内多起相关案例处理结果提出的。具体目的是要防止各种因地面材料作法加厚，造成栏杆安全高度实际降低的事故。最近，工程质检管理部门对“可踏面”的审查力度加强，一旦发现安全隐患，坚决杜绝。司法机关断案时根据对“可踏面”的理解，一般认定的事故原因正好说明栏杆高度不够，所以对“可踏面”的判定比较严格。由于栏杆的作法很多，规范不可能对每种情况作出具体规定，我们再次提醒同行们，要以人为本，珍惜生命，为使用者负责，考虑得周到些。特别是根据我国《消费者权益保护法》，产品的设计者和制造者应为其使用者的使用安全负责，所以要特别慎重。以下几种情况如不采取措施，经常属于明显“可踏”：实心栏板与阳台反梁的交接处；低位实心栏板与空心栏杆的交接部位；低位水平空心栏杆；上人屋面女儿墙采用挑砖防水。

二、在低窗台附加栏杆应慎重处理

不少单位和个人提问“低窗台上附加栏杆，达到 0.90m 是否可行?”，这样的问题我们没法一概而论。常见的低窗台距地 0.50m 左右，如果紧贴内墙增加 0.40m 左右的栏杆或栅栏肯定能达到规范要求的防护高度，但由于美观要求和利用窗台面的需求，多数设计人员喜欢将栏杆设在紧贴窗扇的位置。有两种情况被认为不符合规范要求：　是窗台台面太大，如凸窗等，小孩经常站在窗台上眺望，而且使用者站在地面无法正常开启或关闭窗户。日常生活中，开启或关闭窗户需要安全防护的情况很多，例如：听到楼下的喊叫声，需立即开窗户探头；突然的刮风下雨需要立即关闭窗户。这种情况，附加在窗台上的栏杆本身高度应达到 0.90m。第二种情况是窗台太低，成为“可踏面”。不少意见质疑，什么情况下成为“可踏面”的判定依据是什么。根据《剧场建筑设计规范》JGJ 57—2000 第 4.3.7 条规定，“楼座前排栏杆和楼层包厢栏杆高度不应遮挡视线，并应采取措施保证人身安全，实心部分不得低于 0.40m”。剧场是公共场所，家长对儿童的监护心理加强，住

宅中的栏杆防护高度要求比公共建筑高，因此，《本规范》第5.1.5条说明中提出，“距离楼(地)面0.45m以下的台面、横栏杆等容易造成无意识攀登的可踏面，不应计入窗台净高”。大量案例表明，住户(包括成年人)往往会无意识地攀登到0.45m以下的窗台上，不宜简单附加低栏杆。

三、以固定窗作为低窗台的防护措施有限制条件

最近，采用低窗台或落地窗的住宅越来越多，不少设计单位认为在距地0.90m以内设固定窗就达到规范要求的防护措施，但实践证明有若干情况存在安全问题。如固定窗框强度不够，使用者轻趴在窗框上会导致玻璃破裂；落地窗仅用固定玻璃，没有必要的防护，儿童玩耍、椅子翻倒等正常活动会碰破玻璃，造成险情；在高层住宅的高层套型中采用落地窗时，如果没有必要的防护设施，老年人普遍反映外眺时眩晕，类似情况只要引起投诉，设计人员总要承担一定责任。因此提醒设计者谨慎处理。同时，根据国外相关规范和我国部分地区标准，2001年5月1日实施的中国工程建设标准化协会标准《斜屋顶下可居住空间技术规程》中提出：“当斜屋顶窗的单块玻璃面积大于1.5m^{2}时，应采用安全玻璃”，其根据是大面积的玻璃破碎造成的安全事故增多。安全玻璃有相应的国家标准，要根据使用目的选用，为防止玻璃破碎伤人与起栏板防护作用的安全玻璃的功能不同。因此，设计固定扇落地玻璃窗时，务必采取确实可行的安全防护措施。

四、封闭阳台的栏杆不可采用窗台的高度

《本规范》要求“六层及六层以下住宅的阳台栏杆净高不应低于1.05m，七层及七层以上住宅的阳台栏杆净高不应低于1.10m”，比窗台要求略高。规范编制的初衷是，阳台往往三面临空，是全家向外眺望活动比较集中的地方，对栏杆的防护要求应该高些。近年来阳台封闭现象确实普遍，一些设计单位在设计阶段就按照封闭阳台设计，并认为封闭阳台的栏杆高度可按窗台要求降低。但这一点在施工图审查或工程监理中经常引起争议。质检和监理部门明确认定阳台是阳台，窗户是窗户，指出如果将阳台当窗户，工程图中出现许多不能自圆其说的矛盾，比如面积计算、日照间距、窗地比指标等。一些工程设计虽然按封闭阳台设计，实施时仍然交给住户自行处理，引起事故或纠纷使设计者十分被动。规范管理组认为，封闭阳台并没有改变阳台三面临空的状态，也没有改变阳台是全家向外眺望活动比较集中的地方的性质，并且认为阳台是否封闭应是住户自己的选择，目前封闭的阳台日后敞开的可能性完全存在，必要的安全防护措施不能减少。因此提醒设计者封闭阳台的栏杆不可采用窗台的高度。

专题四 住宅的层数与电梯的设置

（中国建筑设计研究院 林建平）

在《住宅建筑规范》GB 50368—2005(以下简称《本规范》)编制期间，第五章“建筑”与第九章“防火与疏散”之间的重要协调结果就是：条文中不出现“多层住宅”、“中高层住宅”、“高层住宅”等用语，统一用“几层至几层”来表述。特别是第9.1.6条的规定对解释住宅的层数与电梯的设置问题具有重要影响。

在对本条规范进行协调期间，建筑组与防火组的编制人员统一的意见是，规范条文最强调的是高度而不是层数，但为了照顾习惯和尽量减少与相关规范的冲突，适当规定层的高度，以层数限制高度对住宅还是现实可行的。根据第9.1.6条的规定，建筑组对“住宅的层数与电梯的设置”问题进行论证，主要结论如下：

一、必须继续严格执行七层及七层以上住宅设电梯的规定

“七层及七层以上住宅或住户入口层楼面距室外设计地面的高度超过16m时必须设置电梯。”是《住宅设计规范》GB 50096—1999(2003年版)的强制性条文。该条文执行情况良好，将其列入《本规范》是理所当然的。征求意见期间，有意见认为，条文原文有4款注释应同时附上，否则有一定的漏洞，容易被误解或曲解，编制组没有采纳该意见，理由是《本规范》的体例比较原则、严谨，过于琐碎的注释一般不予列入，同时《住宅设计规范》GB 50096—1999(2003年版)将继续有效，有漏洞和容易被钻空子的地方，由该规范做修订时进行详细注释和说明。但编制组承诺，在《本规范》的宣贯阶段，重申严格执行本条规定的意义。在此，对注释的具体规定解释为：①对于底层设商店的住宅，如果底层商店层高较高，其最高层住户入口层楼面距室外地面高度超过16m时应设电梯；②对于底层做架空层的多层住宅，如果架空层太高，其最高层住户入口层楼面距室外地面高度超过16m时应设电梯；③顶层是跃层的住宅，设电梯的控制层数只算到其入口层，但必须是上下层为同一套住宅，而且入口层距室外地面高度不超过16m；④如果利用连廊，坡地从住宅的某一中间层进入住宅，只有该入口具备消防通道作用时，才可从该入口起算层数和控制高度。

建筑组认真验算各种层高的住宅后证明，上述四款注释与《本规范》第9.1.6条的规定没有矛盾，尤其对底层架空、底层商店、层高过高、顶层复式住宅的情况有共同制约的作用。

重申继续严格执行七层及七层以上住宅设电梯的规定的主要理由是：

(1) 参照各国相关标准规范，七层及七层以上设电梯已是最低标准。

欧美各国规定四层起设电梯；前苏联、日本以及我国台湾地区规定六层起应设电梯。从其他各国实际执行设项规定的情况来看，普遍比我国严格，大多数在未到控制层数已自

觉设置电梯。如日本等国一般在四～五层设电梯。

(2) 从生理学角度分析，徒步攀登六层以上高度，体能受极大限制。

原1987年《住宅建筑设计规范》的条文说明已引用《建筑学报》1984年第3期关于登高运动量与生理反应的实测结果，证明攀登高度从室内地坪算起，当层高2.7m，空手攀登六层(13.5m)已感腿软，攀登七层(16.2m)已抬腿困难，故登高能力控制在16m是最低生理要求。

(3) 消防要求以及城市设施的一般要求均以六层为限制。

从建筑设计防火要求出发，超过六层的塔式住宅应通至屋顶，户门需采用乙级防火门，方可不设封闭楼梯间，楼梯间可不通至屋顶。一般城市的给水设施基本定位在六层及六层以下可由市政管网压力直接供水，超过时需采取加压措施。

(4) 靠增加层数获取经济效益的方式已不适应市场变化。

按过去的认识，住宅电梯占土建造价的8%～10%，而且，建成以后电梯运营费用昂贵，住宅在一般情况下不设电梯，多层住宅盖得层数越多越经济。这是片面的认识，随着住宅的土建造价在住宅价格中比重的下降，同时由于土地有偿使用、住宅设备设施的增加以及住宅装修水平提高等因素的作用，已经明显改变。

(5) 从"住宅建设应符合无障碍设计原则"出发，不容许七层不设电梯。

《本规范》第三章基本规定中第3.1.11条提出"住宅建设应符合无障碍设计原则"。在征求意见期间，有意见认为应更加严格要求，对六层及六层以下不设电梯的住宅也应提出无障碍设计的要求。如果允许连七层住宅都不设电梯，更难以体现无障碍设计原则。

二、对七至十一层设电梯的住宅，仍然采取较宽松的限制条件

《住宅设计规范》GB 50096—1999(2003年版)第4.1.7条"十二层及以上的高层住宅，每栋楼设置电梯不应少于两台"的规定本次没有列入《本规范》。但根据《本规范》第9.1.6条的新规定，该条的规定需要进一步明确，以免对七至十一层设电梯的住宅增加不必要的限制条件。

(1) 高度限制。对七层及七层以上住宅规定必须设电梯，同时规定了最高住户入口层设计地面高度为16m。与之相对应，第4.1.7条需有高度控制指标，但我国建设十一层左右高层住宅的经验不足，目前难以提出根据充分的数据，过去规范组在具体解释时针对两种情况加以限制，一是底层架空层高度超过2.2m，算为一层(设计通则的规定)；二是对底层商店层高超过5m(2.8m加2.2m)，算为两层。有了《本规范》第9.1.6条的新规定以后，对第一种情况的解释不变；第二种解释将改为"层高超过5.2m(3m加2.2m)算为两层，比以前的限制条件略为宽松。

(2) 对层数界定。由于多层住宅大量出现顶层跃层设计，所以《住宅设计规范》GB 50096—1999(2003年版)第4.1.6条规定采用住户入口层的概念，对顶层跃层的七层住宅允许不设电梯。多数地方主管部门将这概念引伸到高层住宅，即对第十二层为跃层，靠室内楼梯上楼的住宅，仍然计为十一层，可设一台电梯，以前规范组默许了这种处理。但曾经有来函咨询，套内跃两层是否可以？如果可以，到几层为限？住户入口层的概念如果成立，电梯停在十一层，上面的住户再爬四、五层为何不行？那么十二层及以上设两台电梯的规定意义何在？有了《本规范》第9.1.6条的新规定以后，这类问题的答复将变得简单多了。建筑组根据“高度总和除以 3m，余数不足 1.5m 时，多出部分不计入建筑层数”的原则测算，允许套内跃一层的根据充分，而跃两层及以上的根据不足。

三、按住宅层数确定电梯配置数量不仅为了防火

在《住宅设计规范》GB 50096—1999(2003 年版)第 4.1.7 条的条文说明中强调了使用要求，而且没有列入强制性条文。但是事实上条文的形成与多种因素有关，如《高层民用建筑设计防火规范》GB 50045—95(2005 年版)规定“十二层至十八层的单元式住宅应设封闭楼梯间”，“超过十一层的通廊式住宅应设防烟楼梯间”，“塔式住宅、十二层及十二层以上的单元式住宅和通廊住宅应设消防电梯”。说明超过十一层的住宅，如何设置电梯，与防火安全疏散有关。但这些规定只要求设消防电梯，不要求两部电梯。因此，近来有些电梯公司利用技术分析数据证明，一台电梯足以满足十三层住户的使用要求，提出“住宅的电梯配置的优良标准为：5 分钟输送能力≥3%～3.5%，技术分析提出 5 分钟输送能力达到 36.39%，相当于输送 50 多人”。这种分析是不太可信的。一台电梯在 3 个运行周期内输送 50 多人，不是超载就是停站次数和停站时间不规范。根据《住宅电梯的配置与选择》JG/T 5010—92 的规定，5 分钟输送能力应是≥7.5%。单纯从输送能力考虑，《住宅电梯的配置与选择》JG/T 5010—92 规定了载重 1000kg(13 人)的电梯服务九层以下，十层及十层以上需设两台电梯。其实，《住宅设计规范》确定第 4.1.7 条时主要考虑的因素是，当作为整栋住宅惟一的垂直运输工具，电梯在维修时，居民短期可忍受的登高层数应是 11 层以下。因此第 4.1.8 条又规定“单元式高层住宅每单元只设一部电梯时应采用联系廊连通”。目的是在某一电梯进行维修时，高层居民可从其他单元的电梯通行。考虑到我国住宅中应用电梯的经验较少，特别是中高层住宅中一梯两户设电梯的情况过去几乎没有。规范组没有将“设两部电梯”的条文列入《本规范》中，今后仍然允许针对具体工程项目具体处理，尤其对过去七层以上不设电梯比较普遍的地区，目前对设两台电梯的要求不宜苛刻，以免造成大建二十层左右高层的误区。

另一方面，在《本规范》有关无障碍设计的条文征求意见期间，有意见认为，既然规定七层及七层以上的住宅必须设置电梯，那么应相应规定设电梯的住宅应进行无障碍设计。经过论证认为，近年来大量出现多层住宅设电梯的单元式住宅，虽然为进行无障碍设计打下一定基础，但其入口处到电梯间要实现无障碍有很大难度。既然允许六层及六层以下住宅不设置电梯，那么要求六层及六层以下设置电梯的住宅进行无障碍设计的理由就不充分。因此，对六层及六层以下设置电梯的住宅也不列为强制执行无障碍设计的对象。

专题五　住宅给水排水设计的若干问题

（中国建筑设计研究院　赵　锂）

近年来，随着人们生活水平的提高，对居住环境及条件的要求也越来越高。人们在关注住宅的建筑面积、户型、朝向的同时，也越来越关注住宅的核心部分即厨房、卫生间的设计，尤其是管道系统的设计和设备的选用。虽然住宅的建筑面积、居室房间数因开发商的不同，市场供求的变化而难以统一划定，但作为住宅的核心部分，厨房、卫生间的设计，要求的原则可以说基本是一致的。由于发达国家和地区特别是香港小区物业管理的引进，对我国住宅小区的发展及提高起到了推动性作用，同时也给设备专业(水、暖、电、煤气)提出了新的课题，建设部城镇住宅研究所制定的《小康型住宅厨房卫生间设计通则》(BK—P4—21)，中国建筑标准设计研究院出版的国家标准图《住宅卫生间》(01SJ 914)、《住宅厨房》(01SJ 913)，《住宅厨、卫给排水管道安装》(03SS 408)，对厨房、卫生间的设计给出了统一的指导原则，对提高住宅建筑给排水的设计水平起到了积极的作用。

一、给水设计

1. 用水量标准

随着人们生活水平的提高、住宅洗浴设施的完善，住宅用水量标准是在逐渐提高，尤其沿海发达城市，在一些地方用水量标准中，用水定额高于《建筑给水排水设计规范》GB 50015—2003(以下称“规范”)的定额，结果给水排水设施偏大，造成用水的浪费。由于水资源不足的问题日益严重，国家将节水作为重要的一项工作来落实，制定了一系列的相关规定，如：住宅中的卫生器具和配件应采用节水型产品，不得使用一次冲水量大于6L的坐便器；在住宅中推行每户一表；冲厕采用中水等。自来水的价格逐年提高，居民的节水意识也在提高，在设计中应根据不同的地区采用“规范”定额的中间偏下值。

2. 给水管道的敷设

(1) 给水立管敷设

1) 给水立管设在建筑物外墙上，华南及港澳地区广泛采用。水表也集中设在外墙的水表箱内，这种方式施工方便，管线布置灵活，从水表箱出来的给水立管排列有序。立管用固定管卡固定在外墙上，在卫生间或厨房处进入室内。

2) 给水立管设在管道井内，对建筑外立面要求高的住宅及北方寒冷地区，可将立管设在上下对应的卫生间或厨房内，用轻型、防腐、防潮、阻燃板材进行遮蔽。一般与排水立管同井，在阀门敷设高度设检修门，管井的尺寸一般为500mm×300mm。此种立管布置方式水表应采用自动计量水表。

3) 给水立管设在电梯间的管道井内，多用于高层及小高层住宅建筑。

(2) 给水横管敷设

1）横管敷设在现浇楼板内。横管在土建专业绑扎楼板钢筋时预装，随楼板浇筑混凝土埋在楼板中，但在浇筑混凝土前管道必须试压合格，管道防腐也应做好，此种方式要求水暖工与土建专业密切配合，施工中难度较大，管道漏水后无法维修，国家规范已禁止此种敷设方式。

2）管道敷设在建筑地面做法内，此种方式在工程中采用的较多。但要求建筑面层有一定厚度，一般不小于35mm。

3）管道敷设在板面预留的管槽中，管槽在土建施工楼板时预留，管道安装完毕后用水泥砂浆抹平。

4）管道敷设在结构板面下，管道沿板下阴角敷设，建筑专业对阴角进行装饰或装饰出假梁，在管道穿梁时应预留孔洞。此种管道设置不破坏墙板，施工配合容易，管道安装方便，不足之处在管道需经过厅房时，装饰不理想、影响客厅的美观。

5）管道敷设在隔墙内，在砌隔墙时留设管槽，或在隔墙上剔出管槽，将管道敷设其中，是最常用的暗装管道的方法，要注意的是在阀门暗装时应将阀门手柄留在墙外。

3. 水表的设置方式

（1）设置在室外的水表箱内。此种方式在华南及港澳应用很普遍，水表的位置根据供水方式可在底层也可在屋顶层。建议给水管道入户后加设一个控制阀门，以便于住宅户内的管道维修，户外水表箱应加锁，由小区管理人员统一管理。

（2）设置在楼梯间处的水表间或管道井内。对高层住宅、有冰冻危险的地区或建筑外立面有特殊要求的住宅，给水立管及水表间均设在楼梯间或走道外，由水表间至各户的给水横干管敷设在建筑面层内，此种设置方式的缺点是管道的使用量增加较多，给施工和管理都增加了难度。

（3）采用智能抄表系统（即电子远传水表、IC卡水表），水表可设置在厨房或卫生间内。

二、热水设计

1. 自备热水供应

住宅热水一般多采用各自设热水器制备生活热水，采用煤气热水器或电热水器作为卫生间淋浴用水的热源，每户设一个热水器。采用煤气热水器时，煤气热水器多设在厨房或厨房外的生活阳台上。对一些住宅卫生间和厨房相隔较远的户型，因每户一般只设一块煤气表，煤气管道在敷设时要求严格，不能将其引至卫生间，在卫生间内再设一个煤气热水器比较困难，需要将热水管从厨房内煤气热水器处引至卫生间。这种设置方式的缺点是卫生间内的用水器具用水时需要将管道内的冷水放出，才能得到所需的热水。实验表明，管长为25m的热水系统需要放掉6.5L水，才能使龙头处达到适合的水温。一家三口每人每天沐浴一次，一天会放掉19.5L的水，一个月放掉585L水。解决的方式可在卫生间内设电热水器，煤气热水器只供厨房使用，或采用家庭智能热水系统。有些住宅为售楼时的宣传需要，称每户采用独立式集中热水供应系统，实际上是用容积式煤气（电）热水器（容积一般采用150L或190L）同时供多个卫生间及厨房，热水器设在阳台上。住户入住后，普遍投诉使用时太浪费水，卫生间越多，分布越散，情况就越严重。

2. 家庭智能热水系统

为解决热水使用时需要放掉冷水的问题，由房地产开发商与设备厂商共同研制开发了家庭智能热水系统，系统组成见图 3-5-1。即增加了循环管道、循环水泵和控制部分。中央控制器为该系统的核心，采用电脑运算的控制元件，能对分路控制器的各种信息精确地进行判断、计算、反馈，并发出信号控制循环水泵的运转；分路控制器为系统的控制终端，由温控、报警装置组成，用以监测水温，并根据预设条件发出声光警报；循环控制阀为多功能手动阀门，它不仅是回水管道上的控制阀门，还是分路控制器的弱电开关，用以实现强制手控循环泵的功能，关闭报警，并且控制各支路的循环水流，平衡各支路的流量。中央控制器、循环泵及相关的阀门均在成品柜内。家庭智能热水系统中的热水器可为快速式(煤气、电)、容积式，配容积式热水器的使用效果更理想。该系统操作简单，只需在使用热水前打开循环控制阀门，启动循环泵，运行 1～2min 即可。循环泵的功率在 0.12～0.2kW 间，每次运行耗电约为 0.007 度。此系统已在实际工程中得到应用，业主反应良好。还有一种家用热水循环泵，自带温度控制器、时间继电器，可根据设定的温度启泵，达到规定的温度停泵。或按设定的时间启泵，运行一定的时间后停泵。此种循环泵的体积很小，可直接安装在回水管道上。

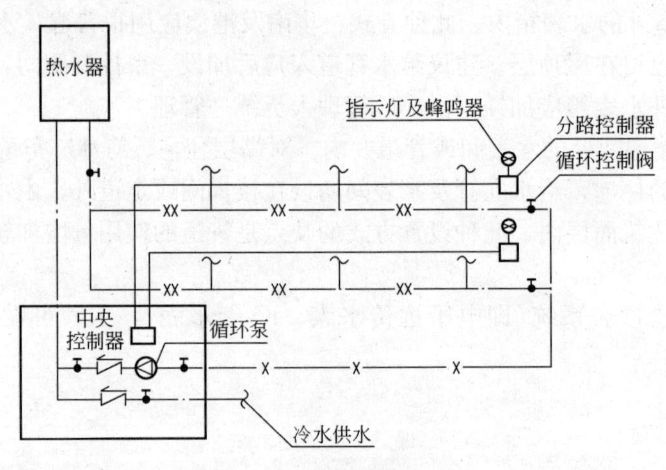

图 3-5-1 家庭智能热水系统

3. 太阳能热水器

太阳能作为无污染的绿色能源在住宅中的应用近几年得到了快速的发展，太阳能热水器在与建筑物的有机结合方面也得到了改进，使太阳能热水器的应用更能适应不同建筑的要求，不再是对建筑外立面的一种破坏。太阳能热水器按循环方式分为自然循环、强制循环、非循环(直落式)系统。一般家用热水器的供热水系统采用自然循环系统(集热面积 $<30m^2$)；对于集热面积 $\geq 30m^2$ 供热水系统，采用强制循环系统或非循环(直落式)系统。开发商及物业管理部门多愿意采用一户一套的局部太阳能热水系统，设备的日常维护、检修工作均由用户自己负责，不存在收费的纠纷，物业管理部门在此方面的工作量也随之减少。但缺点也比较明显，由于每户需要 2 根立管，对于一梯二户五层楼的住宅，管井中需要考虑 20 根立管的位置，建筑平面很难布置。因管井中面积不足，有的施工单位将立管捆在一起，不考虑立管的检修间距，给以后的维护带来困难。给水排水工程师在设计时一定要与建筑师配合，将管井预留合理。对于小高层住宅、高层住宅，不应采用一户一套的局部太阳能热水系统，可采用集中集热、分户储热的供水方式或集中集热、集中储热的供

水方式，以减少立管数量。对于集中设置的太阳能热水供应系统，也可将其作为由城市热网供热系统的预热，以减少城市热网热量的使用。为保证在阴雨天气用户也能用上热水，一般采用带电加热功能的太阳能热水器，加热装置设于储热罐内。

4. 集中热水供应系统

在一些经济发达的大城市，许多房地产开发商采用集中热水供应系统作为其项目的一个卖点，尤其是有地热资源的城市，把在家就能洗上温泉作为一种宣传和对业主的承诺。集中热水供应的优点是供水方便、使用舒适；用水点处不需要加热设备，使用安全、卫生；设备集中，便于管理；对于卫生器具同时使用率低。采用集中供应热水时，其设备的总容量可大大低于分散加热供应热水时的加热设备容量的总和，节省能源。热水供应与冷水供应最大的不同之处在于除要满足使用流量的要求外，还要满足使用温度的要求，同时要保证用水点冷、热水压力的平衡。在小区集中热水供应系统中，关键的是供、回水管道的设计及系统的规模。管道系统过大，供、回水管道过长，热损失大，难以保证机械循环的效果，管网末端回水不畅，水温难以保证。系统大小应经计算确定，为保证用水点的水温，可根据小区的规模适当增加热交换间的数量，由不同的集中系统构成小区的总系统。循环管道宜采用同程布置的方式，即相对每个用水点，热水供水、回水距离之和基本相等，这对小区集中热水供应系统尤为重要。在实际工程中，有时很难做到，建议在每栋楼的回水干管上设每栋楼的循环水泵，便于运行时的调试。为保证冷、热水的压力平衡，热交换间尽量靠近热水用水的负荷中心，减少热水供水管道的长度。冷、热水供水系统分区一致，各区的水加热器、储水器的进水，均应由同区的给水设备供给且冷水供水管上不应分支供其他用水点。目前工程中热水系统常用的循环方式有以下几种：

(1) 干、立管循环

热水供应系统采用干、立管循环，系统见图 3-5-2。此种循环方式对横支管较短的客房卫生间比较适用，立管就布置在卫生间旁的管井内，基本上能做到打开龙头就有热水供

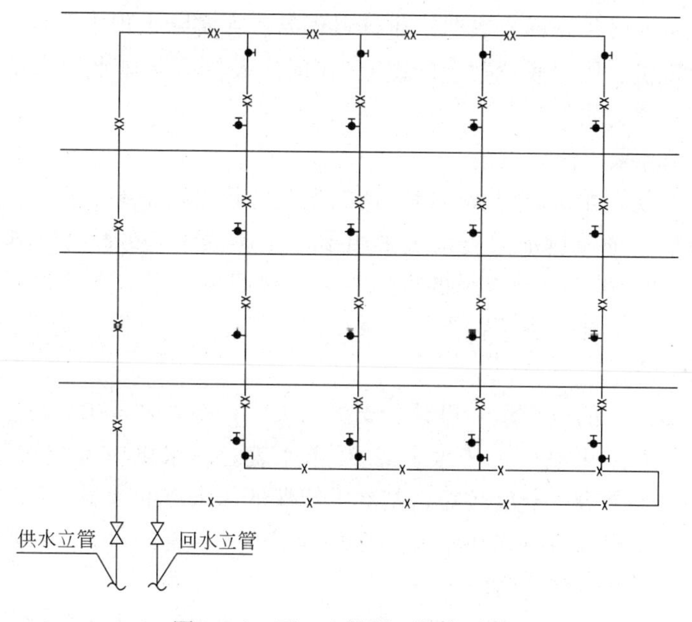

图 3-5-2 干、立管循环热水系统

给。对住宅建筑，住宅的分户水表宜相对集中读数，且宜设置于户外。这使得住宅的热水横支管较长，尤其对于一户多卫生间的户型，热水横支管很长，用户在用热水时，必须放掉管道内的冷水，而此部分的水价为冷水价格的 6 倍以上(一般集中热水供应系统的水价为 20 元/m^3 左右)。使得用户不得不自己安装煤气或电热水器而不用集中供给的热水。从节水、节能的角度出发，在住宅建筑中不推荐采用此种系统循环方式。供水立管、回水立管及水表设置在管井内，支管在建筑面层内设置。

(2) 支管循环设回水水表

为保证用户在使用龙头时能及时得到所需温度的热水，采用的方法之一就是设支管循环。为解决计量问题，在每户回水管上设计量回水量的水表。系统见图 3-5-3。

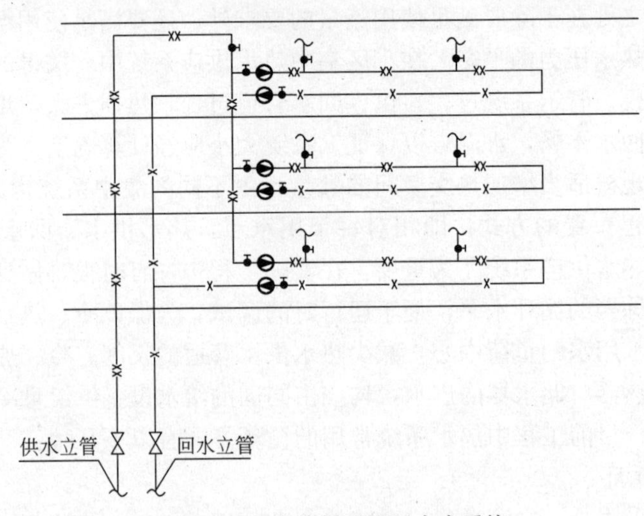

图 3-5-3　支管循环设回水表系统

应注意的是所选用的热水供水表和热水回水表应为同一品牌，以免不同品牌的水表误差不同，循环流量通过供、回水表时产生计量误差。在实际工程中已发生因供、回水表的误差不一致而出现供、回水表读数上的误差(在用户入住前无热水用水量发生但供、回水表的读数却不一致最为明显)。

(3) 支管不循环采用伴热电缆

为保证用户在使用龙头时能及时得到所需温度的热水，采用的方法之二就是在支管上设自调控恒温伴热电缆。热水供应系统采用干、立管循环，支管由伴热电缆保持所需水温。系统见图 3-5-2。采用伴热电缆的方式管道系统简单，不需支管设回水管，不需设回水水表，维护量小，方便。由于在支管上采用恒温伴热电缆，运行费用较大。

(4) 多立管系统

为减少使用时冷水的放出量，可减少支管的长度，将立管及水表设在卫生间内。对于设在户内的水表，宜采用电子远传水表或 IC 卡水表。热水供应系统采用干、立管循环，由于立管就在用水器具旁，支管较短，基本上能保证用水点的水温。带来的问题是卫生间管井加大，每户有多根立管、多块水表，且水表不能采用普通水表，一次性投资增大。

(5) 采用回水配件的自然循环

对于单栋别墅，卫生间较多(一般为三个以上)，热水用水点也较多。热水器多采用容积式，设置在底层的设备间内，热水管道供水到各用水点。如不考虑设回水管道，用户在使用前需要打开龙头将管道中的冷水放掉，使用上既不方便又造成用水的浪费。如设热水回水管道系统，可解决上述问题。一般热水供应系统，由于自然作用水头往往很小(通常几十至几百毫米水柱)，所以对下行上给式管网在下行横干管长度小于35m，且加热设备设在最底配水点以下时，才考虑采用自然循环。由于自然循环水力计算的繁琐以及住宅及别墅的循环作用水头很小，一般很难形成自然循环。采用一种专用于住宅及别墅热水回水系统的回水配件，就成功地解决了住宅热水自然循环的问题。系统见图3-5-4。它利用的原理就是热水管道形成自然循环的条件，既随着热水管道中的水温逐渐下降，它的容重就随之增加，温度低的水向管道底部运动，温度高的水位于管道上部，变冷的水通过回水配件回到加热器内。这个过程虽然是很缓慢的但却不断的在进行，使热水管道中的水保持使用温度，使用者打开热水龙头就可得到所需温度的热水。

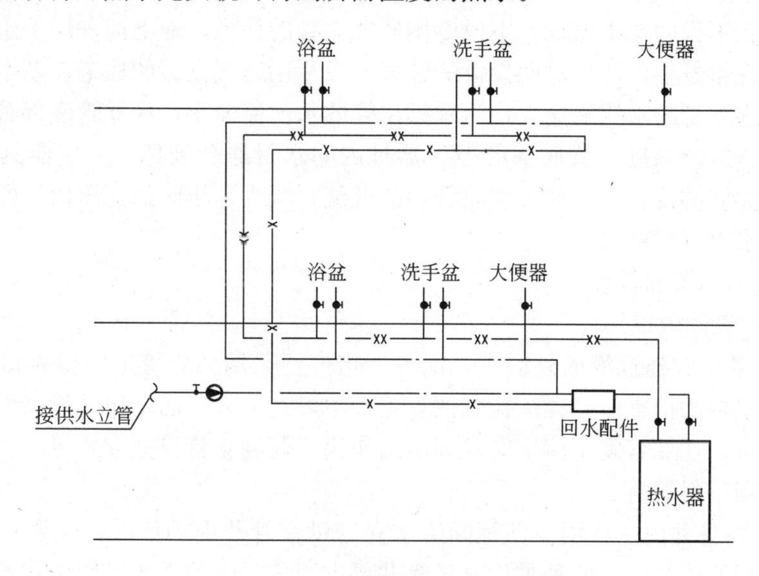

图3-5-4　设回水配件的热水系统

三、排水设计

1. 排水系统的选择

住宅建筑室内排水系统是采用污水、废水分流还是采用污水、废水合流，应根据所在城市室外排水制度、市政主管部门的要求及是否有利于综合利用与处理要求来确定。“规范”第4.1.2条规定下列情况宜采用污废分流：当建筑物使用性质对卫生标准要求较高时；当生活污水需经化粪池处理后才能排入市政排水管道时；生活废水需回收处理时。此条款在各地的执行情况也不相同。北京市、深圳市、广州市都有城市污水处理厂，生活污水在排入城市污水管网前按地方主管部门的要求均需设化粪池简单处理。北京市、深圳市建筑物的排水系统采用的是合流制(建筑物采用中水系统除外)，而广州市建筑物的排水系统则采用的是分流制，生活废水在化粪池后与粪便污水合并排入城市污水管网。从提高建筑物的卫生标准来讲，污、废水分流可以减小化粪池的容积，有利于嫌氧菌腐化发酵分解有机物，提高化粪池的污水处理效果。污、废水分流制的缺点是增加了室内的排水立管及室外检查井的数量。

2. 透气立管

“规范”第 4.4.11 条表 4.4.11-1、表 4.4.11-2、表 4.4.11-3、表 4.4.11-4 给出了生活排水立管的最大排水能力，对流量超过表中的规定值，是采用增大一号立管管径还是设专用通气立管，各设计单位的作法也不一致。在广州市及深圳市，排水立管设在建筑外墙上，立管的布置不受管井大小的限制，一般多采用设专用通气立管，排水立管每隔两层与专用通气立管以 H 管连接。上海市地方标准《住宅建筑设计标准》中规定“多层住宅连接坐便器的污水立管，应设置专用通气立管，隔层设 H 管”，设置专用通气立管的标准更高些。有些城市则采用增大一号立管管径的方法。采用哪种方式更合理更安全呢？笔者经过这些年的设计实践及回访业主，推荐设专用通气立管。“规范”第 4.6.2 条规定，建筑标准要求较高的多层住宅和公共建筑、十层及十层以上高层建筑的生活污水立管宜设置专用通气立管。在工程回访中发现，不设专用通气立管的住宅，最下面一层卫生间的大便器内有翻气泡的现象发生，住户对此投诉的较多。设专用通气立管的住宅，基本上无此现象发生。由于污水立管的水流流速大，污水排出管的水流流速小，在立管底部管道内产生正压区，这个正压区使靠近立管底部的卫生器具内的水封遇受破坏，卫生器具内发生翻气泡。专用通气立管的设置可平衡排水立管内的气流，减少正压区的正压值，使其不足以对卫生器具内的水封形成威胁。

3. 排水管道布置和敷设

(1) 排水立管的敷设

1) 排水立管设在建筑物的外墙上，南方城市广泛采用，立管上的检查口因为设置在外不能像设在室内的检查口一样清掏方便。工程中可在上人屋面上通气管高出屋面的部分设置一个检查口，在立管发生堵塞时发挥清通作用。此种立管设置方式可减少排水噪声的污染，尤其适用塑料管材。

2) 立管设在管井内。适用条件等同给水立管设在管井内的情况，但要考虑在立管检查口处设清通用的检修门。此种敷设方式管井要占用房间内的面积，用于建筑标准要求高的住宅。

3) 立管明设在卫生间或厨房内。此种作法最为常见，排水立管应设在侧墙阴角处，以便于用户在二次装修时隐蔽立管的需求。

(2) 排水横管的敷设

1) 排水横管设在建筑外墙上。一般为建筑背立面，卫生间坐便器采用后出水式，地漏采用侧墙式。此种敷设方式完全将排水管隔离在室外，室内空间完整。但对建筑专业考虑卫生间的位置及内部洁具的布置要求较高。

2) 排水横管敷设在卫生间内侧的地面上。此种管道布置方式可结合毛坯房的要求，在排水立管上留出接卫生器具的三通口，由住户自己根据需要敷设排水横管并决定卫生间的大小。排水横管也可隐蔽起来，但要较地面高出 20cm 左右。此种管道布置方式坐便器只能使用后出水，地漏采用侧排水地漏。

上述两种管道布置方式都要求使用侧墙地漏，在实际使用中普通反映存在臭气易外逸和污水返溢的缺点。

3) 采用下沉式卫生间，排水横管敷设在填渣层内。所谓下沉式卫生间就是卫生间结构板下降一定高度，一般不小于 300mm，下降部分用焦碴充填。下沉式卫生间分为两种形式：一种是卫生间结构板全部下降，一种是卫生间结构板仅在卫生器具侧下降。两种形式的采用依赖于卫生器具的布置。坐便器采用下排水式，地漏采用多通道直埋式地漏，管道(包括给水及热水管)均埋设在填层中，管道维修只在本层进行，不影响下户人家。

4) 排水横管走在下层的板顶。此种方式在以往的住宅中应用得最多，管道可通过在下层做吊顶进行暗装。此种方式的优点是管道维修方便，最不利的问题是管道维修影响下户人家。

(3) 住宅厨房和卫生间的排水立管应分别设置。排水管道不得穿越卧室。

(4) 对住宅建筑底层设架空层、商场或商铺的情况，上部排水立管必须在底层进行转换，以不影响底层的使用功能。转换后的出户管不应少于 2 根，宜控制在 4 根左右。排水横干管的管径不应大于 $DN200$，采用 $DN150$ 为宜。排水横干管所服务的户数不宜超过 100 户。在实际工程中发现，有的设计将一栋楼的排水立管均汇到一根排水横干管上出户，若发生管道堵塞或破裂将影响整栋楼的用户，是不安全的。出户管过多，在地下室外墙上所预留的防水套管及室外的检查井均增多，给施工及室外环境带来不利。

(5) 设有专用通气立管的住宅楼，底层卫生器具的排水管道是否还要与其他楼层管道分开单独排出？“规范”并没有给出要求，第 4.3.12 条中表 4.3.12 适用的前提是排水立管仅设置伸顶通气立管。在专用通气立管一节的分析中我们知道，专用通气立管的设置是可以防止卫生器具水封遇受破坏、内部冒气泡现象的发生。也就是说，排水立管设有专用通气立管时，其底层卫生器具的排水支管可以接到排水立管上。但住宅内排水管道在使用过程的复杂性，排水管道内有固体废物的存在，影响排水的通畅，使得与排水立管底部连接的卫生器具有溢水的可能，此现象在实际工程中也时有发生。因此，底层卫生器具的排水管道不接到排水立管上为好，应单独排出。

4. 地漏的设置

地漏是排水管道系统中的一个重要附件，功能就是排除地面的积水。在住宅建筑中，地漏目前主要设在卫生间，厨房不设置。随着人民生活水平的提高，住宅内卫生环境的要求也提高，居住者不会用水冲洗卫生间、厨房的地面，即卫生间、厨房内不从地面排水，对于使用时产生的少量溅水，用户也是使用抹布擦除。设置地漏的卫生间、厨房由于没有地面排水，造成水封得不到补充而导致水封丧失，有害有毒气体串入室内，污染室内环境、空气。《住宅建筑规范》GB 50368—2005 规定设有淋浴器和洗衣机的部位应设置地漏，卫生间、厨房地面可以不设置地漏。在住宅卫生间地面如设置地漏，应采用密闭地漏。洗衣机部位应采用能防止溢流和干涸的专用地漏，也可采用在其旁边的排水管道上设一个管径为 $DN32$ 带存水弯的排水接口，采用上排水洗衣机。

5. 屋面及阳台雨水的排出

位于住户上部的屋面，雨水斗不能采用 65 型或 87 型雨水斗(雨水横管不能走在住宅内部)，而应用侧墙式雨水斗。但在用侧墙式雨水斗时其最大汇水面积不能套用《建筑给水排水设计手册》表 4.3-3 的数值，而应按《屋面工程技术规程》GB 50207—94 第 4.3.10 条的规定，一个侧墙式雨水斗最大汇水面积宜小于 $200m^2$。侧墙式雨水斗的构造见标准图集 01S 302《雨水斗》。阳台雨水应设专用的立管，由无水封地漏来收集，而不应接到屋面雨水立管上。屋面雨水立管内的压力分布是由负压到正压的一个变换过程，零压力点的位置约在距立管末端以上 1/3～1/2 的高度处，将阳台雨水地漏接到屋面雨水立管上部负压区，将通过地漏吸入大量的空气，影响雨水立管的排水量；将阳台雨水地漏接到屋面雨水立管下部正压区，则有返水倒灌的可能，这在实际工程中发生的频率很高。屋面雨水与阳台雨水各自分开是必要的，不能因为在建筑立面上增多了几根雨水立管而将其合并。

四、管材

1. 给水及热水管材

由于镀锌钢管存在着与水中杂质发生化学反应，导致产生红水，影响水质。尤其用于热水系统时，管道内表面和接口的锈蚀程度更加严重，几天不用就会出现黄锈水，管道使用寿命缩短(使用寿命一般仅为 5～10 年，常规管材管件寿命应在 15 年以上)，建设部已禁止在生活给水中使用镀锌钢管。在住宅给水系统中一般采用衬塑钢管、薄壁不锈钢管、铜管、给水塑料管等。在热水系统中用带保温套的紫铜管、薄壁不锈钢管、热水用塑料管、热水用衬塑钢管等。应引起注意的不是所有塑料给水管均能用于热水系统。可用于热水系统的塑料管有 CPVC(氯化聚氯乙烯)、Pb 管(聚丁烯管)、铝塑复合管、PEX 管(交联聚乙烯)、PP 管(聚丙烯)等。

2. 排水管材

建设部在《国家化学建材推广应用"九五"计划和 2010 年发展规划纲要》中附件二"关于加速推广应用化学建材和限制、淘汰落后产品的规定"中，规定新建多层建筑必须使用塑料排水管。UPVC 排水塑料管已在住宅建筑中得到了广泛的应用，取得了成功的经验，但也存在缺点及不足。最大的问题是噪声远大于铸铁管，管壁隔音效果较差，对日常生活有一定的影响。为解决噪声问题，在 UPVC 管内壁增加了凸起的螺旋型导流线，使水流条件得到改善，有效地降低了噪声，即目前市场上的 UPVC 螺旋管。为解决管壁隔声效果较差的问题，又开发了 UPVC 芯层发泡管(PSP 管)，不仅具有传统 UPVC 实壁管的优点，还具有高抗冲击、隔声、阻燃、绝缘、热稳定性好的特性。排水管道设于室内时，应优先选用螺旋管、芯层发泡管或离心铸造排水铸铁管。目前许多城市都有住宅建筑高度小于 100m 时，生活排水管和雨水管应采用硬聚氯乙烯管的地方规定，以政府行政作用的角度来推广排水塑料管。在实际工程中，设计人员应根据不同的情况灵活地加以掌握。高层住宅底层排水立管需要转换时，排水横干管、转换层以下的排水立管、出户管应采用离心铸造排水铸铁管，提高排水管道因堵塞后下部管路系统为受压状态时的承压能力，提高整个排水管道系统的安全度。

五、结语

住宅建设牵动千家万户，"小康住宅"是跨世纪工程，在作为住宅核心的卫生间及厨房的设计中，应基本做到给水排水管道全部暗装；住宅内考虑热水供应；设备选型应保证满足成套性、通用性、互换性的要求；规范管道接口设计；正确地选择系统的形式、节水且噪声低的卫生设备、合适的管材及附件，使住宅设计提高到一个新水平，满足人民生活水平提高的需要，满足人们对居室内环境的要求。

专题六　住宅小区室外环境给水排水设计

（中国建筑设计研究院　赵　锂）

近年来随着人们生活水平的提高，对居住环境条件的要求也越来越高，生活在高楼大厦中的人们对自然环境的亲近有越来越强烈的要求。地产开发商为满足人们的需求，同时营造出销售的热点，对住宅小区的环境投入也在加大。室外环境单独委托专业公司来设计，环境设计也不再是种些草木，水景(溪流、瀑布、喷泉、跌水、游泳池等)已成为室外环境的重要组成部分，水景与绿化有机地结合在一起。境外的环境设计公司一般只负责小区的整体环境规划，草木、水景细部节点的大样，水景造型的要求，如何去实现则由建筑设计单位的给水排水工程师来负责。下面结合与环境设计公司配合过程中给水排水专业应注意的问题及室外总图给水排水设计中的问题加以分析、探讨。

一、居住小区室外给水设计

1. 室外绿化浇洒给水

小区室外环境给水就是以满足小区公共绿地的养护、道路的浇洒及水景的补水为目的。传统的给水设施是洒水栓：北方寒冷地区采用地下式，南方地区多采用地上式。洒水栓的间距控制在 80m 左右，绿化用水量按 1.0～3.0L/(m^2·d)计，道路浇洒按 2.0～3.0L/(m^2·d)计。浇洒次数按 2 次/d 计，即上、下午各一次，每次一小时。在水资源紧缺的地区及南方经济发达地区，草地养护已不在采用洒水栓浇洒的传统方式，而是采用喷灌或滴灌。对于新建绿地，喷灌一般采用的形式为固定型喷灌系统。采用喷灌时应注意喷头的洒水半径、流量、喷头的工作压力不同其生产厂家是不同的，喷头的布置方式必须与拟采用的产品结合。基本布置方式有矩形、三角形两种。喷头的布置原则为：等间距、等密度，最大限度地满足喷灌均匀的要求，不向喷灌区域外大量喷洒。要考虑风对喷灌水量分布的影响，并将其影响降到最低。喷头一般布置在绿地边界的转折点处，在两个转折点之间的喷头等距离均布，绿地内部的喷头按洒水半径、喷水强度布置。喷灌喷头的常用形式有离心式、摇臂式、旋转式等，安装方式有地面上安装、顶端与地面平喷水时自动升起等。工程中一般根据绿地的面积将喷灌系统分为几个轮灌区，可有效地解决水源供水能力不足、供水干管过大的问题。滴灌是发达国家普遍采用的先进的绿地浇洒方式，在保证草地生长需水的前提下，可最大限度地节省用水。下面介绍一种滴灌系统。系统由埋在草地根部的点滴式灌水管、电磁阀组、雨量感测控制器组成，如图 3-6-1 所示。工作原理为：由雨量感测控制器探测大气中的湿度，控制电磁阀的开启进行滴水，也可将感测控制器按植物的需水量设定，控制电磁阀在一天中开启的次数来给草地滴水。在埋入草地的灌水管内部按一定的间距(0.5m、0.3m)设有点滴器，其构造见图 3-6-2。点滴器的作用是调节孔口出水的压力，防止出水孔被土壤堵塞，按植物需求量来控制出水量。水在进入点滴器时先经过过滤装置，再经内部波浪型的构造路途通过，使进水压力在0.03～0.40MPa的范围内保持点滴器的出水量为2.3L/h。在设计中应注意的是，若由市政给水管道直接供水，应在与市政管道连接处设管道倒流防止器。推荐采用设绿化蓄水池及绿化加压水泵的供水方式。

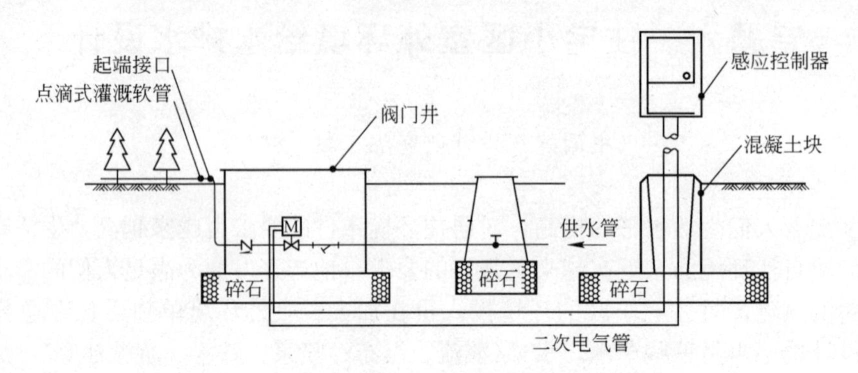

图3-6-1 滴灌系统

2. 室外水景给水及处理

水作为一种元素可以融入到任何风格的园林和环境设计之中，水元素的运用也有多种形式，而水的恰当运用可以成为室外环境的“点睛之笔”。水在住宅小区室外环境中的运用一般是以溪流、瀑布、泉涌、跌水、喷泉(音乐喷泉、程序控制喷泉、旱地喷泉、雾化喷泉)的形式出现。在南方一些城市住宅小区还普遍设有室外游泳池。水景的水源(补水)原来一般采用城市自来水，从2006年3月1日起，人工景观水体(人造水景的湖、小溪、瀑布、喷泉等)的补水严禁使用自来水，应采用中水、雨水作为景观环境用水水源。应引起设计人员注意的是，中水用于景观环境用水与用于绿化、车辆冲洗等用水的水质标准是不同的，必须按《城市污水再生利用　景观环境用水水质》GB/T 18921—2002的规定执行。室外水景水体是采用处理后循环使用还是直流式供水、定期排放，目前的做法也不一致。从节省水资源，保持水景水质的角度出发，应采用处理后循环使用，尤其对水体水量较大的小区。水景的水体因尘土飘落会导致浊度升高，水中藻类的滋生繁殖也会加深水的色度及浊度，影响观感，严重时人的感观都难以接受。对直流式供水，应按10～15d换水一次来考虑，处理后循环使用的水景水体的补水也应按一个月内更新一次计算。中、大型水景的补水应设自动补水装置。图3-6-3为我们工程中采用的一种补水方式，优点为在水景水池中看不到进水浮球阀，液压水位控制阀的管径按补水量考虑，主管按12～24h内将水景水池充满考虑管径，平时将主管上的阀门关闭。为抑制藻类的滋生，应不定期向水景的水体中投加除藻剂(如硫酸铜)，投加量控制在0.3～0.5mg/L。对于兼作养鱼池的水池，投加硫酸铜的量必须慎重考虑，以免造成鱼类的死亡。造成水景水体中藻类繁殖的原因主要是水中的磷、氮浓度超标，因此，再生水作为景观用水时，应进行除磷脱氮处理。水景水体的处理方式一般采用循环净化处理，设过滤罐，循环周

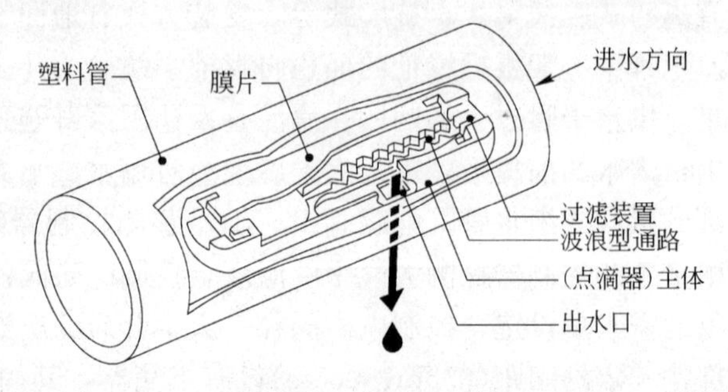

图3-6-2 点滴器

期可按 12/24 小时计，即按半天或一天将水景水体循环一次考虑。若水景的水体与室外游泳池连成一体时，循环周期应按室外游泳池设计参数考虑，补水采用自来水。

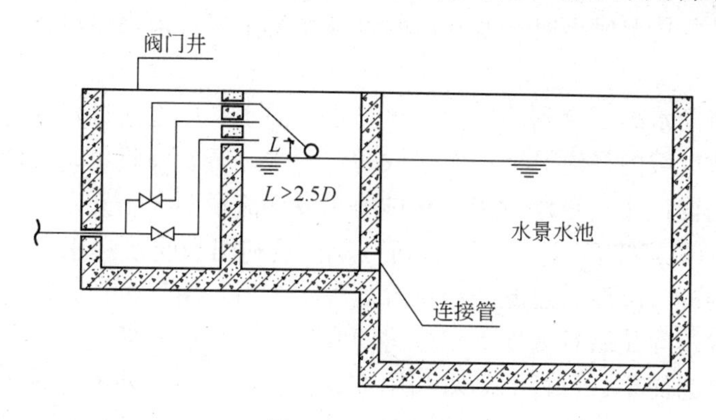

图 3-6-3　补水池

3. 室外水景水泵及管材的选择

室外水景水泵的分类有两种：潜水泵和陆用泵(干式离心泵)。两者在室外水景中都有着一定的应用，有各自的优缺点。潜水泵的优点是使用灵活，不需要泵房，工程造价比干式离心泵低，尤其适用水景分布分散、相互间距离较远的情况。缺点是可靠性较干式离心泵差，某一台潜水泵发生故障会导致水景造型的不完整，而潜水泵的绝缘遇到破坏后会产生严重的后果，造成人员的伤亡。水池的有效水容积应不小于 5～10min 的循环水量，对于水位较浅的水池，应在池底设吸水坑，并设格栅或蓖子，用于防止大颗粒的杂质(如树叶、杂草等)被潜水泵吸入，同时用于隐蔽水泵。陆用泵的最大优点是安全性高，检修方便。但需要设有水泵房，管路系统复杂，工程造价高。适用于水量较大的水体，如大型的瀑布、跌水、环流河等，可与水处理循环系统的加压泵合用。此系统宜设补水水箱或平衡水池，水泵从补水水箱或平衡水池中吸水。为保证水泵的正常运行，在水泵直接从水体中吸水时，吸水管上应设过滤器。

用于水景的管材最普遍的是热镀锌钢管，但最大的问题是使用一段时间后，表面锈蚀，影响美观，使用寿命缩短。建议使用不锈钢管、ABS 管、HDPE 管、CPVC 管等。

二、居住小区室外排水设计

1. 室外环境绿化及水景的排水

小区室外绿化排水主要是雨水的排除，采用的方式为雨水口或排水沟。雨水的最终出路是市政雨水管道。传统的绿化雨水排水是地面径流与地下渗流相结合，地面径流是利用绿地的标高比周边道路的标高高，依靠坡度重力散排至道路上的雨水口，地下渗流是利用土壤的自然吸水性、渗透性下渗到地下水中。室外道路上、广场、停车场等处的雨水口一定要根据总图专业提供的地面等高线来设置，设计人不能凭主观想像来布置。实际工程中经常发生将雨水口设在高点的现象，使雨水口起不到作用。对环境设计公司设计的下沉式广场、下沉式喷泉等室外景观，其雨水的排出应根据下沉式构筑物排水管的标高来确定，当其排水管的标高高于预接入下游雨水检查井的地面标高时，可重力排出，否则应设集水池，采用潜水泵加压排到雨水管网。水景水池均应设泄水口，并设格栅，泄水管管径按

12～24h 将水池泄空考虑。水景水池的泄水不允许排到污水管道。应引起给水排水工程师注意的是，环境设计公司有时会忽略水景水池的溢水口设计，尤其是在暴雨时不允许水位升高或溢出水池外的情况发生时，溢水口的设计尤为重要。溢水口可接合水景水池采用溢水井的方式。

许多城市已将雨水的综合利用提到议事日程，雨水利用是指针对因建筑屋顶、地面铺装等地面硬化导致区域内径流量增加而采取的对雨水进行就地收集、入渗、储存、利用的措施。雨水利用的设计应满足建设用地外排雨水设计流量不大于开发建设前的水平，设计重现期不得小于 1a，宜按 2a 确定。雨水利用分直接利用和间接利用：雨水直接利用是指将雨水收集后经混凝、沉淀、过滤、消毒等处理工艺后，用于生活杂用水；雨水间接利用是指雨水经土壤渗透净化后补充地下水或将雨水适当处理后回灌地下水层。工程中应首选土壤渗透，这是最为简单、可行的雨水利用方式。为此，在室外雨水设计时应与总图专业配合，提出绿地竖向标高的要求，即用于滞留雨水的绿地须低于周围地面，二者高差应在 100mm 之内。庭院、广场、人行道等建议总图专业选用透水性材料铺装，停车场采用嵌草砖等。

2. 地下室上部绿化排水

为解决地面停车不足问题，许多住宅小区庭院下部设有地下停车库，上部进行绿化，设置水景；部分住宅楼的雨水、污水管道及其检查井也在车库上布置。这就要求车库上必须有足够的敷土层，不同树木要求的敷土层是不同的，综合考虑，敷土层应在 1.0～1.5m 之间。由于绿化下面是不透水的车库顶板，因此必须考虑设排水设施，才能保证植物的正常生长，不会因土壤中水的含量过多发生烂根或因其他疾病而死掉。常用的排水方式有两种形式，一种是采用穿孔塑料管，外包透水性滤布，上部设砾石。穿孔塑料管可采用成品软式透水管，管径采用 *DN*100，管道布置间距在 4m 左右。另一种是采用塑料盲沟(以热熔性聚氢类制成的连续长纤维状多孔新型土工合成渗排水材料)，其特点是开孔率高、抗压强度优良、排水量大、耐久性好等。塑料盲沟有圆形管材和矩性片材供选择。车库顶部的排水可采用矩性片材满铺或间隔铺设。在渗排水材料上需铺设滤水布，但不需要设砾石，可直接回填种植土。上述两种方法均需在绿化周边设排水沟，收集绿化土壤中的雨水，并将雨水排出地下室范围。

三、结语

室外小区总图给水排水设计应与小区室外环境设计密切结合，统一考虑，同时进行。在实际工程中，因业主对室外环境要单独委托设计，往往在总图设计开始时给水排水专业得不到室外环境、水景的布置图，如果完全不考虑室外环境而进行总图给水排水设计，造成的结果是给水排水总图要进行调整，二次设计。因此，给水排水工程师应提醒业主要求环境设计与总图设计同步，力争在进行给水排水总图设计的同时完成环境、水景的给水排水设计。如环境设计滞后，应积极地与环境设计公司沟通，预留水景的给水、排水接点，力争将对总图给水排水设计的影响降到最低。

专题七 热水采暖系统及其排气问题

（中国建筑设计研究院 李娥飞）

热水和蒸汽是集中采暖系统最常用的两种热媒。多年的实践证明，热水采暖比蒸汽采暖具有许多优点。从实际使用情况看，热水做热媒不但采暖效果好，而且锅炉设备、燃料消耗和司炉维修人员等比使用蒸汽采暖减少了30%左右。

由于热水采暖比蒸汽采暖具有明显的技术经济效果，用于民用建筑是经济合理的。近年来许多单位采用这种做法。因此，《采暖通风与空气调节设计规范》GB 50019—2003条文中明确规定：民用建筑的集中采暖系统应采用热水作热媒。工业建筑的情况比较复杂，有时生产工艺是以高压蒸汽为热源，单独搞一套热水系统就不一定合理，因此不宜对蒸汽采暖持绝对否定的态度(但应正视和解决蒸汽采暖存在的问题)，条文中规定有一定的灵活性。当厂区只有采暖用热或以采暖用热为主时，推荐采用高温水作热媒；当厂区供热以工艺用蒸汽为主，在不违反卫生、技术和节能的条件下，可采用蒸汽作热媒。

对住宅建筑，应当遵守民用建筑的集中采暖系统应采用热水作热媒的规定。

也就是说，住宅采暖的热媒应当是热水，从人居的舒适度和节约能源来说热水作为热媒都是较好的，但是要想让热水采暖系统运行正常，保证采暖效果，就必须重视热水采暖系统内空气的排除，否则系统会经常出现问题。以下专门谈一下热水采暖系统中空气的排除。

一、热水采暖系统排除空气的意义

热水采暖系统中空气是最有害的因素。当系统中有空气积存时，往往要影响热水的正常循环，造成某些部分不热，产生噪声。空气中含有氧气是造成金属腐蚀的主要原因，所以必须重视排除空气的问题。

热水采暖系统排除空气的情况有三种：

第一，是系统充水阶段。整个系统原来是空的，充满了空气，当冷水由系统下部充入系统时，空气逐渐被水挤出。在充水时系统的各最高点的排气阀都要打开，当排气阀因水充满而溢水时就关闭，当系统完全充满水时，充水管也要关闭，这样系统被隔绝。只有在开式系统，例如具有敞开口的膨胀水箱时才有与大气相通之处。

第二，是系统开始运行的阶段。冷水逐渐升温，冷水中所溶解的空气逐渐分离出来，通过各排气阀(手动或自动)排除。

第三，是在正常运行阶段。冷水中大量的空气已基本排除，由于少量补充水而带入系统的空气因升温而分离出来，也要随时排除。本来这部分空气应当是不多的，自来水中空气的含量约30g/m^3，城市热网软化水中空气的含量为1g/m^3。可是由于管理上的问题，有不少系统严重丢水漏水造成经常要补水排气。这不仅使得运行复杂而且也是很大的浪费。

空气比水轻，所以空气都积存于系统各部分的最高点，这是与蒸汽采暖系统排气的不同之处。空气因水温升高和压力降低而分离出来时，是呈小气泡的状态升起的，其浮升速度随气泡的大小而不同。气泡的浮升速度又与管道的直径和倾斜度有关。如果水流速度超过气泡的临界速度，气泡就会被水流所带走，所以某些管道的最高点并不一定积存气泡。这些气泡可以带到一个合适的地点，比如说靠近锅炉房的回水干管上，经集气罐时由于水流速度降低，使空气分离出来，集中地排除。这样就可以减少分散在各部分最高点的排气点，使系统简化，运行方便。

如果说在蒸汽系统中凝结水的顺利排除和回收是系统运行成败的关键，那么对热水采暖系统来说顺利地排除空气也是个关键问题。

二、溶解于水中的空气的排放条件

在热水采暖系统中，所充入的常温水总是溶解有一定量的空气，当系统运行升温后，空气则总是要分离出来的。空气在水中的溶解量与温度和压力有关，凡是空气溶解量低于原始空气溶解量的地点都能使空气分离出来或排放出来。当然不能以系统内两个地点的空气溶解量的相互比较来判定何处是溶解量较小的才能放出空气，而另一处则不能放出空气。

系统充水时的原始空气溶解量现缺乏实测数据。下面列出一个大致的范围（表 3-7-1）作为参考。

冷水的空气溶解量 *b*(mg/L) **表 3-7-1**

水温(℃)	压　力　(表压)		
	0	0.5atm	1.0atm
5	34	50.6	67.5
10	30	44.4	59.2
15	26.5	39.4	52.6
20	24.5	36.3	48.5

由表 3-7-1 可见，压力越大，温度越低，空气溶解量则越大；反之，压力越低，温度越高，空气溶解则越小。

气体在水中的溶解量 *b*(mg/L)与水温和气体的绝对压力的关系，如下式：

$$b=K(P-P_{汽})$$

式中　K——当压力为 1 atm 时，与水温有关的气体溶解系数(表 3-7-2)(mg/L)；

P——水面上空，气体和水蒸气的全压力(atm)；

$P_{汽}$——水面上空，水蒸气的分压力(表 3-7-3)(atm)。

从表 3-7-2 可见，水温低时 K 值较大，变化也较大；水温高时 K 值较小，变化也较小，80℃以上时 K 值变化就很小了。

不同水温下空气溶解系数 *K* 值 **表 3-7-2**

水温(℃)	0	10	20	30	40	50	60	70	80	90	100
K(mg/L)	38	30	24.5	21.0	18.7	16.8	16.1	15.4	14.8	14.2	13.6

水蒸气分压力 $P_{汽}$ 与水温的关系 **表 3-7-3**

水温(℃)	0	5	10	20	30	40	50	60
$P_{汽}$(ata)	0.006	0.009	0.013	0.024	0.043	0.075	0.126	0.203
水温(℃)	70	80	90	100	110	120	130	
$P_{汽}$(ata)	0.318	0.483	0.715	1.033	1.461	2.025	2.754	

根据上面公式可作出在不同压力 P 和不同水温 t 下水中的空气溶解量 b 的关系图(图 3-7-1)。从曲线可以很方便地查出系统各处(即不同压力和温度)的空气溶解量。

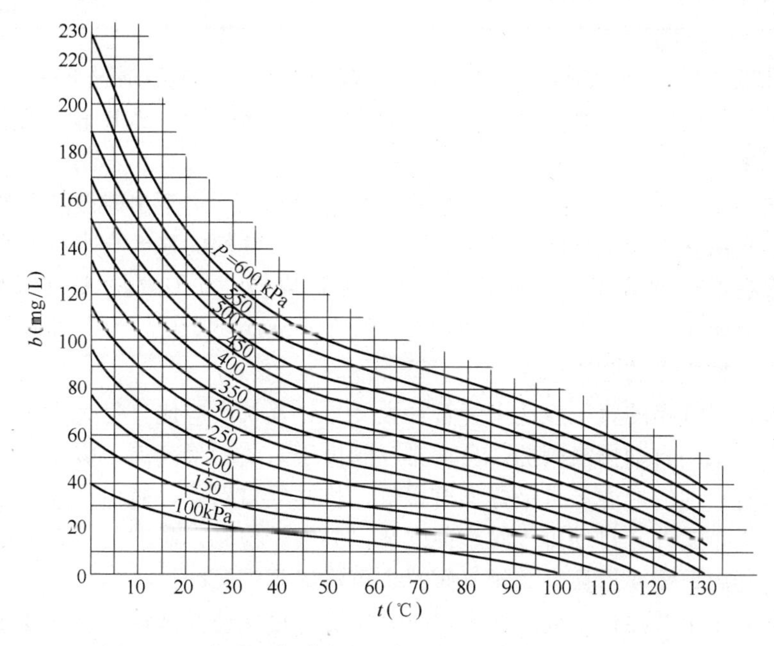

图 3-7-1 水中空气溶解量 b 与压力 P 和水温 t 的关系图

例如，某系统为 130～70℃的高温热水采暖系统。系统充水的温度为 10℃，压力为 0.5atm，空气溶解量为 $b_{原}$＝44.4mg/L。系统最高点的压力 $P_{顶}$ 为 2atm，循环水泵入口处的压力 $P_{入}$ 为 0.6atm。当运行给水温度为 90℃，回水温度为 53℃时，可查得系统最高点的空量溶解量 $b_{顶}$ 为 33mg/L，循环水泵入口处的空气溶解量 $b_{入}$ 为 24mg/L。

此时，系统最高点的水温虽然比循环水泵入口处的水温高得多，但由于系统最高点的压力比循环水泵入口处的压力也高得多，所以循环水泵入口处的空气溶解量却比系统最高点的空气溶解量低得多。虽然如此，也不能认为循环水泵入口处能分离出空气而系统最高点就不能分离出空气来。由于这两处的空气溶解量都低于系统充水时的原始空气溶解量，按理这两处都能分离出空气来，只是这两处分离空气的快慢有所不同。

由于系统在不同地点，不同的水温条件下，空气溶解量是变化的，为了有比较清楚的概念，现以哈尔滨地区的水温调节曲线为例，$P_{顶}$＝2atm，$P_{入}$ 分别为 0.5、1.0、1.5 和 2.0atm，算出空气溶解量 $b_{顶}$ 和 $b_{入}$，见表 3-7-4。

空气溶解量 $b_顶$ 和 $b_入$ **表 3-7-4**

室外温度 t_w(℃)		−29	−25	−20	−15	−10	−5	0	5
给水温度 t_0(℃)		130	121.5	111.5	100.7	90.0	79.0	67.5	55.8
回水温度 t_h(℃)		70	66.8	62.9	58.5	54.2	49.6	44.5	39.2
$b_顶$(mg/L)		3	17	19	26	32	37	41.5	46
$b_入$ (mg/L)	$P_入=0.5$	18	19	20	21*	22*	23*	25*	27*
	$P_入=1.0$	25.5	27	28	29	30.5*	32*	34.5*	37*
	$P_入=1.5$	33	34	35	37	38	40	43	46
	$P_入=2.5$	40.5	42	43	44.5	47	49	51.5	55.5

上表中凡带“*”号者都是 $b_入<b_顶$ 的，其范围并不大，多数情况下是 $b_入>b_顶$。当然无论 $b_入$ 是大于或小于 $b_顶$，都要和充水时的原始空气溶解量 $b_原$ 作比较，凡小于 $b_原$ 者都能分离出空气来。

空气分离出来之后，从水中浮升并集聚于系统顶部、下进下出时散热器的上部，以及管道隆起处。自由状态的空气随着静压的减少而增加。气泡的移动与水流速度及管道坡度有关，它集聚在系统的最高点。在集气点的水流速度应≤0.1m/s，集气罐的最小内径，按其水通过的流速小于0.1m/s计算，即 $d_g=2G^{0.5}$(mm)，式中 G 为水流量(kg/h)。集气罐应装在最后一根立管的前边。

一般来说，集气罐的直径应比干管管径大2号，其长度应比直径大2倍至2倍半。

目前，也有采用自动排气阀的。自动排气阀设于系统的最高点。应注意的是其排气口应设在厨房或有水池的地方，且最好能有接管，将排气口引下，避免直接吹到室内顶棚或墙壁，污染装修。此外，自动排气阀难免失灵，为便于检修，应在其与系统连接处，装一个阀门，平时开启；需要拆换自动排气阀时，可将该阀门关闭。

而在目前采用了分户计量的系统中，排气装置应设在公共区域，这样便于维修。

专题八　集中采暖系统住户热量分摊技术讨论

（中国建筑科学研究院　郎四维）

一、相关文件和标准规范

我国北方严寒和寒冷地区每年有相当长的采暖期，长期以来，我国执行的是按照计划经济模式确定的以保证最低基本热量需求为目的的供暖区域及供暖期标准。由于是计划经济模式，所以对集中采暖的住户不存在支付采暖费问题。但是这样的计划经济模式已经不符合当前经济发展的需要，同时，也不利于推进住户采暖行为节能和增强节能意识。

2003年7月21日，由建设部、发改委、财政部、人事部、民政部、劳动和社会保障部、国家税务总局、国家环境保护总局发文“关于印发《关于城镇供热体制改革试点工作的指导意见》的通知”（建城［2003］148号），该“指导意见”的主要有关内容为，决定在我国东北、华北、西北及山东、河南等地区开展城镇供热体制改革的试点工作。城镇供热体制改革试点的指导思想是，稳步推进城镇用热商品化、供热社会化，逐步建立符合我国国情、适应社会主义市场经济体制要求的城镇供热新体制；改革单位统包的用热制度，停止福利供热，实行用热商品化、货币化；逐步实行按用热量计量收费制度，积极推进城镇现有住宅节能改造和供热采暖设施改造。2005年12月6日，八部委再次发文《关于进一步推进城镇供热体制改革的意见》（建城［2005］220号），文中指出：“自2003年建设部等八部委下发《关于城镇供热体制改革试点工作的指导意见》以来，各地区高度重视，稳步推进城镇供热体制改革试点工作，认真探索停止福利供热，实行用热商品化、货币化，实施建筑节能改造，取得了良好效果。”在近期重点工作的技术要求部分提出：“要严格按照城镇供热采暖系统国家工程建设标准，积极运用水力平衡、气候补偿、温控和计量等方面的先进适用技术；稳步推行按用热量计量收费制度，促进供、用热双方节能。新建住宅和公共建筑必须安装楼前热计量表和散热器恒温控制阀，新建住宅同时还要具备分户热计量条件；既有住宅要因地制宜，合理确定热计量方式，热计量系统改造随建筑节能改造同步进行。”

2005年11月10日建设部令第143号《民用建筑节能管理规定》中第十二条指出：“采用集中采暖制冷方式的新建民用建筑应当安设建筑物室内温度控制和用能计量设施，逐步实行基本冷热价和计量冷热价共同构成的两部制用能价格制度。”

有关供热体制改造（以下简称“热改”）的技术内容也已反映在近年来颁布实施的现行标准、规范中。比如：《夏热冬冷地区居住建筑节能设计标准》JGJ 134—2001第6.0.2条（强制性条文）：“居住建筑采用集中采暖、空调，应设计分室（户）温度控制及分户热（冷）量计量设施。采暖系统其他节能设计应符合现行行业标准《民用建筑节能设计标准（采暖居住建筑部分）》（JGJ 26—95）中的有关规定。集中空调系统设计应符合现行国家标准《旅游旅馆建筑热工与空气调节节能设计标准》(GB 50189—2005)中的有关规定。”《夏热冬暖地区居住建筑节能设计标准》JGJ 75—2003 第 6.0.2 条(强制性条文):“采用集中式空调(采暖)方式的居住建筑，应设置分室(户)温度控制及分户冷(热)量计量设施。”《采暖通风与空气调节设计规范》GB 50019—2003 第 4.9.1 条(部分强制性条文):“新建住宅热水集中采暖系统，应设置分户热计量和室温控制装置。对建筑内的公共用房和公用空间，应单独设置采暖系统和热计量装置。”《住宅建筑规范》GB 50368—2005 第 8.3.1 条(强制性条文):“集中采暖系统应采取分室(户)温度调节措施，并应设置分户(单元)计量装置或预留安装计量装置的位置。”此外，《绿色建筑评价标准》GB/T 50378—2006 第 4.2 章“节能与能源利用”中控制项(申报绿色建筑的必须达到项)第 4.2.3 条:“采用集中采暖和(或)集中空调系统的住宅，设置室温调节和热量计量设施。”

二、“热改”是建筑节能工作的一项重要的战略措施

由于建设事业发展迅速，人民生活水平提高，建筑能耗持续增长，这必然会牵制我国经济发展。北方地区采暖能耗占我国建筑能耗最大比例，而北方地区集中采暖还没有从计划经济模式转为市场经济模式，进行供热体制改革是推动北方地区并进一步推动全国建筑节能工作的切入点。对政府、百姓、开发商、有关单位、拉动经济发展等都会起到积极作用。

随着人民生活水平提高，建筑能耗增长迅猛。建筑能耗是指建筑使用能耗，包括采暖、空调、热水供应、照明、炊事、家用电器等方面的能耗，其中用于采暖和空调的能耗约占建筑能耗的 65%。如果以采暖和空调能耗而论，目前采暖能耗已占到采暖和空调总能耗的 60% ~ 70%。这是因为我国北方地区每年有 4 至 6 个月需要采暖，而这个地区的建筑又占到全国建筑的一半以上，更何况采暖的需求不断南移，因此，应特别关注降低采暖能耗。

近年来，一系列的“热改”文件颁布，不仅仅将供热体制由计划经济模式转向市场经济模式，更为重要的是这项战略性举措的重大影响和作用还在于:

1. 促进相关产品的技术创新，推动供热系统全面技术创新，拉动国民经济的增长

建筑节能将会带动相关产业，如供热采暖室温调节控制设备，用户热量分摊技术与设备，管网系统和调节控制设备等，以至于热源的全面技术创新；再进而推动北方采暖地区围护结构保温产品产业及技术进步；还会带动建材产业的发展。

2. 推动既有建筑的节能改造

实施“热改”后，建筑围护结构保温优劣将成为热点，有百姓关心与支持，必将推动该行业的迅速发展。既有建筑的节能改造工作会在北方采暖地区形成一个很大的市场。从数量上看，既有建筑占据了压倒性的优势，所以既有建筑的节能改造是建筑节能工作的重头戏。事实上也只有建筑节能才能调动既有建筑的业主和居民改造旧房的积极性。目前集中采暖地区未按节能标准建造的城镇居住建筑有 40 多亿平方米，这些建筑单位面积的采暖能耗都远大于现行节能设计标准规定值，迫切需要进行节能改造。建筑围护结构中的外墙、窗户和屋顶是改造重点。

3. 积极作用

对于政府来说，由于政策明确，措施得力，可有效地拉动国民经济发展，增加就业机

会，改变供暖计划经济运作模式为市场经济运作模式，降低能耗，节省能源，且极大地改善大气环境。

对百姓而言，由于提高了采暖品质，按需采暖，合理收费，与房改一样，使广大人民群众得到实惠，定会为广大人民群众所拥护。建筑节能牵动每一个在集中采暖地区的百姓，实施后很快就会感到节能的重要性，大大增强节能意识，转而成为推动节能的动力。

对开发商而言，由于有政策引导，加之由于百姓在购房时首先会关心围护结构(外墙、门窗、屋顶)，这必然使发展商改变目前片面宣传建筑功能、景观，转而全面宣传建筑保温、节能，使之成为推动节能工作的动力。

对设计和施工单位，北方地区每年2～3亿m^2新建工程和4亿m^2(比如分10年改造)既有居住建筑改造工程，会给设计和施工单位带来无限商机。同时由于政策导向和技术法规的要求，促进其采用节能新技术、新产品。

北方地区的建筑节能同样会带动中部及南方居民的节能意识，从而推动全国建筑节能工作，带动这些地区有关产业的发展。建筑节能的影响必然波及全国，还会有相当于北方地区新建及改造建筑面积的巨大市场得到开发。

三、相关技术

"热改"后，意味着住户可以按需获得供热量，并按用热进行付费。这里首先要解决两方面的技术问题，一是供热采暖系统能够根据用户需求随时提供热量，二是用户能够根据自己的需要，调节(控制)室温，并可以对消耗的热量进行计量、付费。要解决第一个问题，应实现热源和室外管网系统能随时根据需求(气候变化的需求，用户用热的需求)进行供热，文件中提到的气候补偿、水力平衡设施属于此类保障热量供应的技术。第二个问题，用户想按需要的室温让热网提供住户内采暖的热量，这涉及到文件中的散热器恒温控制阀。至于热量计量和付费问题，则涉及文件中提到的楼前应该安装热计量表(对楼进行热计量)，这是该栋楼的热费依据。对于楼内住户的耗热量，则不应强调进行每一住户"精确"计量，应该按照合理热量分摊原则进行耗热量分摊，以此作为住户付费的依据。最终用户的热费，正像建设部令第143号令《民用建筑节能管理规定》中指出的，由两部分组成，即由基本价(按面积)和计量价(按楼内热量分摊)。

1. 供热系统要实现按需求供热

(1) 热源的量化管理技术

由于建筑的采暖热负荷是随室外气温变化而变化，这就提出了一个问题，即如何能保证热源(如锅炉、热力站)供热量始终与建筑的需热量一致。国外尤其北欧，采用称之为"气候补偿器"这类产品，我国也称为"供热量自动控制装置"等。住宅建筑的采暖热负荷主要受到室外气温的影响，并且与热源采暖供水温度呈线性关系。由此原理设计的"供热量自动控制装置"设置有室外温度传感器测量室外气温的变化，并在该装置内设定有符合当地建筑采暖负荷和供水温度关系的运行曲线。"供热量自动控制装置"能根据气候温度变化趋势自动控制调节电动调节阀，调节供水温度以适应气候温度变化趋势，使得"供"与"需"保持一致。

(2) 室外管网水力平衡技术

室外供热采暖管网系统的功能是确保热用户(每一栋楼)得到需要的采暖热水。在热水采暖系统中，热媒(一般为热水)由闭式管路系统输送到各用户。用户可以是小区中几幢建筑，最终通过建筑中的末端装置如散热器等向室内散热，保持室内温度。对于一个设计正确，并能按设计要求运行的管网系统来说，各用户应该均能获得设计水量，即能满足其热负荷的需求。但由于种种原因，特别是水系统的末端装置如散热器的阻力要比沿程阻力小得多，大部分输配环路存在水力失调，使得流经用户的流量与设计流量要求不符(近环路水流量偏大，远环路水流量低于设计流量)。这样就不能满足用户对采暖的不同需要。

所谓水力平衡的系统，是指系统实际运行时，所有用户都能获得设计水流量，而水力不平衡则意味着水力失调。水力失调有两方面含义，其一是指系统虽然经过水力平衡计算，并达到规定的要求，但在施工安装，并经初调试后，各用户的实际流量仍旧与设计要求不符。这种水力失调是先天性的、最为基本的，如果不加以解决，影响将始终存在。这种水力失调工程界也称为“静态水力失调”。水力失调的另一方面含义，是指系统中，当一些用户的水流量改变时(关闭或调节时)，会使其他用户的流量随之变化，这种失调工程界也称为“动态水力失调”，这涉及到水力稳定性的概念，如果变化程度小，则水力失调程度小，也即水力稳定性好。不过，“静态水力失调”仍是最为基本和主要的，应首先解决好。对于“热改”后的采暖系统，由于大部分时间住户都处于部分负荷工况下工作，末端设备并不需要向用户提供这么多的流量。因此，热媒系统应该采用变流量调节，这样，在运行过程中，各分支环路的流量会随着负荷的变化而改变。因而还要分析是否要配置实现动态水力平衡的设施。要强调的是，即使需要配置动态平衡设施，首先要实现静态水力平衡，这是动态调节的基础。所以，静态水力平衡是解决水力系统失调的最主要和最关键的技术。这里主要介绍静态水力平衡技术。

那么，为什么会出现这一类水力失调呢？我们在进行供热、热水采暖水力管网系统设计时，首先根据局部热负荷确定每一个末端装置的水流量。然后设计水路系统，累计流量，确定支管、立管、干管管径，同时进行管网环路平衡计算，最后确定总流量及总阻力损失，并由此选择水泵型号。关于管网并联环路平衡计算时的允许差额，在国家有关设计标准(规范)中已有规定。尽管设计者进行了仔细的设计计算及平衡计算，但在实际运行时，各环路及末端装置中的水流量往往仍不按设计要求输配，而且系统总水量远大于设计水量。分析原因主要有两方面，一是缺乏消除环路剩余压头的定量调节装置。因为有利环路(近环路)的剩余压头较难只由管径变化档次来消除，目前的截止阀及闸阀既无调节功能，又无定量显示，节流孔板往往难以计算得比较精确。二是水泵实际运行点偏离设计运行点(由于实际阻力往往低于设计阻力)，水泵工作点处于水泵特性曲线的右下侧，使实际水量偏大。

作为最为基本和主要的、应首先实现的静态水力平衡对硬件的要求，应该是既具有良好的流量调节性能，又能定量地显示出环路流量(或压降)的一种阀门；对软件的要求，是研究管网平衡调试方法，要使整个管网系统平衡调试最为科学、工作量最小。在这方面，国内不少单位做了大量研究开发工作，其中，平衡阀及其配套的平衡调试仪器(图 3-8-1)就是一种比较实用的硬件和软件。

平衡阀与普通阀门的不同之处在于有开度指示、开度锁定装置及阀体上有两个测压小阀。在管网平衡调试时，用软管将被调试的平衡阀测压小阀与专用智能仪表连接，仪表能显示出流经阀门的流量值(及压降值)，经与仪表人机对话向仪表输入该平衡阀处支管路要求的流量值后，仪表经计算、分析，可显示出该管路系统达到水力平衡时该阀门的开度值。

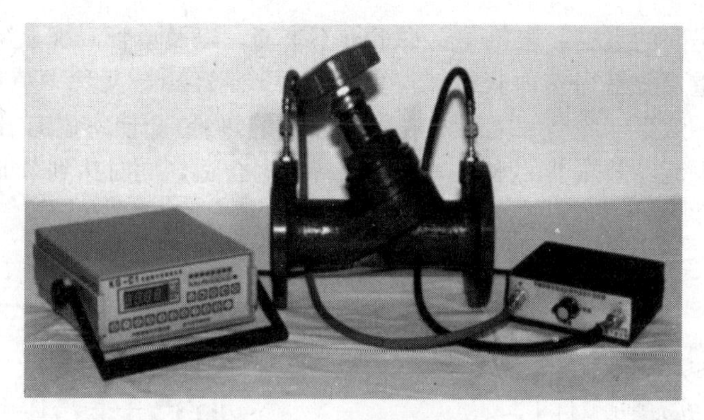

图 3-8-1　平衡调试仪器

平衡阀安装位置：管网系统中所有需要保证设计流量的环路中都应安装平衡阀，每一环路中只需安设一个平衡阀，可代替环路中一个截止阀(或闸阀)。

平衡阀安装后，在运行前必须进行管网水力的平衡调试。我们知道，在供热系统管网中，平衡阀、末端装置等构件都是通过串联与并联方式连接起来成为一个组合整体的，调节任何一个平衡阀均会引起整个系统各节点压力乃至于流量的变化。平衡阀安装后，要经过调试才能实现水力平衡，如果盲目调节，由于上述原因，调整下一个平衡阀时会改变已经调整好的平衡阀处的流量，使得必须对每台平衡阀作反复调整，既花费巨大的工作量，又调不精确，所以应该选择合理且恰当的调试方法。合理，是指花最低的代价完成平衡阀调试工作；恰当，则是指对每台平衡阀作一次调整便能达到正确的流量值。

根据系统简易及复杂的程度，目前有两种平衡调试方法，即简易法(或计算机法)，及比例法(或补偿法)。简易法(或计算机法)适用于管路系统较简单的小区供热管网的平衡调试，调试比较简单，只需要一台专用智能仪表；比例法(或补偿法)适用于较大型、较复杂系统的平衡调试工作，需配置两台智能仪表，2～3 名工作人员，用步话机保持平衡调试时的联系。

2. 热计量原则——楼前进行计量，楼内住户进行热量分摊

八部委文件明确提出，新建住宅和公共建筑必须安装楼前热计量表。楼前热表可以理解为是进行与供热单位进行热费计算的依据，至于楼内住户可以依据不同的方法(设备)进行室内参数(耗热量，温度)测量，然后，依据测量值对全楼的耗热量进行住户间分摊。然而，要依据住户用热来进行付费，室内采暖系统必须要实现每户住户可以自主进行室温调节或调控，这需要在管网系统上做到将室内系统由以往习惯的单管顺流式，改变为双管式(或单管顺流式加跨越管)，这样才可能在每台散热器前设置散热器恒温控制阀，这也是八部委文件明确提出要应用的设施。

(1) 住户室(户)温度调节和控制——散热器恒温控制阀

散热器恒温控制阀(Radiator Thermostat，又称温控阀、恒温器等)安装在每台散热器的进水管上，用户可根据对室温高低的要求，调节并设定室温。图 3-8-2 及图 3-8-3 分别显示其安装于散热器上的外形和作用原理图。恒温控制阀的恒温控制器是一个带少量液体(或固态)的金属波纹管膜盒，当室温升高时，部分液体蒸发变为蒸汽，它压缩波纹管关小阀门开度，减少了流入散热器的水量。当室温降低时，其作用相反，部分蒸汽凝结为液体，波纹管被弹簧推回而使阀门开度变大，增加流经散热器水量，恢复室温。这样恒温控

制阀就确保了各房间的室温，避免了立管水量不平衡，以及单管系统上层及下层室温不匀问题。同时，更重要的是当室内获得“自由热”(Free Heat，又称“免费热”，如阳光照射，室内热源——炊事、照明、电器及居民等散发的热量)而使室温有升高趋势时，恒温控制阀会及时减少流经散热器的水量，不仅保持室温合适，同时达到节能目的。

图 3-8-2　散热器恒温阀外形图

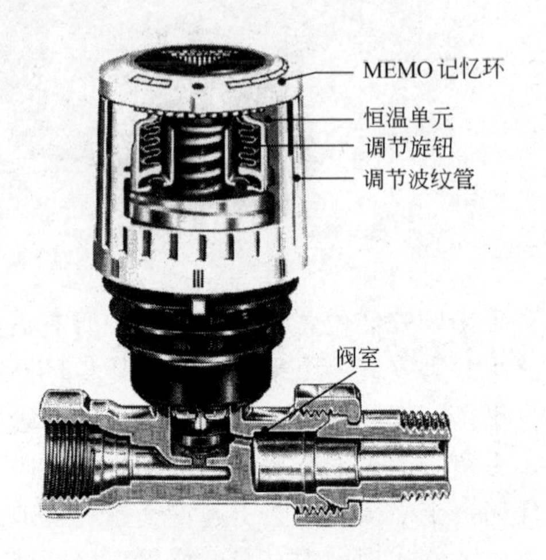

图 3-8-3　散热器恒温阀作用原理图

按其工作原理，恒温控制阀属于比例控制器，即根据室温与恒温控制阀设定值的偏差，比例地、平稳地打开或关闭阀门。阀门的开度保持在相当于需求负荷位置处，其供水量与室温保持稳定。相对于某一设定值时恒温控制阀从全开到全关位置的室温变化范围称之为恒温控制阀的比例带，通常比例带为 0.5～2.0℃。

散热器恒温控制阀在北欧国家已有相当长的生产及应用历史，产品十分成熟。我国也已有产品。自从 20 世纪 70 年代初世界能源危机后，许多国家(尤其是欧洲发达国家)颁布了建筑法规(标准)，特别对采暖系统应该安设自动控制装置提出了明确的规定。

当然，如果在散热器前安装一个调节性能良好的手动调节阀是可以调节室温的，但是，手动调节阀难以较好地调节，更不可能及时、较好地获得“自由热”，同时，阀门频繁调节容易出现漏水现象。建议应该应用散热器恒温控制阀。

(2) 楼内住户热量分摊——热量分配表法、户用热表法、温度表法

因为楼前已经安设了热量表，计量了该楼总消耗的热量。那么，楼内住户间就是热量的合理分摊了。有不同的方法可以进行分摊，各自原理和优缺点分析，讨论如下。

1) 热量分配表

欧洲应用的热量分配表(Heat allocation meter)有两种形式，以前使用蒸发式热量分配表，目前有电子式热量分配表，它安装在住户内的每一台散热器上。这里以蒸发式热量分配表说明其原理(图 3-8-4)。分配表中安有细玻璃管，管内充有带颜色的无毒的化学液体，上口有一个细孔。热量分配表后为一导热板，当分配表紧贴散热器安装后，导热板将热量传递到液体管中，由于散热器持续散热，管中的液体会逐渐蒸发而减少，液面下降。沿着液体管标有刻度，可以读出蒸发量。当然液体蒸发量与散热量有关，所以只要在每户的全部散热器上安装热量分配表，每年在采暖期后进行一次年检(读数及更换新的计量管)，获得该户热量分配表刻度值总和(即总蒸发量)，即可根据楼前入口处的热表读值与

各户分配表读值推算出各户耗热量。

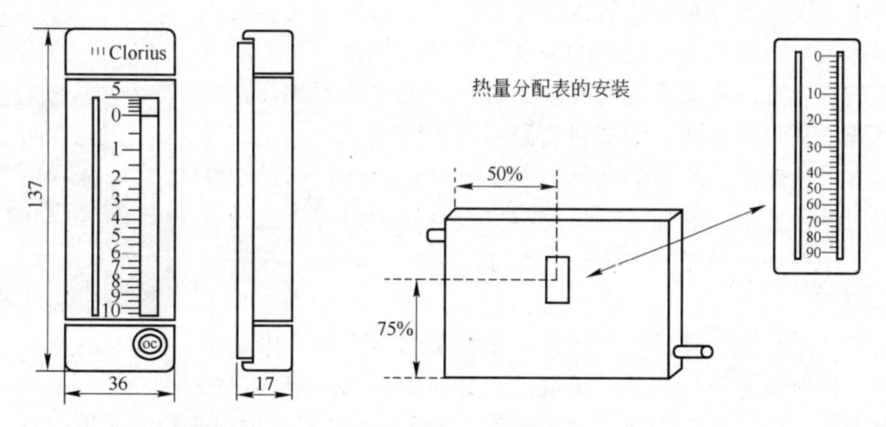

图 3-8-4 蒸发式热量分配表

这种热量分配表构造简单，成本低廉；它不需要改变室内采暖系统形式(即传统的垂直双管系统，或垂直单管系统加跨越管)，只要在全部散热器上安装分配表，即能实现按户计量。同时，它有一定的精确度，对于一户有 4～5 组散热器的系统来说，热量分配表的平均偏差低于 4%。但是，要以蒸发量来表示散热器的散热量，必须对热量分配表进行分度，要在散热器热工检测试验室对它进行检测并分度，根据每一个分度值相应于相同的散热量进行分度。对于不同类型的散热器则要分别进行分度检测。另外，还必须有二项修正，一是分配表中液体温度与散热器中平均水温的关系，这涉及散热器热量传递至分配表液体的效率问题，另一个修正是各种不同类型散热器散热量不一致的修正问题。

这里要特别强调的问题是，如果只依据住户内热量分配表测量到的耗热量进行分摊是不公平的。因为虽然热量分配表可以客观地表示散热器在一个采暖季的散热量，似乎按它来收取采暖费是合理的。但是，每户居民在整幢建筑中所处位置不同，即便同样保持室温18℃，其热量分配表上显示的数字却是不相同的。比如顶层住户会有屋顶，与中间层住户相比多了一个屋顶散热面，为了保持同样室温，散热器必然要多散发出热量来；同样，对于有山墙的住户会比没有山墙的住户在保持同样室温时多耗热量。所以，还要根据住户在楼内的位置确定在保持相同室温时的差值，比如，用计算机模拟方法确定采暖期内不同位置的住户，在保持相同室内温度时，对实测的热量进行修正，才能相对合理地进行收费。此外，还有楼内住户之间由于室内温度的差异，也会发生热量的传递。这里提出了这么一个理念，一栋楼的采暖耗热量可以准确计量，该耗热量由楼中全部住户共同消耗，由于住户位置等原因，按照“精确”计量得到的每户实际耗热量为依据计算住户的“热费”并不公平，还需要进行分析计算，确定付费耗热量的修正系数。

不过，这种方法对于旧采暖管网系统的改造比较方便，可以在单管系统中的每台散热器入口和出口管段安装跨越管，再设置散热器恒温控制阀和热量分配表。

一个附带的问题是，每年物业管理需要入户抄录热量分配表的刻度值。

2) 户用热表

要测得热量，应该测量出供热水的焓值、密度和体积流量。热水的体积流量可由安装于回水管上的流量计测得(一般利用叶轮的频率信号等)，而焓值及密度则为温度的函数，一般往往用铂电阻温度计测出供回水温度。因此，热表系由流量计、供回水温度传感器及微处理器组成(图 3-8-5)。

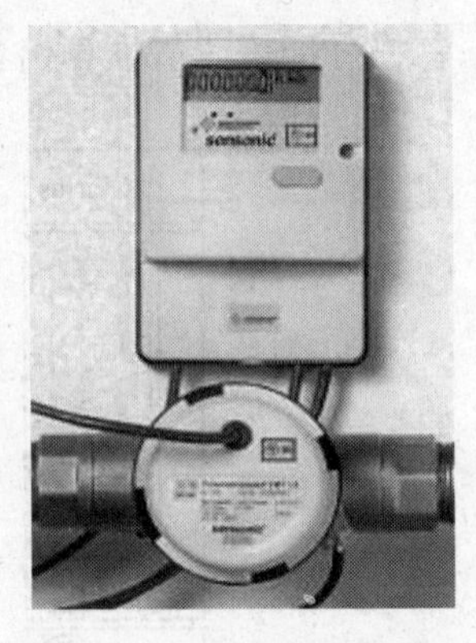

图 3-8-5　户用热表外形图

户用热表可以测量每个住户的采暖耗热量，但是，我们原有的、传统的垂直室内采暖系统需要改为每一户的水平系统，这样的室内系统往往只能在地下用塑料管路组成、绕住户一周。这种方法同样有上述热量分配表的问题，即需要对楼内每户居民在整幢建筑中所处位置不同进行耗热量(或热费)修正。另外，这种方法不适用于旧有采暖系统的“热改”改造。

3）温度表

温度表法采暖热计量分配系统是利用测量的每户的室内温度作为标尺，来对每栋建筑的总供热量进行分摊的。在每户住户的内门上侧安装一个温度传感器，用来对室内温度进行测量，通过采集器采集的室内温度经通讯线路送到热量采集显示器。热量采集显示器接收来自采集器的信号，并将采集器送来的用户室温送至热量计算分配器，热量计算分配器接收采集显示器、楼前热量表送来的信号后，按照规定的程序将热量进行(每户)分摊。其示意图如图 3-8-6 所示。

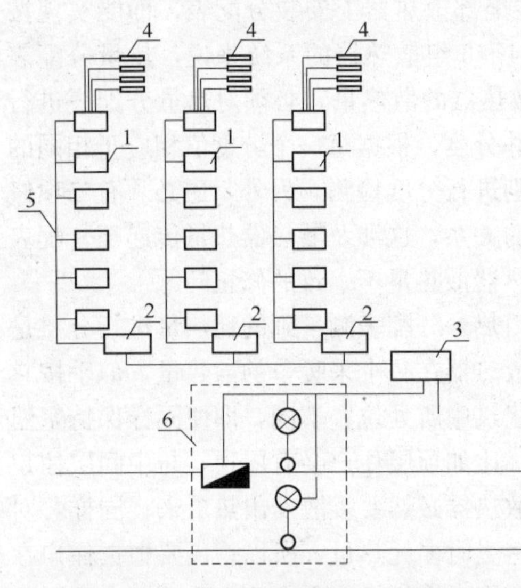

图 3-8-6　每户热量分摊示意图

1—采集器；2—热量采集显示器；3—热量计算分配器；4—温度传感器；5—通讯线路；6—楼前热量表

这种方法的出发点是：按照住户的等舒适度分摊热费，认为室温与住户的舒适是一致的，如果采暖期的室温维持较高，那么该住户分摊的热费也应该较多。遵循的分摊的原则是：同一栋建筑物内的住户，如果采暖面积相同，在相同的时间内，相同的舒适度应缴纳相同的热费。它与住户在楼内的位置没有关系，不必进行住户位置的修正。因为节能是同一建筑物内各个热用户共同的责任。室温分摊法可以做到根据受益来交费，可以解决热用户的位置差别及户间传热引起的热费不公平问题，可以促进住户的行为节能。另外，室温分摊法与目前的传统垂直室内管路系统没有直接联系，可用于新建建筑的热计量收费，也适合于既有建筑的热计量收费改造。

四、结束语

“热改”是当务之急，但这是一项系统工程，牵涉面广，不仅涉及技术问题，还涉及政策问题。在“热改”过程中，技术上的选用，一定要遵循建设部等部委文件精神，要遵循现行标准规范的规定。同时要根据当地经济资源和各方面条件认真研究决定，还要考虑旧采暖管路系统的改造。要“淡化”每一户住户进行“精确”测量耗热量的做法，因为楼前的热量表才是与供热单位计算耗热量的基础，而楼内住户间是热量分摊的问题。

专题九　住宅厨房内是否应设置熄火保护型燃气灶、燃气浓度报警装置和燃气紧急切断阀

（中国建筑设计研究院　洪泰杓）

住宅的厨房等用气房间，设置熄火保护型燃气灶、燃气浓度检测报警装置和燃气紧急切断阀等设施是保障住宅内燃气使用安全的重要措施之一。如熄火保护型燃气灶，在使用过程中因风吹或沸水溢出等导致火焰被熄灭时，熄火保护装置将自动关闭燃气阀门，停止燃气喷出，由此避免人员中毒或火灾事故。尤其只有老人居住的住宅内选用熄火保护型燃气灶，可大大减少事故的发生率。其次设置燃气浓度报警装置和紧急切断阀，就可在报警器发出警报时，听到报警声的居住者，采用立即打开窗户或启动排气罩，关闭户内燃气总阀等手段，防止事故发生（当然也可将浓度报警器与排气罩、紧急切断阀联锁实现自动化）。因此从提高燃气使用的安全性考虑，住宅内设置这些安全设施是非常必要的。有条件的地区应当提倡和鼓励设置这些安全设施。

已经有文章阐明设置这些安全设施的必要性和减少安全事故的经验。《住宅建筑规范》GB 50368—2005（以下简称《本规范》）的征求意见稿公布后，各地的反馈意见中也有提出："采用管道燃气供应的住宅建筑，其用气房间应设置燃气浓度检测报警装置，且每户燃气表前的管道上设置紧急自动切断阀。"并要求把这一内容列入《本规范》中。从提高燃气使用的安全性考虑，这些意见无异是正确的。但为何未采纳这些意见从而将这一内容列入《本规范》中呢？其理由有以下几个方面：

1. 目前国内现有住宅中使用的燃气灶，可以说绝大多数是非熄火保护型的，个别住户有用熄火保护型的但反映性能不大可靠；设置浓度报警器和紧急切断阀的用户则更少。如果《本规范》中规定"应"或"必须"设置这些安全设施，那么对于燃气用户达几千万户的我国来说确实是量大面广，除原有住宅中使用的非熄火保护型燃气灶换成熄火保护型外，还要增设浓度报警器和紧急切断阀，这需要相当大的投资。因此全国性的全面强制推行这些安全设施，看来是不现实的，脱离国情的，也必然是行不通的。

2.《住宅设计规范》GB 50096—1999（2003 年版）第 3.3.2 条明确规定："厨房应有直接采光，自然通风"。这是一条必须要执行的强制性条文，因此今后的住宅设计不允许厨房布置在无外窗、无自然通风的暗房内。这一规定也给燃气的使用安全创造了有利条件，如果发生燃气泄漏，就可通过外窗直接排出室外，发生燃气爆炸也可从玻璃窗泄掉爆炸压力，不会破坏和影响整个建筑。因此有了自然通风和泄压条件，则不一定非要设置这些安全设施。

3.《城镇燃气设计规范》GB 50028—1993（2002 年版）第 7.4.3 条规定："居民住宅厨房内宜设置排气扇和可燃气体报警器"。另外该规范第 7.2.27 条，对地下室、半地下室、设备层和 25 层以上建筑的用气安全设施中规定："管道上宜设自动切断阀，泄漏报警器和

送排风系统等自动切断联锁装置。”在这些条文的规定中我们注意到，不论地上厨房还是地下用气房间，都用了“宜”，并没有规定“应”或“必须”设置这些安全设施。因此条条都是强制性条文的《本规范》内，不应列入这一条。

总之，规范应与国家的技术经济发展水平和管理水准相适应，与实际情况不符的任何规定，都可能成为无法实施的条文。

专题十　接地故障的危害与防范

（中国建筑设计研究院　孙成群）

现代建筑中各种电气系统日趋复杂，由于配线的选择、安装和使用不当所造成的火灾也逐年增多。据《中国火灾统计年鉴》统计，自1993～2002年全国范围内共发生电气火灾203780起，占火灾总数近30%，在所有火灾起因中居首位。电气火灾造成人身伤亡的数字也是惊人的，仅2000～2002年，就造成3215人的伤亡。特别在重、特大火灾中，电气火灾所占比例更大，例如1991～2002年全国公共聚集场所共发生特大火灾37起，其中电气火灾17起，约占46%。我国的电气火灾大部分是由短路引发的，特别是接地电弧性短路。根据公安部消防局电气火灾原因技术鉴定中心的统计资料来看，电气火灾大部分是由电气线路的直接或间接引起的，以2002年度为例，鉴定火灾115起，其中有95起是由电气线路直接或间接造成的。

一、接地故障起因及危害

1. 接地故障引起火灾的主要原因

（1）由于导线与其保护装置不匹配或由于施工质量原因，使电线接头不牢，当用电量过载时，引起电线接头发热，以致产生电弧。一般电场强度为30kV/cm便可起弧，而维持电弧的电场强度仅为20V/cm，仅2～20A的电弧就可产生2000～4000℃的高温，这样的高温很容易引起导线绝缘胶的燃烧或引燃导线周围的可燃物，导致火灾的发生。

（2）由于电线本身的受潮或者老化引起短路和漏电，或者当发生过电压时导致绝缘击穿引起短路。电路短路可分三相短路，二相短路和单相接地短路。三相短路一般占各种短路事故总数的5%；二相短路一般占各种短路事故总数的10%；单相接地短路一般占各种短路事故总数的20%；接地故障一般占各种短路事故总数的65%。当发生三、二相短路时，伴随短路电流很大，一般能够使电路保护装置（空气断路器或熔断器）自动切断电源，从而实现保护。当发生单相接地短路时，其短路电流并不一定很大，一般为同点三相短路电流的1/2～1/4，因此，保护装置不一定动作，这样使短路（或漏电）点产生大量的热量，当这种热量聚集到一定程度时，便可酿成火灾。

2. 接地故障导致的危害

（1）接地故障引发火灾会造成重大经济损失

1982年1月河南新乡某仓库电线在200W灯泡烘烤下，使其绝缘损坏导致电线击穿，发生短路引起特大火灾，造成经济损失286.9万元；1984年1月河南某钢铁公司轧钢车间，因电缆短路引起火灾，造成直接经济损失151.3万元；1985年5月21日湖南衡阳蓄电池厂成品库，下班未切断电源，引起火灾，经济损失24万元；1986年9月上海南京东路某大厦的二楼因电线接触不良，局部过热引起绝缘层自燃，经蔓延酿成火灾，直接经济损失318万元；北京某化工厂在1982年供电隧道中电缆弧光接地着火，直接经济损失70万元；1989年3月12日郑州卷烟厂，下班未切断电源，引起火灾，经济损失达755万元。

(2) 接地故障引发电击伤亡事故会危及人们的生命

接地故障诱发电气火灾造成的经济损失是触目惊心的。然而，单相接地故障不仅可以诱发电气火灾，造成经济和财产的损失，而且还能产生人员电击伤亡事故。全国各地建筑工地都发生过触电伤亡事故，据某市的统计，在1993年触电伤亡事故率占各种伤亡事故率的30%。

因此，电气安全使用问题越来越受到人们的重视。国际上也把安全用电作为衡量一个国家用电水平的标志之一。那么，如何在对配电系统实现有效的保护，创造一个安全用电环境，防止触电伤亡事故和火灾的发生，消除电气灾害的隐患，提高用电安全防护能力，保障人身和设备安全就显得非常重要了。

二、目前标准中防止接地故障引起危害的规定

国际电工委员会IEC 1200—53 1994—10中593.3条明确要求采用两级或三级剩余电流动作保护装置，防止由于漏电引起的电气火灾和人身触电事故。我国20世纪90年代开始在一些电气规范中对接地故障火灾作出了防范规定。例如《高层民用建筑设计防火规范》GB 50045—95(2005年版)、《剩余电流动作保护装置安装和运行》GB 13955—2005、《低压配电设计规范》GB 50054—95、《住宅设计规范》GB 50096—1999(2003年版)、《民用建筑电气设计规范》JGJ/T 16—92。

1.《低压配电设计规范》GB 50054—95第4.4.21条中规定：为减少接地故障引起的电气火灾危险而装设的剩余电流保护器，其额定动作电流不应超过0.5A。

2.《住宅设计规范》GB 50096—1999(2003年版)第6.5.2条中第7款规定：每幢住宅的总电源进线断路器，应具有漏电保护功能。

3.《高层民用建筑设计防火规范》GB 50045—95(2005年版)中规定：

9.5.1　高层建筑内火灾危险性大、人员密集等场所宜设置漏电火灾报警系统。

9.5.2　漏电火灾报警系统应具有下列功能：

9.5.2.1　探测漏电电流、过流等信号，发出声光信号报警，准确报出故障线路地址，监视故障点的变化。

9.5.2.2　储存各种故障和操作试验信号，信号存储时间不应少于12个月。

9.5.2.3　切断漏电线路上的电源，并显示其状态。

9.5.2.4　显示系统电源状态。

4.《民用建筑电气设计规范》JGJ/T 16—92中对低压配电系统的接地故障有明确的规定。对预防直接接触电击可通过将带电体绝缘；采用遮栏和外护物或阻挡物保护；使设备置于伸臂范围以外及采用剩余电流保护装置保护等措施。对预防间接接触电击可通过自动切断电源保护(包括采用剩余电流保护装置)并辅助等电位联结；使工作人员不致同时触及两个不同的电位点；使用双重绝缘或加强绝缘；用不接地的局部等电位联结；采用电气隔离等措施。

三、防止接地故障自动切断电源保护

1. 目前民用建筑配电系统多采用 TN 系统，当发生单相接地故障时，为了使离发生接地故障点最近一组电路保护装置(空气断路器或者熔断器)在规定时间内自动切断电源，即：对于固定用电设备要求在 5s 之内切除故障线路；对于移动式或手动式用电设备要求在 0.4s 之内切除故障线路。因此，必须将接地故障回路包括线路和变压器的阻抗控制在一定范围内。其相互关系为：

$$K_i I_n \leqslant I_d$$

式中　I_d——单相接地短路电流(A)；

I_n——电路保护装置瞬时或短延时过电流脱扣器整定电流(A)；

K_i——比值，对空气断路器一般取 1.3；对熔断器可按表 3-10-1 取值。

对熔断器的 K_i 值　　　　**表 3-10-1**

熔断器额定电流(A)		4～10	16～32	40～63	80～200	250～500
切断时间(s)	≤5	4.5	5		6	7
	≤0.4	8	9	10	11	—

当变压器容量较小、配电线路较长、电路保护装置额定电流或整定电流比较大情况下，往往很难满足 $K_i I_n \leqslant I_d$ 关系。这时就应采取尽量增大单相接地短路电流 I_d，减小电路保护装置瞬时或短延时过电流脱扣器整定电流，或者谋求其他的保护措施。

2. 增大单相接地短路电流，减小电路保护装置瞬时或短延时过电流脱扣器整定电流可通过以下方法实现：

(1) 减少低压配电系统级数。在满足电气设备正常工作和起动情况下尽量减小电路保护装置瞬时或短延时过电流脱扣器整定电流。在树干式配电线路很长时，中间如有必要可增加一级电路保护装置。

(2) 电力变压器选用 D，Y11 接线方式，代替 Y，Y12 接线方式。适当增大电缆、穿管绝缘导线截面；适当增大接地线(PE 或 PEN)截面。改变线路敷设方式，如架空线改电缆，裸母干线改密集型母线等。

(3) 如果采取上面措施，仍然不能满足 $K_i I_n \leqslant I_d$ 关系，则采用剩余电流保护装置，其动作电流应不小于 500mA。安装剩余电流保护装置应注意电流动作特性的配合：

1) 单台电气设备，剩余电流保护装置动作电流应不小于正常泄漏电流的 4 倍。

2) 配电线路剩余电流保护装置动作电流应不小于正常泄漏电流的 2.5 倍，同时还应满足其中泄漏电流最大的一台电气设备正常泄漏电流的 4 倍。

3) 用于全电网保护时，剩余电流保护装置动作电流应不小于正常泄漏电流的 2 倍。

剩余电流保护装置作为接地故障保护措施，是防人身触电的一项重要措施。但其也存在局限性。为了弥补剩余电流保护装置的不足，防止电击事故的发生，则应采用等电位联结。

四、等电位联结的应用

等电位联结是指为达到等电位目的而实施的导体联结。这些导体的联结正常工作时不通过电流，只传递电位，仅在故障时才通过故障电流。等电位联结是防止接地故障引起触电保护的一项重要措施，采用等电位联结可大幅度地降低在接地故障状态下人体所遭受的接触电压。

等电位联结可分为总等电位联结(MEB)、辅助等电位联结和局部等电位联结(LEB)。总等电位联结(MEB)是设一总接地端子箱，将建筑物内的保护干线，煤气、给水总管及金属输送管道，采暖和冷冻、冷却总管，建筑物金属构件等部位进行联结。

专题十一　住宅的建筑节能

（中国建筑科学研究院　林海燕）

一、建筑节能的重要意义

能源是一种宝贵的自然资源，无论是人类的生存还是社会的发展都离不开充足的能源供应。当今人类社会消耗的三大主要能源，石油、煤和天然气都是不可再生的矿物性资源。矿物性资源的生成时间是以十万年、百万年为单位的，而现代人类社会消费能源的速度却是惊人的。一般认为，到本世纪中叶，全球将出现传统能源的短缺。然而即便如此，人类的能源消费并没有因此而停止增长。

为了解决可能出现的能源供应短缺的问题，一方面要积极探索革命性的新能源，并加大利用水力能、太阳能、地热能、风能、潮汐能等可再生能源的力度，另一方面也要提倡节约能源。节约能源虽然不能从根本上解决传统能源的短缺问题，但至少可以推迟能源短缺到来的时间，为经济的发展赢得宝贵的时间。

事实上，无节制的消耗能源，不仅浪费宝贵的资源，而且还加快了地球大气被污染的速度。众所周知的臭氧层空洞、温室气体排放、地球变暖都与人类消耗太多太多的能源有关。因此即使出现了革命性的新能源，彻底解决了能源短缺问题，人类仍然要不断地提高能源使用效率，尽可能少消耗能源，保护大气环境，维持人类社会的可持续发展。

中国地大物博，资源丰富，然而人口众多，无论是石油、天然气还是煤，人均占有量都远低于世界平均水平，其中石油是世界平均水平的11.3%，天然气是3.8%，煤的情况最好也只有51.3%。目前，我国的燃料构成以煤为主，以当前的科学技术发展水平，燃煤产生的污染远远超过燃油和燃气。因此，无论是从节约能源还是从保护环境出发，中国都要更加注重提高能源利用效率，降低能源消耗。

工业、交通、建筑是能源消费的三大领域，一般而言，国家越发达，交通和建筑消费的能源比例就越高。这是因为发达国家的工业生产多为高附加值产业，产值高而能源消费低。另一方面，经济越发达，生活水平越高，人均的交通工具拥有量就越高，住房面积就越大，人们对室内的环境质量要求就越苛刻。所以，消耗在交通和建筑物内的能源也就越多。

建筑行业是一个耗能的大户，一方面各种建筑材料的生产过程需要消耗大量的能源，另一方面，为了在建筑物的内部创造一个适合人们生活、生产和开展其他社会活动的环境，建筑物在使用过程中还将不断地消耗能源。由于建筑物使用寿命至少50年，所以建筑在长期使用过程中的能源消耗比建筑材料的生产能耗更可观。

根据北美和欧洲发达国家的统计，建筑能耗要占社会总能耗的30%～40%。改革开放以来，我国的经济发展很快，伴随着经济的高速发展，每年成亿平方米的新建筑雨后春笋似地在全国各地涌现出来。随着生活水平的提高，人们对室内环境的要求也越来越高，越来越多的建筑配备了采暖空调系统、热水供应设施等等耗能设施。据建设部的统计，2000 年我国建筑用商品能源消耗共计 3.6 亿吨标准煤，当年能源消费总量为 13.0 亿吨标准煤，建筑用能占全社会终端能源消费量的 27.5%，而 1978 年这个比例仅为 11%左右。

由于我国目前的发展水平还远低于发达国家，经济正处在一个高速增长时期，所以人均占有的建筑面积，人均能源消费量还不可避免地要增长。建筑节能的目的在于提高能源利用效率，在创造舒适的室内环境的同时尽量少消耗能源，减缓建筑用能的增长速度。

二、我国的建筑气候分区

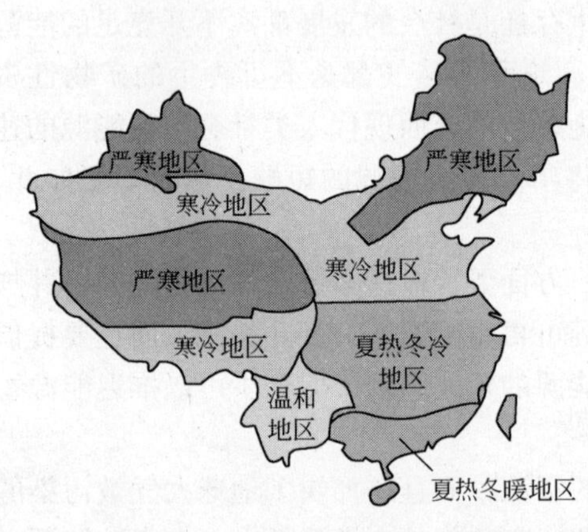

图 3-11-1　中国建筑气候分区图

我国是个幅员辽阔的国家，根据一月份和七月份的平均气温，960 万平方公里的土地分成了五个不同的建筑气候区，分别是：严寒地区、寒冷地区、夏热冬冷地区、夏热冬暖地区和温和地区，如图 3-11-1 所示。传统上严寒地区和寒冷地区又称作采暖地区。东北、西北、华北以及青藏高原是采暖地区。夏热冬冷地区的范围，大致为陇海线以南，南岭以北，四川盆地以东，也可以大体上说是长江中下游地区。以昆明为中心的云南、贵州两省的一部分是温和地区。桂林、韶关、福州一线以南是夏热冬暖地区。

从五个建筑气候分区的定名上就可以看出，除面积很小的温和地区外，我国绝大部分国土上的住宅建筑都需要采取一定的技术措施来保证冬夏两季的室内热舒适环境。北方的严寒地区和寒冷地区主要考虑冬季采暖，南方的夏热冬暖地区主要考虑夏季空调，而地处长江中下游的夏热冬冷地区则要兼顾夏季空调和冬季采暖。

三、我国的居住建筑节能设计标准

从 20 世纪 80 年代建设部就开始抓建筑节能工作，建筑节能设计标准是建设部开展建筑节能工作的重点之一。因为只有抓住了设计这个龙头，把房子造好了，采暖空调系统配置好了，才有可能从根本上达到建筑节能的目的。

我国的建筑节能设计标准是从民用建筑中的居住建筑开始抓起的。因为居住建筑量大面广，是个耗能大户。

20 世纪 80 年代中期建设部颁布了第一本建筑节能设计标准《民用建筑节能设计标准(采暖居住建筑部分)》JGJ 26—86，这本建筑节能设计标准的颁布实施意味着从此以后建筑的设计也要考虑采暖和空调的能耗问题，意义是巨大的。

20 世纪 90 年代中后期建设部根据我国建筑发展的需要加大了建筑节能设计标准工作的力度。1995 年完成了《民用建筑节能设计标准(采暖居住建筑部分)》的修订工作，这本标准对采暖地区的新建、改建和扩建的居住建筑提出了明确的节能目标，要求新建的居住建筑与80年代初期的居住建筑比较，要达到节能50%的水平，通俗地说就是少烧一半的煤而保证相同的室内温度。这本标准从建筑围护结构和采暖系统两方面提出了节能要求。在建筑围护结构方面对外墙、屋顶、窗户、地面提出了一定的保温性能要求，对建筑物的体形系数、窗墙比等也提出了明确的限值要求。对采暖系统提出了锅炉的燃烧效率要求，户外管网的输送效率要求。

在计划经济的年代，在我国的住宅中只有采暖地区的住宅是耗能的，长江中下游的夏热冬冷地区，尽管冬天很冷夏天很热，但住宅都不设置采暖和空调设施，因此也没有采暖空调能耗。改革开放以后这种情况随着经济的高速发展发生了很大的变化。近些年来，人民生活水平提高很快，夏热冬冷地区住宅配备采暖空调系统或设备的情况越来越普遍，而且发展势头很猛，整个夏热冬冷地区夏天空调和冬天采暖所消耗的能源数量正在急剧增长，而且还将持续大幅度增长。

这个地区的传统的建筑围护结构的隔热保温性能很差。由于环境潮湿，通风要求更高，通风能耗也很大。这个地区建筑需要空调制冷和采暖的时间很长，总共约在半年左右。由于存在这些增大耗能的因素，在达到应该达到的热舒适性的情况下，其单位建筑面积制冷和采暖能耗，甚至比寒冷地区更高。再则，这个地区空调制冷和采暖所用的能源，越来越集中于电能这种高品位能源。我国电力生产仍以燃煤的火电为主，经过能源转换并有输配电损失，使用电能的终端能源效率很低，大约只有30%，还不到直接烧煤锅炉的采暖效率的一半。

1999年年底，建设部开始组织有关建筑科研、设计、教育方面的单位，编制《夏热冬冷地区居住建筑节能设计标准》JGJ 134—2001。经过各方面一年多时间的努力工作，该标准已于2001年10月正式颁布实施。

该标准对夏热冬冷地区新建、改建和扩建的居住建筑提出一系列的节能设计要求，旨在改善居住建筑的室内热环境并提高采暖空调的能源利用效率。标准的主要内容有三个方面：居住建筑室内热环境指标和建筑节能的目标；建筑围护结构的保温隔热性能要求；采暖空调和通风设计的节能要求。

夏热冬冷地区的气候特点决定了该地区居住建筑冬夏两季的室内热环境很差，为了提高人民的生活水平，必须要改善室内热环境。因此在此标准中明确要求冬季居室温度的设计指标是16～18℃，夏季控制为26～28℃。

该标准对居住建筑的外墙、窗户、屋顶等建筑围护结构的主要组成部分的传热系数提出了最大限值的要求，并且对窗户、屋顶的隔热性能也提出了要求，从而提高了围护结构的保温隔热性能，从降低采暖空调负荷的角度，节约了25% 的能耗。

该标准对居住建筑的采暖空调和通风设计也提出了一些节能的措施，对所采用的采暖和空调设备规定了最低能效比，并鼓励使用太阳能和地热等可再生的清洁能源。

按照该节能设计标准设计建造的住宅，在同样维持冬季室内16～18℃，夏季室内26～28℃的情况下，将比传统的住宅节约50%左右的电能。

《夏热冬冷地区居住建筑节能设计标准》编制工作完成以后，2001年6月建设部又启动了《夏热冬暖地区居住建筑节能设计标准》JGJ 75—2003编制工作。经过各方面一年多时间的努力工作，该标准已于2003年10月正式颁布实施。

这本设计标准的适用范围是桂林、韶关、福州一线以南是夏热冬暖地区的新建住宅。

这一地区虽然冬季气候比较温和，但夏季炎热而漫长，需要开启空调的时间很长。珠江三角洲经济发达，住宅建设发展很快，空调机的拥有率很高，空调的耗电量很大，尤其是高温天气空调的峰值用电负荷惊人，对电网的供电安全构成了很大的威胁。

该地区由于冬季比较温暖，所以传统的建筑围护结构的热工性能比较差，甚至于有些建筑的外墙是用180mm厚的空心砖砌成的。过去夏季室内不降温时，墙体热工性能差的矛盾不突出，反正室内室外差不多热。现在室内一开空调降温，矛盾马上就显得突出了，室内的温度比室外低，大量的热量通过隔热性能很差的墙体传入室内，造成空调负荷大，运行时间长，室温还不容易降低，浪费了大量的电能。

为了改变这种浪费电能的现象，建筑节能设计标准对住宅建筑的墙体、屋顶的热工性能提出了比较高的要求，大体上相当于夏热冬冷地区居住建筑墙体和屋顶的要求。另外，这个地区的建筑耗能中以空调耗能为主，而通过窗户进入室内的太阳辐射热是空调负荷的主要组成部分。因此该设计标准对窗户的要求，尤其是对窗户遮阳的要求比较高。

四、住宅建筑的节能技术

为了创造一个舒适的室内环境，冬夏两季要靠采暖空调系统来维持住宅室内温度与室外空气温度之间的差别。正是这个室内外的温差导致能量以热的形式流出或流入室内，采暖空调设备消耗的能量中很大一部分就是用来补充这个能量损失的。

达到建筑节能的目的可以从三方面入手，一是提高建筑物本身的保温隔热的能力，二是提高采暖空调系统的效率，三是使用可再生能源。

提高建筑物本身的保温隔热的能力可以减少流出或流入室内的热量，降低采暖、空调系统的负荷，减小设备的容量，缩短系统实际运行的时间。

提高采暖、空调设备与系统的效率可以直接起到少耗能多产出热(冷)量的作用。

使用可再生能源则是一种更高层次上的“节能”。

按照现行居住建筑节能设计标准的要求，居住建筑的墙体和屋面都要具有比较高的热阻(或者说比较低的传热系数)，例如夏热冬暖地区要求外墙的传热系数在2.0～1.5W/(m^2·K)左右，大致相当于240～370mm厚度的实心黏土砖墙的传热系数。夏热冬冷地区要求外墙的传热系数在1.5～1.0W/(m^2·K)左右，寒冷地区和严寒地区要求还要高得多，例如哈尔滨地区，按现行的节能标准，住宅墙体的保温性能要求大致相当于1.5m厚度的实心黏土砖墙的保温性能。显然依靠传统的墙材同时满足结构安全和建筑节能的要求是不可能的。

用新型墙体材料取代黏土烧结砖是我国既定的墙改政策，落实这项政策的同时，考虑建筑节能的要求是很有必要的。我国的墙材大多要考虑承重的需要，要开发出既能满足承重的要求，又能同时满足节能要求的新型墙材是非常困难的。尤其在北方地区，由于对墙体保温性能的要求非常高，要开发出同时能满足承重和保温两种性能要求的墙体材料，除非发现革命性的新建材，否则几乎是不可能的。因此，必须考虑走复合墙体的道路，将墙体的承重层和保温层功能明确区分开来。国际上建筑节能做得比较好的国家都是走的这条技术路线。

常见的高效保温材料与传统的黏土红砖相比，保温性能是极其优越的。玻璃棉、岩棉、聚苯乙烯泡沫塑料板等保温材料的保温性能均相当与同厚度黏土红砖的20倍左右，因此走复合墙体之路，墙体的承重材料根本就不再需要考虑导热系数大小的问题，需要解决的是两层材料如何复合的问题，以及如何保护保温材料，延长其使用寿命的问题。

复合墙体根据保温层所在的位置，一般分为内保温、外保温和夹心保温。从充分发挥保温材料的保温性能的角度来评价，外保温(保温层置于墙的外侧)这种方式最好。国内目前应用得比较多的外保温主要有以下几种：一种是在施工完的墙面上粘贴聚苯乙烯泡沫塑料板，然后再做保护和装饰面层；另一种是将聚苯乙烯泡沫塑料板支在模板中，浇注完混凝土拆模后再做保护和装饰面层；还有一种是将聚苯乙烯泡沫塑料颗粒混在特殊的砂浆中，抹在外墙面上。这几种方法都是传统的湿作业，劳动生产率不易提高。从新型建材的角度，值得提倡的是开发一种预制的、保温层和保护装饰面层形成整体的墙体材料。这种材料可以通过粘贴或锚固安装在外墙的承重层上，既避免了湿作业又可以丰富墙面的装饰形式，市场潜力很大。另外，开发性能价格比高的墙面板材，通过龙骨附着在外墙的承重层上，把保温材料设置在承重层和墙面板之间，是一种比较高档的复合外墙的形式，国内也有一定的市场需求。

除了走复合墙体之路外，开发单一的墙体材料，应用于南方地区保温性能要求并不很高的外墙体，还是有可能的，只是困难一定也不小。虽然这一区域占国土面积的比例有限，但就市场的绝对容量而言，这种墙体材料的需求量还是非常大的。

开发各种新型的预制板材也是一个很有发展前途的方向。建筑行业要提高劳动生产率，必然要走预制化、装配化的道路。以砌墙为例，用黏土砖为材料，一个工日大致能砌筑 3～4m^2 的墙；用混凝土砌块为材料，一个工日能砌筑 13～15m^2 的墙；而以板材为材料，一个工日则能砌筑 22～26m^2 的墙，工效的提高是非常显著的。美国、德国建筑板材占墙材的比例都超过 40%，日本更高。20 世纪 70 年代末 80 年代初，北京市也搞过装配式的住宅，由于当时的工艺水平不高，建筑造价又很低，建成的“大板楼”存在着很多问题，最终退出了建筑市场。但是，预制化、装配式建筑本身施工周期短、劳动生产率高的优点并没有因此而消失。眼下的建筑行业的技术水平和社会经济发展水平已经远不是 80 年代初所能比的了，如果能有好的产品和成熟配套的技术，装配式建筑施工周期短、资金周转快等的优点，在市场经济的条件下还是很有竞争力的。

窗户是建筑围护结构中保温隔热最薄弱的部位。近些年来，建筑玻璃的应用量越来越大，不仅公共建筑中大量地应用玻璃幕墙，而且住宅建筑也越来越讲通透，窗户的面积越来越大，有些住宅甚至于整个开间的外“墙”都是玻璃。从保温隔热的角度讲，玻璃显然不是一种好的外围护材料。玻璃的导热系数很大，通过它的温差传热就很大。另外，太阳辐射可以直接透过玻璃进入室内，在炎热的夏季这是空调负荷的主要组成部分。从建筑节能的角度出发，对玻璃在建筑中的应用应该有所限制。目前已经颁布实施和即将颁布实施的居住建筑节能标准都对窗的节能性能提出了比较高的要求。一条基本原则是，一栋住宅的窗墙面积比越大，对窗户的保温性能和遮阳性能要求就越高。普通单层玻璃很难满足节能设计标准的要求，例如普通的住宅，只要窗墙面积比稍大一些，就要求使用中空玻璃。中空玻璃代替单层玻璃应用在窗户上，将会成为一种趋势。由普通平板玻璃构成的中空玻璃，传热系数在 3.0W/(m^2·K)左右，北方居住建筑需要传热系数更小的玻璃。对南方建筑的窗户而言，虽然传热系数的要求会大大下降，但对玻璃遮阳的性能又会大大提高。在太阳辐射中，可见光部分的能量约占总能量的一半，近红外和远红外部分的能量也约占总能量一半。普通玻璃在透过可见光的同时，将大量的近红外和远红外波段的热射线也透入了屋内，构成了空调降温的很大一部分负荷。改善玻璃的光学特性，可以将很大一部分非可见光波段的热射线挡在室外，既保持玻璃的透明程度，又能降低空调降温的负荷，达到夏季节能和提高室内热舒适的目的。

玻璃工业的技术进步非常快，各种各样镀膜玻璃(包括 Low E 玻璃)、夹胶玻璃、中空张膜玻璃、真空玻璃、电控变色玻璃等等新产品不断涌现，各自都具有普通玻璃缺乏的特性。有些产品的生产规模已经相当可观，在建筑上得到了广泛的应用。随着建筑业的发展，市场对各种高性能玻璃的需求会越来越大。

我国北方地区面积辽阔，冬季寒冷采暖需求很大，实际的能耗也非常高。目前 70% 以上的采暖建筑采用集中供热方式。这主要是由于采用燃煤热电联产和燃煤锅炉房作为热源，从煤的清洁燃烧和提高能源效率来看，都必须采用大规模集中供热方式。然而，从多年我国集中供热的运行实践看，在能源利用效率方面存在由于管网水力不平衡造成建筑物冷热不均，热源难以随气候的变化及时调节以及大型热电联产热源与末端需求不匹配等问题。提高锅炉(或其他热源)的燃烧效率，提高管网的输送效率，尤其是管网的水力平衡对降低实际的采暖能耗非常重要。

我国传统的集中采暖系统室内采用单管串连式，既不利于用户按需调节，也不利于热量计量。我国供热体制的改革将摈弃由单位支付采暖费的福利制，将采暖按面积收费改为按热量收费，从技术上来讲必须要改掉单管串连式的室内采暖系统，这样才能为供热体制改革铲除技术障碍。

五、住宅建筑节能的前景和潜力

据世界银行的预测，2000 年到 2015 年是我国民用建筑发展鼎盛时期的中后期，到 2015 年民用建筑保有量的一半左右是 2000 年后新建的。因此从现在开始各级政府的建设主管部门会下大力气抓建筑节能工作。

建筑节能潜力巨大，据专家估算，从现在起建筑节能开展得好坏关系到到 2020 年每年少烧还是多烧 3 亿吨标准煤。

建筑节能工作的大规模开展，对建筑行业而言既是一种挑战，同时也提供了一个机遇。抓住这个机遇，积极开发各种建筑节能的材料、产品和设备，严格按照建筑节能设计标准设计和建造新的住宅建筑，逐步开展对既有住宅建筑的节能改造，对我国资源节约的贡献将是巨大的，同时对保护环境，建设资源节约型环境友好型城市，实现我国经济和社会的可持续发展都是举足轻重的。

附录　相关法规和政策

建设工程质量管理条例

中华人民共和国国务院令第 279 号

第一章　总　　则

第一条　为了加强对建设工程质量的管理，保证建设工程质量，保护人民生命和财产安全，根据《中华人民共和国建筑法》，制定本条例。

第二条　凡在中华人民共和国境内从事建设工程的新建、扩建、改建等有关活动及实施对建设工程质量监督管理的，必须遵守本条例。

本条例所称建设工程，是指土木工程、建筑工程、线路管道和设备安装工程及装修工程。

第三条　建设单位、勘察单位、设计单位、施工单位、工程监理单位依法对建设工程质量负责。

第四条　县级以上人民政府建设行政主管部门和其他有关部门应当加强对建设工程质量的监督管理。

第五条　从事建设工程活动，必须严格执行基本建设程序，坚持先勘察、后设计、再施工的原则。

县级以上人民政府及其有关部门不得超越权限审批建设项目或者擅自简化基本建设程序。

第六条　国家鼓励采用先进的科学技术和管理方法，提高建设工程质量。

第二章　建设单位的质量责任和义务

第七条　建设单位应当将工程发包给具有相应资质等级的单位。

建设单位不得将建设工程肢解发包。

第八条　建设单位应当依法对工程建设项目的勘察、设计、施工、监理以及与工程建设有关的重要设备、材料等的采购进行招标。

第九条　建设单位必须向有关的勘察、设计、施工、工程监理等单位提供与建设工程有关的原始资料。

原始资料必须真实、准确、齐全。

第十条　建设工程发包单位，不得迫使承包方以低于成本的价格竞标，不得任意压缩合理工期。

建设单位不得明示或者暗示设计单位或者施工单位违反工程建设强制性标准，降低建设工程质量。

第十一条 建设单位应当将施工图设计文件报县级以上人民政府建设行政主管部门或者其他有关部门审查。施工图设计文件审查的具体办法，由国务院建设行政主管部门会同国务院其他有关部门制定。

施工图设计文件未经审查批准的，不得使用。

第十二条 实行监理的建设工程，建设单位应当委托具有相应资质等级的工程监理单位进行监理，也可以委托具有工程监理相应资质等级并与被监理工程的施工承包单位没有隶属关系或者其他利害关系的该工程的设计单位进行监理。

下列建设工程必须实行监理：

（一）国家重点建设工程；

（二）大中型公用事业工程；

（三）成片开发建设的住宅小区工程；

（四）利用外国政府或者国际组织贷款、援助资金的工程；

（五）国家规定必须实行监理的其他工程。

第十三条 建设单位在领取施工许可证或者开工报告前，应当按照国家有关规定办理工程质量监督手续。

第十四条 按照合同约定，由建设单位采购建筑材料、建筑构配件和设备的，建设单位应当保证建筑材料、建筑构配件和设备符合设计文件和合同要求。

建设单位不得明示或者暗示施工单位使用不合格的建筑材料、建筑构配件和设备。

第十五条 涉及建筑主体和承重结构变动的装修工程，建设单位应当在施工前委托原设计单位或者具有相应资质等级的设计单位提出设计方案；没有设计方案的，不得施工。

房屋建筑使用者在装修过程中，不得擅自变动房屋建筑主体和承重结构。

第十六条 建设单位收到建设工程竣工报告后，应当组织设计、施工、工程监理等有关单位进行竣工验收。

建设工程竣工验收应当具备下列条件：

（一）完成建设工程设计和合同约定的各项内容；

（二）有完整的技术档案和施工管理资料；

（三）有工程使用的主要建筑材料、建筑构配件和设备的进场试验报告；

（四）有勘察、设计、施工、工程监理等单位分别签署的质量合格文件；

（五）有施工单位签署的工程保修书。

建设工程经验收合格的，方可交付使用。

第十七条 建设单位应当严格按照国家有关档案管理的规定，及时收集、整理建设项目各环节的文件资料，建立、健全建设项目档案，并在建设工程竣工验收后，及时向建设行政主管部门或者其他有关部门移交建设项目档案。

第三章 勘察、设计单位的质量责任和义务

第十八条 从事建设工程勘察、设计的单位应当依法取得相应等级的资质证书，并在

其资质等级许可的范围内承揽工程。

禁止勘察、设计单位超越其资质等级许可的范围或者以其他勘察、设计单位的名义承揽工程。禁止勘察、设计单位允许其他单位或者个人以本单位的名义承揽工程。

勘察、设计单位不得转包或者违法分包所承揽的工程。

第十九条 勘察、设计单位必须按照工程建设强制性标准进行勘察、设计，并对其勘察、设计的质量负责。

注册建筑师、注册结构工程师等注册执业人员应当在设计文件上签字，对设计文件负责。

第二十条 勘察单位提供的地质、测量、水文等勘察成果必须真实、准确。

第二十一条 设计单位应当根据勘察成果文件进行建设工程设计。

设计文件应当符合国家规定的设计深度要求，注明工程合理使用年限。

第二十二条 设计单位在设计文件中选用的建筑材料、建筑构配件和设备，应当注明规格、型号、性能等技术指标，其质量要求必须符合国家规定的标准。

除有特殊要求的建筑材料、专用设备、工艺生产线等外，设计单位不得指定生产厂、供应商。

第二十三条 设计单位应当就审查合格的施工图设计文件向施工单位作出详细说明。

第二十四条 设计单位应当参与建设工程质量事故分析，并对因设计造成的质量事故，提出相应的技术处理方案。

第四章 施工单位的质量责任和义务

第二十五条 施工单位应当依法取得相应等级的资质证书，并在其资质等级许可的范围内承揽工程。

禁止施工单位超越本单位资质等级许可的业务范围或者以其他施工单位的名义承揽工程。禁止施工单位允许其他单位或者个人以本单位的名义承揽工程。

施工单位不得转包或者违法分包工程。

第二十六条 施工单位对建设工程的施工质量负责。

施工单位应当建立质量责任制，确定工程项目的项目经理、技术负责人和施工管理负责人。

建设工程实行总承包的，总承包单位应当对全部建设工程质量负责；建设工程勘察、设计、施工、设备采购的一项或者多项实行总承包的，总承包单位应当对其承包的建设工程或者采购的设备的质量负责。

第二十七条 总承包单位依法将建设工程分包给其他单位的，分包单位应当按照分包合同的约定对其分包工程的质量向总承包单位负责，总承包单位与分包单位对分包工程的质量承担连带责任。

第二十八条 施工单位必须按照工程设计图纸和施工技术标准施工，不得擅自修改工程设计，不得偷工减料。

施工单位在施工过程中发现设计文件和图纸有差错的，应当及时提出意见和建议。

第二十九条 施工单位必须按照工程设计要求、施工技术标准和合同约定，对建筑材料、建筑构配件、设备和商品混凝土进行检验，检验应当有书面记录和专人签字；未经检验或者检验不合格的，不得使用。

第三十条 施工单位必须建立、健全施工质量的检验制度，严格工序管理，作好隐蔽工程的质量检查和记录。隐蔽工程在隐蔽前，施工单位应当通知建设单位和建设工程质量监督机构。

第三十一条 施工人员对涉及结构安全的试块、试件以及有关材料，应当在建设单位或者工程监理单位监督下现场取样，并送具有相应资质等级的质量检测单位进行检测。

第三十二条 施工单位对施工中出现质量问题的建设工程或者竣工验收不合格的建设工程，应当负责返修。

第三十三条 施工单位应当建立、健全教育培训制度，加强对职工的教育培训；未经教育培训或者考核不合格的人员，不得上岗作业。

第五章　工程监理单位的质量责任和义务

第三十四条 工程监理单位应当依法取得相应等级的资质证书，并在其资质等级许可的范围内承担工程监理业务。

禁止工程监理单位超越本单位资质等级许可的范围或者以其他工程监理单位的名义承担工程监理业务。禁止工程监理单位允许其他单位或者个人以本单位的名义承担工程监理业务。

工程监理单位不得转让工程监理业务。

第三十五条 工程监理单位与被监理工程的施工承包单位以及建筑材料、建筑构配件和设备供应单位有隶属关系或者其他利害关系的，不得承担该项建设工程的监理业务。

第三十六条 工程监理单位应当依照法律、法规以及有关技术标准、设计文件和建设工程承包合同，代表建设单位对施工质量实施监理，并对施工质量承担监理责任。

第三十七条 工程监理单位应当选派具备相应资格的总监理工程师和监理工程师进驻施工现场。

未经监理工程师签字，建筑材料、建筑构配件和设备不得在工程上使用或者安装，施工单位不得进行下一道工序的施工。未经总监理工程师签字，建设单位不拨付工程款，不进行竣工验收。

第三十八条 监理工程师应当按照工程监理规范的要求，采取旁站、巡视和平行检验等形式，对建设工程实施监理。

第六章　建设工程质量保修

第三十九条 建设工程实行质量保修制度。

建设工程承包单位在向建设单位提交工程竣工验收报告时，应当向建设单位出具质量保修书。质量保修书中应当明确建设工程的保修范围、保修期限和保修责任等。

第四十条 在正常使用条件下，建设工程的最低保修期限为：

（一）基础设施工程、房屋建筑的地基基础工程和主体结构工程，为设计文件规定的该工程的合理使用年限；

（二）屋面防水工程、有防水要求的卫生间、房间和外墙面的防渗漏，为5年；

（三）供热与供冷系统，为 2 个采暖期、供冷期；

（四）电气管线、给排水管道、设备安装和装修工程，为 2 年。

其他项目的保修期限由发包方与承包方约定。

建设工程的保修期，自竣工验收合格之日起计算。

第四十一条 建设工程在保修范围和保修期限内发生质量问题的，施工单位应当履行保修义务，并对造成的损失承担赔偿责任。

第四十二条 建设工程在超过合理使用年限后需要继续使用的，产权所有人应当委托具有相应资质等级的勘察、设计单位鉴定，并根据鉴定结果采取加固、维修等措施，重新界定使用期。

第七章　监　督　管　理

第四十三条 国家实行建设工程质量监督管理制度。

国务院建设行政主管部门对全国的建设工程质量实施统一监督管理。国务院铁路、交通、水利等有关部门按照国务院规定的职责分工，负责对全国的有关专业建设工程质量的监督管理。

县级以上地方人民政府建设行政主管部门对本行政区域内的建设工程质量实施监督管理。县级以上地方人民政府交通、水利等有关部门在各自的职责范围内，负责对本行政区域内的专业建设工程质量的监督管理。

第四十四条 国务院建设行政主管部门和国务院铁路、交通、水利等有关部门应当加强对有关建设工程质量的法律、法规和强制性标准执行情况的监督检查。

第四十五条 国务院发展计划部门按照国务院规定的职责，组织稽查特派员，对国家出资的重大建设项目实施监督检查。

国务院经济贸易主管部门按照国务院规定的职责，对国家重大技术改造项目实施监督检查。

第四十六条 建设工程质量监督管理，可以由建设行政主管部门或者其他有关部门委托的建设工程质量监督机构具体实施。

从事房屋建筑工程和市政基础设施工程质量监督的机构，必须按照国家有关规定经国务院建设行政主管部门或者省、自治区、直辖市人民政府建设行政主管部门考核；从事专业建设工程质量监督的机构，必须按照国家有关规定经国务院有关部门或者省、自治区、直辖市人民政府有关部门考核。经考核合格后，方可实施质量监督。

第四十七条 县级以上地方人民政府建设行政主管部门和其他有关部门应当加强对有关建设工程质量的法律、法规和强制性标准执行情况的监督检查。

第四十八条 县级以上人民政府建设行政主管部门和其他有关部门履行监督检查职责时，有权采取下列措施：

（一）要求被检查的单位提供有关工程质量的文件和资料；

（二）进入被检查单位的施工现场进行检查；

（三）发现有影响工程质量的问题时，责令改正。

第四十九条 建设单位应当自建设工程竣工验收合格之日起 15 日内，将建设工程竣工验收报告和规划、公安消防、环保等部门出具的认可文件或者准许使用文件报建设行政主管部门或者其他有关部门备案。

建设行政主管部门或者其他有关部门发现建设单位在竣工验收过程中有违反国家有关建设工程质量管理规定行为的，责令停止使用，重新组织竣工验收。

第五十条 有关单位和个人对县级以上人民政府建设行政主管部门和其他有关部门进行的监督检查应当支持与配合，不得拒绝或者阻碍建设工程质量监督检查人员依法执行职务。

第五十一条 供水、供电、供气、公安消防等部门或者单位不得明示或者暗示建设单位、施工单位购买其指定的生产供应单位的建筑材料、建筑构配件和设备。

第五十二条 建设工程发生质量事故，有关单位应当在24小时内向当地建设行政主管部门和其他有关部门报告。对重大质量事故，事故发生地的建设行政主管部门和其他有关部门应当按照事故类别和等级向当地人民政府和上级建设行政主管部门和其他有关部门报告。

特别重大质量事故的调查程序按照国务院有关规定办理。

第五十三条 任何单位和个人对建设工程的质量事故、质量缺陷都有权检举、控告、投诉。

第八章　罚　　则

第五十四条 违反本条例规定，建设单位将建设工程发包给不具有相应资质等级的勘察、设计、施工单位或者委托给不具有相应资质等级的工程监理单位的，责令改正，处50万元以上100万元以下的罚款。

第五十五条 违反本条例规定，建设单位将建设工程肢解发包的，责令改正，处工程合同价款0.5%以上1%以下的罚款；对全部或者部分使用国有资金的项目，并可以暂停项目执行或者暂停资金拨付。

第五十六条 违反本条例规定，建设单位有下列行为之一的，责令改正，处20万元以上50万元以下的罚款：

（一）迫使承包方以低于成本的价格竞标的；

（二）任意压缩合理工期的；

（三）明示或者暗示设计单位或者施工单位违反工程建设强制性标准，降低工程质量的；

（四）施工图设计文件未经审查或者审查不合格，擅自施工的；

（五）建设项目必须实行工程监理而未实行工程监理的；

（六）未按照国家规定办理工程质量监督手续的；

（七）明示或者暗示施工单位使用不合格的建筑材料、建筑构配件和设备的；

（八）未按照国家规定将竣工验收报告、有关认可文件或者准许使用文件报送备案的。

第五十七条 违反本条例规定，建设单位未取得施工许可证或者开工报告未经批准，擅自施工的，责令停止施工，限期改正，处工程合同价款1%以上2%以下的罚款。

第五十八条 违反本条例规定，建设单位有下列行为之一的，责令改正，处工程合同价款2%以上4%以下的罚款；造成损失的，依法承担赔偿责任：

（一）未组织竣工验收，擅自交付使用的；

（二）验收不合格，擅自交付使用的；

（三）对不合格的建设工程按照合格工程验收的。

第五十九条 违反本条例规定，建设工程竣工验收后，建设单位未向建设行政主管部门或者其他有关部门移交建设项目档案的，责令改正，处1万元以上10万元以下的罚款。

第六十条 违反本条例规定，勘察、设计、施工、工程监理单位超越本单位资质等级承揽工程的，责令停止违法行为，对勘察、设计单位或者工程监理单位处合同约定的勘察费、设计费或者监理酬金1倍以上2倍以下的罚款；对施工单位处工程合同价款2%以上4%以下的罚款；可以责令停业整顿，降低资质等级；情节严重的，吊销资质证书；有违法所得的，予以没收。

未取得资质证书承揽工程的，予以取缔，依照前款规定处以罚款；有违法所得的，予以没收。

以欺骗手段取得资质证书承揽工程的，吊销资质证书，依照本条第一款规定处以罚款；有违法所得的，予以没收。

第六十一条 违反本条例规定，勘察、设计、施工、工程监理单位允许其他单位或者个人以本单位名义承揽工程的，责令改正，没收违法所得，对勘察、设计单位和工程监理单位处合同约定的勘察费、设计费和监理酬金1倍以上2倍以下的罚款；对施工单位处工程合同价款2%以上4%以下的罚款；可以责令停业整顿，降低资质等级；情节严重的，吊销资质证书。

第六十二条 违反本条例规定，承包单位将承包的工程转包或者违法分包的，责令改正，没收违法所得，对勘察、设计单位处合同约定的勘察费、设计费25%以上50%以下的罚款；对施工单位处工程合同价款0.5%以上1%以下的罚款；可以责令停业整顿，降低资质等级；情节严重的，吊销资质证书。

工程监理单位转让工程监理业务的，责令改正，没收违法所得，处合同约定的监理酬金25%以上50%以下的罚款；可以责令停业整顿，降低资质等级；情节严重的，吊销资质证书。

第六十三条 违反本条例规定，有下列行为之一的，责令改正，处10万元以上30万元以下的罚款：

（一）勘察单位未按照工程建设强制性标准进行勘察的；

（二）设计单位未根据勘察成果文件进行工程设计的；

（三）设计单位指定建筑材料、建筑构配件的生产厂、供应商的；

（四）设计单位未按照工程建设强制性标准进行设计的。

有前款所列行为，造成工程质量事故的，责令停业整顿，降低资质等级；情节严重的，吊销资质证书；造成损失的，依法承担赔偿责任。

第六十四条 违反本条例规定，施工单位在施工中偷工减料的，使用不合格的建筑材料、建筑构配件和设备的，或者有不按照工程设计图纸或者施工技术标准施工的其他行为的，责令改正，处工程合同价款2%以上4%以下的罚款；造成建设工程质量不符合规定的质量标准的，负责返工、修理，并赔偿因此造成的损失；情节严重的，责令停业整顿，降低资质等级或者吊销资质证书。

第六十五条 违反本条例规定，施工单位未对建筑材料、建筑构配件、设备和商品混凝土进行检验，或者未对涉及结构安全的试块、试件以及有关材料取样检测的，责令改正，处10万元以上20万元以下的罚款；情节严重的，责令停业整顿，降低资质等级或者吊销资质证书；造成损失的，依法承担赔偿责任。

第六十六条 违反本条例规定，施工单位不履行保修义务或者拖延履行保修义务的，责令改正，处10万元以上20万元以下的罚款，并对在保修期内因质量缺陷造成的损失承担赔偿责任。

第六十七条 工程监理单位有下列行为之一的，责令改正，处50万元以上100万元以下的罚款，降低资质等级或者吊销资质证书；有违法所得的，予以没收；造成损失的，承担连带赔偿责任：

（一）与建设单位或者施工单位串通，弄虚作假、降低工程质量的；

（二）将不合格的建设工程、建筑材料、建筑构配件和设备按照合格签字的。

第六十八条 违反本条例规定，工程监理单位与被监理工程的施工承包单位以及建筑材料、建筑构配件和设备供应单位有隶属关系或者其他利害关系承担该项建设工程的监理业务的，责令改正，处5万元以上10万元以下的罚款，降低资质等级或者吊销资质证书；有违法所得的，予以没收。

第六十九条 违反本条例规定，涉及建筑主体或者承重结构变动的装修工程，没有设计方案擅自施工的，责令改正，处50万元以上100万元以下的罚款；房屋建筑使用者在装修过程中擅自变动房屋建筑主体和承重结构的，责令改正，处5万元以上10万元以下的罚款。

有前款所列行为，造成损失的，依法承担赔偿责任。

第七十条 发生重大工程质量事故隐瞒不报、谎报或者拖延报告期限的，对直接负责的主管人员和其他责任人员依法给予行政处分。

第七十一条 违反本条例规定，供水、供电、供气、公安消防等部门或者单位明示或者暗示建设单位或者施工单位购买其指定的生产供应单位的建筑材料、建筑构配件和设备的，责令改正。

第七十二条 违反本条例规定，注册建筑师、注册结构工程师、监理工程师等注册执业人员因过错造成质量事故的，责令停止执业1年；造成重大质量事故的，吊销执业资格证书，5年以内不予注册；情节特别恶劣的，终身不予注册。

第七十三条 依照本条例规定，给予单位罚款处罚的，对单位直接负责的主管人员和其他直接责任人员处单位罚款数额5%以上10%以下的罚款。

第七十四条 建设单位、设计单位、施工单位、工程监理单位违反国家规定，降低工程质量标准，造成重大安全事故，构成犯罪的，对直接责任人员依法追究刑事责任。

第七十五条 本条例规定的责令停业整顿，降低资质等级和吊销资质证书的行政处罚，由颁发资质证书的机关决定；其他行政处罚，由建设行政主管部门或者其他有关部门依照法定职权决定。

依照本条例规定被吊销资质证书的，由工商行政管理部门吊销其营业执照。

第七十六条 国家机关工作人员在建设工程质量监督管理工作中玩忽职守、滥用职权、徇私舞弊，构成犯罪的，依法追究刑事责任；尚不构成犯罪的，依法给予行政处分。

第七十七条 建设、勘察、设计、施工、工程监理单位的工作人员因调动工作、退休等原因离开该单位后，被发现在该单位工作期间违反国家有关建设工程质量管理规定，造成重大工程质量事故的，仍应当依法追究法律责任。

第九章　附　　则

第七十八条　本条例所称肢解发包，是指建设单位将应当由一个承包单位完成的建设工程分解成若干部分发包给不同的承包单位的行为。

本条例所称违法分包，是指下列行为：

（一）总承包单位将建设工程分包给不具备相应资质条件的单位的；

（二）建设工程总承包合同中未有约定，又未经建设单位认可，承包单位将其承包的部分建设工程交由其他单位完成的；

（三）施工总承包单位将建设工程主体结构的施工分包给其他单位的；

（四）分包单位将其承包的建设工程再分包的。

本条例所称转包，是指承包单位承包建设工程后，不履行合同约定的责任和义务，将其承包的全部建设工程转给他人或者将其承包的全部建设工程肢解以后以分包的名义分别转给其他单位承包的行为。

第七十九条　本条例规定的罚款和没收的违法所得，必须全部上缴国库。

第八十条　抢险救灾及其他临时性房屋建筑和农民自建低层住宅的建设活动，不适用本条例。

第八十一条　军事建设工程的管理，按照中央军事委员会的有关规定执行。

第八十二条　本条例自2000年1月30发布之日起施行。

附刑法有关条款

第一百三十七条　建设单位、设计单位、施工单位、工程监理单位违反国家规定，降低工程质量标准，造成重大安全事故的，对直接责任人员处五年以下有期徒刑或者拘役，并处罚金；后果特别严重的，处五年以上十年以下有期徒刑，并处罚金。

建设工程勘察设计管理条例

中华人民共和国国务院令第293号

第一章 总 则

第一条 为了加强对建设工程勘察、设计活动的管理，保证建设工程勘察、设计质量，保护人民生命和财产安全，制定本条例。

第二条 从事建设工程勘察、设计活动，必须遵守本条例。

本条例所称建设工程勘察，是指根据建设工程的要求，查明、分析、评价建设场地的地质地理环境特征和岩土工程条件，编制建设工程勘察文件的活动。

本条例所称建设工程设计，是指根据建设工程的要求，对建设工程所需的技术、经济、资源、环境等条件进行综合分析、论证，编制建设工程设计文件的活动。

第三条 建设工程勘察、设计应当与社会、经济发展水平相适应，做到经济效益、社会效益和环境效益相统一。

第四条 从事建设工程勘察、设计活动，应当坚持先勘察、后设计、再施工的原则。

第五条 县级以上人民政府建设行政主管部门和交通、水利等有关部门应当依照本条例的规定，加强对建设工程勘察、设计活动的监督管理。

建设工程勘察、设计单位必须依法进行建设工程勘察、设计，严格执行工程建设强制性标准，并对建设工程勘察、设计的质量负责。

第六条 国家鼓励在建设工程勘察、设计活动中采用先进技术、先进工艺、先进设备、新型材料和现代管理方法。

第二章 资质资格管理

第七条 国家对从事建设工程勘察、设计活动的单位，实行资质管理制度。具体办法由国务院建设行政主管部门商国务院有关部门制定。

第八条 建设工程勘察、设计单位应当在其资质等级许可的范围内承揽建设工程勘察、设计业务。

禁止建设工程勘察、设计单位超越其资质等级许可的范围或者以其他建设工程勘察、设计单位的名义承揽建设工程勘察、设计业务。禁止建设工程勘察、设计单位允许其他单位或者个人以本单位的名义承揽建设工程勘察、设计业务。

第九条 国家对从事建设工程勘察、设计活动的专业技术人员，实行执业资格注册管理制度。

未经注册的建设工程勘察、设计人员，不得以注册执业人员的名义从事建设工程勘察、设计活动。

第十条 建设工程勘察、设计注册执业人员和其他专业技术人员只能受聘于一个建设工程勘察、设计单位；未受聘于建设工程勘察、设计单位的，不得从事建设工程的勘察、设计活动。

第十一条 建设工程勘察、设计单位资质证书和执业人员注册证书，由国务院建设行政主管部门统一制作。

第三章 建设工程勘察设计发包与承包

第十二条 建设工程勘察、设计发包依法实行招标发包或者直接发包。

第十三条 建设工程勘察、设计应当依照《中华人民共和国招标投标法》的规定，实行招标发包。

第十四条 建设工程勘察、设计方案评标，应当以投标人的业绩、信誉和勘察、设计人员的能力以及勘察、设计方案的优劣为依据，进行综合评定。

第十五条 建设工程勘察、设计的招标人应当在评标委员会推荐的候选方案中确定中标方案。但是，建设工程勘察、设计的招标人认为评标委员会推荐的候选方案不能最大限度满足招标文件规定的要求的，应当依法重新招标。

第十六条 下列建设工程的勘察、设计，经有关主管部门批准，可以直接发包：

（一）采用特定的专利或者专有技术的；

（二）建筑艺术造型有特殊要求的；

（三）国务院规定的其他建设工程的勘察、设计。

第十七条 发包方不得将建设工程勘察、设计业务发包给不具有相应勘察、设计资质等级的建设工程勘察、设计单位。

第十八条 发包方可以将整个建设工程的勘察、设计发包给一个勘察、设计单位；也可以将建设工程的勘察、设计分别发包给几个勘察、设计单位。

第十九条 除建设工程主体部分的勘察、设计外，经发包方书面同意，承包方可以将建设工程其他部分的勘察、设计再分包给其他具有相应资质等级的建设工程勘察、设计单位。

第二十条 建设工程勘察、设计单位不得将所承揽的建设工程勘察、设计转包。

第二十一条 承包方必须在建设工程勘察、设计资质证书规定的资质等级和业务范围内承揽建设工程的勘察、设计业务。

第二十二条 建设工程勘察、设计的发包方与承包方，应当执行国家规定的建设工程勘察、设计程序。

第二十三条 建设工程勘察、设计的发包方与承包方应当签订建设工程勘察、设计合同。

第二十四条 建设工程勘察、设计发包方与承包方应当执行国家有关建设工程勘察费、设计费的管理规定。

第四章 建设工程勘察设计文件的编制与实施

第二十五条 编制建设工程勘察、设计文件，应当以下列规定为依据：

（一）项目批准文件；

（二）城市规划；

（三）工程建设强制性标准；

（四）国家规定的建设工程勘察、设计深度要求。

铁路、交通、水利等专业建设工程，还应当以专业规划的要求为依据。

第二十六条 编制建设工程勘察文件，应当真实、准确，满足建设工程规划、选址、设计、岩土治理和施工的需要。

编制方案设计文件，应当满足编制初步设计文件和控制概算的需要。

编制初步设计文件，应当满足编制施工招标文件、主要设备材料订货和编制施工图设计文件的需要。

编制施工图设计文件，应当满足设备材料采购、非标准设备制作和施工的需要，并注明建设工程合理使用年限。

第二十七条 设计文件中选用的材料、构配件、设备，应当注明其规格、型号、性能等技术指标，其质量要求必须符合国家规定的标准。

除有特殊要求的建筑材料、专用设备和工艺生产线等外，设计单位不得指定生产厂、供应商。

第二十八条 建设单位、施工单位、监理单位不得修改建设工程勘察、设计文件；确需修改建设工程勘察、设计文件的，应当由原建设工程勘察、设计单位修改。经原建设工程勘察、设计单位书面同意，建设单位也可以委托其他具有相应资质的建设工程勘察、设计单位修改。修改单位对修改的勘察、设计文件承担相应责任。

施工单位、监理单位发现建设工程勘察、设计文件不符合工程建设强制性标准、合同约定的质量要求的，应当报告建设单位，建设单位有权要求建设工程勘察、设计单位对建设工程勘察、设计文件进行补充、修改。

建设工程勘察、设计文件内容需要作重大修改的，建设单位应当报经原审批机关批准后，方可修改。

第二十九条 建设工程勘察、设计文件中规定采用的新技术、新材料，可能影响建设工程质量和安全，又没有国家技术标准的，应当由国家认可的检测机构进行试验、论证，出具检测报告，并经国务院有关部门或者省、自治区、直辖市人民政府有关部门组织的建设工程技术专家委员会审定后，方可使用。

第三十条 建设工程勘察、设计单位应当在建设工程施工前，向施工单位和监理单位说明建设工程勘察、设计意图，解释建设工程勘察、设计文件。

建设工程勘察、设计单位应当及时解决施工中出现的勘察、设计问题。

第五章 监 督 管 理

第三十一条 国务院建设行政主管部门对全国的建设工程勘察、设计活动实施统一监督管理。国务院铁路、交通、水利等有关部门按照国务院规定的职责分工，负责对全国的有关专业建设工程勘察、设计活动的监督管理。

县级以上地方人民政府建设行政主管部门对本行政区域内的建设工程勘察、设计活动实施监督管理。县级以上地方人民政府交通、水利等有关部门在各自的职责范围内，负责对本行政区域内的有关专业建设工程勘察、设计活动的监督管理。

第三十二条 建设工程勘察、设计单位在建设工程勘察、设计资质证书规定的业务范围内跨部门、跨地区承揽勘察、设计业务的，有关地方人民政府及其所属部门不得设置障碍，不得违反国家规定收取任何费用。

第三十三条 县级以上人民政府建设行政主管部门或者交通、水利等有关部门应当对施工图设计文件中涉及公共利益、公众安全、工程建设强制性标准的内容进行审查。

施工图设计文件未经审查批准的，不得使用。

第三十四条 任何单位和个人对建设工程勘察、设计活动中的违法行为都有权检举、控告、投诉。

第六章 罚 则

第三十五条 违反本条例第八条规定的，责令停止违法行为，处合同约定的勘察费、设计费1倍以上2倍以下的罚款，有违法所得的，予以没收；可以责令停业整顿，降低资质等级；情节严重的，吊销资质证书。

未取得资质证书承揽工程的，予以取缔，依照前款规定处以罚款；有违法所得的，予以没收。以欺骗手段取得资质证书承揽工程的，吊销资质证书，依照本条第一款规定处以罚款；有违法所得的，予以没收。

第三十六条 违反本条例规定，未经注册，擅自以注册建设工程勘察、设计人员的名义从事建设工程勘察、设计活动的，责令停止违法行为，没收违法所得，处违法所得2倍以上5倍以下罚款；给他人造成损失的，依法承担赔偿责任。

第三十七条 违反本条例规定，建设工程勘察、设计注册执业人员和其他专业技术人员未受聘于一个建设工程勘察、设计单位或者同时受聘于两个以上建设工程勘察、设计单位，从事建设工程勘察、设计活动的，责令停止违法行为，没收违法所得，处违法所得2倍以上5倍以下的罚款；情节严重的，可以责令停止执行业务或者吊销资格证书；给他人造成损失的，依法承担赔偿责任。

第三十八条 违反本条例规定，发包方将建设工程勘察、设计业务发包给不具有相应资质等级的建设工程勘察、设计单位的，责令改正，处50万元以上100万元以下的罚款。

第三十九条 违反本条例规定，建设工程勘察、设计单位将所承揽的建设工程勘察、设计转包的，责令改正，没收违法所得，处合同约定的勘察费、设计费25％以上50％以下的罚款，可以责令停业整顿，降低资质等级；情节严重的，吊销资质证书。

第四十条 违反本条例规定，有下列行为之一的，依照《建设工程质量管理条例》第六十三条的规定给予处罚：

（一）勘察单位未按照工程建设强制性标准进行勘察的；

（二）设计单位未根据勘察成果文件进行工程设计的；

（三）设计单位指定建筑材料、建筑构配件的生产厂、供应商的；

（四）设计单位未按照工程建设强制性标准进行设计的。

第四十一条 本条例规定的责令停业整顿、降低资质等级和吊销资质证书、资格证书的行政处罚，由颁发资质证书、资格证书的机关决定；其他行政处罚，由建设行政主管部门或者其他有关部门依据法定职权范围决定。

依照本条例规定被吊销资质证书的，由工商行政管理部门吊销其营业执照。

第四十二条 国家机关工作人员在建设工程勘察、设计活动的监督管理工作中玩忽职守、滥用职权、徇私舞弊，构成犯罪的，依法追究刑事责任；尚不构成犯罪的，依法给予行政处分。

第七章　附　　则

第四十三条　抢险救灾及其他临时性建筑和农民自建两层以下住宅的勘察、设计活动，不适用本条例。

第四十四条　军事建设工程勘察、设计的管理，按照中央军事委员会的有关规定执行。

第四十五条　本条例自公布之日(2000 年 9 月 25 日)起施行。

城市房地产开发经营管理条例

中华人民共和国国务院令第248号

第一章 总 则

第一条 为了规范房地产开发经营行为，加强对城市房地产开发经营活动的监督管理，促进和保障房地产业的健康发展，根据《中华人民共和国城市房地产管理法》的有关规定，制定本条例。

第二条 本条例所称房地产开发经营，是指房地产开发企业在城市规划区内国有土地上进行基础设施建设、房屋建设，并转让房地产开发项目或者销售、出租商品房的行为。

第三条 房地产开发经营应当按照经济效益、社会效益、环境效益相统一的原则，实行全面规划、合理布局、综合开发、配套建设。

第四条 国务院建设行政主管部门负责全国房地产开发经营活动的监督管理工作。

县级以上地方人民政府房地产开发主管部门负责本行政区域内房地产开发经营活动的监督管理工作。

县级以上人民政府负责土地管理工作的部门依照有关法律行政法规的规定，负责与房地产开发经营有关的土地管理工作。

第二章 房地产开发企业

第五条 设立房地产开发企业，除应当符合有关法律、行政法规规定的企业设立条件外，还应当具备下列条件：

（一）有100万元以上的注册资本；

（二）有4名以上持有资格证书的房地产专业、建筑工程专业的专职技术人员，2名以上持有资格证书的专职会计人员。

省、自治区、直辖市人民政府可以根据本地方的实际情况，对设立房地产开发企业的注册资本和专业技术人员的条件作出高于前款的规定。

第六条 外商投资设立房地产开发企业的，除应当符合本条例第五条的规定外，还应当依照外商投资企业法律、行政法规的规定，办理有关审批手续。

第七条 设立房地产开发企业，应当向县级以上人民政府工商行政管理部门申请登记。工商行政管理部门对符合本条例第五条规定条件的，应当自收到申请之日起30日内予以登记；对不符合条件不予登记的，应当说明理由。

工商行政管理部门在对设立房地产开发企业申请登记进行审查时，应当听取同级房地产开发主管部门的意见。

第八条 房地产开发企业应当自领取营业执照之日起30日内，持下列文件到登记机关所在地的房地产开发主管部门备案：

（一）营业执照复印件；

（二）企业章程；

（三）验资证明；

（四）企业法定代表人的身份证明；

（五）专业技术人员的资格证书和聘用合同。

第九条 房地产开发主管部门应当根据房地产开发企业的资产、专业技术人员和开发经营业绩等，对备案的房地产开发企业核定资质等级。房地产开发企业应当按照核定的资质等级，承担相应的房地产开发项目。具体办法由国务院建设行政主管部门制定。

第三章 房地产开发建设

第十条 确定房地产开发项目，应当符合土地利用总体规划、年度建设用地计划和城市规划、房地产开发年度计划的要求；按照国家有关规定需要经计划主管部门批准的，还应当报计划主管部门批准，并纳入年度固定资产投资计划。

第十一条 确定房地产开发项目，应当坚持旧区改建和新区建设相结合的原则，注重开发基础设施薄弱、交通拥挤、环境污染严重以及危旧房屋集中的区域，保护和改善城市生态环境，保护历史文化遗产。

第十二条 房地产开发用地应当以出让方式取得；但是，法律和国务院规定可以采用划拨方式的除外。

土地使用权出让或者划拨前，县级以上地方人民政府城市规划行政主管部门和房地产开发主管部门应当对下列事项提出书面意见，作为土地使用权出让或者划拨的依据之一：

（一）房地产开发项目的性质、规模和开发期限；

（二）城市规划设计条件；

（三）基础设施和公共设施的建设要求；

（四）基础设施建成后的产权界定；

（五）项目拆迁补偿、安置要求。

第十三条 房地产开发项目应当建立资本金制度，资本金占项目总投资的比例不得低于20%。

第十四条 房地产开发项目的开发建设应当统筹安排配套基础设施，并根据先地下、后地上的原则实施。

第十五条 房地产开发企业应当按照土地使用权出让合同约定的土地用途、动工开发期限进行项目开发建设。出让合同约定的动工开发期限满1年未动工开发的，可以征收相当于土地使用权出让金20%以下的土地闲置费；满2年未动工开发的，可以无偿收回土地使用权。但是，因不可抗力或者政府、政府有关部门的行为或者动工开发必需的前期工作造成动工迟延的除外。

第十六条 房地产开发企业开发建设的房地产项目，应当符合有关法律、法规的规定和建筑工程质量、安全标准、建筑工程勘察、设计、施工的技术规范以及合同的约定。

房地产开发企业应当对其开发建设的房地产开发项目的质量承担责任。

勘察、设计、施工、监理等单位应当依照有关法律、法规的规定或者合同的约定，承担相应的责任。

第十七条 房地产开发项目竣工，经验收合格后，方可交付使用；未经验收或者验收不合格的，不得交付使用。

房地产开发项目竣工后，房地产开发企业应当向项目所在地的县级以上地方人民政府房地产开发主管部门提出竣工验收申请。房地产开发主管部门应当自收到竣工验收申请之日起 30 日内，对涉及公共安全的内容，组织工程质量监督、规划、消防、人防等有关部门或者单位进行验收。

第十八条 住宅小区等群体房地产开发项目竣工，应当依照本条例第十七条的规定和下列要求进行综合验收：

（一）城市规划设计条件的落实情况；

（二）城市规划要求配套的基础设施和公共设施的建设情况；

（三）单项工程的工程质量验收情况；

（四）拆迁安置方案的落实情况；

（五）物业管理的落实情况。

住宅小区等群体房地产开发项目实行分期开发的，可以分期验收。

第十九条 房地产开发企业应当将房地产开发项目建设过程中的主要事项记录在房地产开发项目手册中，并定期送房地产开发主管部门备案。

第四章　房地产经营

第二十条 转让房地产开发项目，应当符合《中华人民共和国城市房地产管理法》第三十八条、第三十九条规定的条件。

第二十一条 转让房地产开发项目，转让人和受让人应当自土地使用权变更登记手续办理完毕之日起 30 日内，持房地产开发项目转让合同到房地产开发主管部门备案。

第二十二条 房地产开发企业转让房地产开发项目时，尚未完成拆迁补偿安置的，原拆迁补偿安置合同中有关的权利、义务随之转移给受让人。项目转让人应当书面通知被拆迁人。

第二十三条 房地产开发企业预售商品房，应当符合下列条件：

（一）已交付全部土地使用权出让金，取得土地使用权证书；

（二）持有建设工程规划许可证和施工许可证；

（三）按提供的预售商品房计算，投入开发建设的资金达到工程建设总投资的 25%以上，并已确定施工进度和竣工交付日期；

（四）已办理预售登记，取得商品房预售许可证明。

第二十四条 房地产开发企业申请办理商品房预售登记，应当提交下列文件：

（一）本条例第二十三条第（一）项至第（三）项规定的证明材料；

（二）营业执照和资质等级证书；

（三）工程施工合同；

（四）预售商品房分层平面图；

（五）商品房预售方案。

第二十五条 房地产开发主管部门应当自收到商品房预售申请之日起 10 日内，作出同意预售或者不同意预售的答复。同意预售的，应当核发商品房预售许可证明；不同意预售的，应当说明理由。

第二十六条 房地产开发企业不得进行虚假广告宣传，商品房预售广告中应当载明商品房预售许可证明的文号。

第二十七条 房地产开发企业预售商品房时，应当向预购人出示商品房预售许可证明。

房地产开发企业应当自商品房预售合同签订之日起 30 日内，到商品房所在地的县级以上人民政府房地产开发主管部门和负责土地管理工作的部门备案。

第二十八条 商品房销售，当事人双方应当签订书面合同。合同应当载明商品房的建筑面积和使用面积、价格、交付日期、质量要求、物业管理方式以及双方的违约责任。

第二十九条 房地产开发企业委托中介机构代理销售商品房的，应当向中介机构出具委托书。中介机构销售商品房时，应当向商品房购买人出示商品房的有关证明文件和商品房销售委托书。

第三十条 房地产开发项目转让和商品房销售价格，由当事人协商议定；但是，享受国家优惠政策的居民住宅价格，应当实行政府指导价或者政府定价。

第三十一条 房地产开发企业应当在商品房交付使用时，向购买人提供住宅质量保证书和住宅使用说明书。

住宅质量保证书应当列明工程质量监督部门核验的质量等级、保修范围、保修期和保修单位等内容。房地产开发企业应当按照住宅质量保证书的约定，承担商品房保修责任。

保修期内，因房地产开发企业对商品房进行维修，致使房屋原使用功能受到影响，给购买人造成损失的，应当依法承担赔偿责任。

第三十二条 商品房交付使用后，购买人认为主体结构质量不合格的，可以向工程质量监督单位申请重新核验。经核验，确属主体结构质量不合格的，购买人有权退房；给购买人造成损失的，房地产开发企业应当依法承担赔偿责任。

第三十三条 预售商品房的购买人应当自商品房交付使用之日起 90 日内，办理土地使用权变更和房屋所有权登记手续；现售商品房的购买人应当自销售合同签订之日起 90 日内，办理土地使用权变更和房屋所有权登记手续。房地产开发企业应当协助商品房购买人办理土地使用权变更和房屋所有权登记手续，并提供必要的证明文件。

第五章 法律责任

第三十四条 违反本条例规定，未取得营业执照，擅自从事房地产开发经营的，由县级以上人民政府工商行政管理部门责令停止房地产开发经营活动，没收违法所得，可以并处违法所得 5 倍以下的罚款。

第三十五条 违反本条例规定，未取得资质等级证书或者超越资质等级从事房地产开发经营的，由县级以上人民政府房地产开发主管部门责令限期改正，处 5 万元以上 10 万元以下的罚款；逾期不改正的，由工商行政管理部门吊销营业执照。

第三十六条 违反本条例规定，将未经验收的房屋交付使用的，由县级以上人民政府房地产开发主管部门责令限期补办验收手续；逾期不补办验收手续的，由县级以上人民政府房地产开发主管部门组织有关部门和单位进行验收，并处 10 万元以上 30 万元以下的罚款。经验收不合格的，依照本条例第三十七条的规定处理。

第三十七条　违反本条例规定，将验收不合格的房屋交付使用的，由县级以上人民政府房地产开发主管部门责令限期返修，并处交付使用的房屋总造价2%以下的罚款；情节严重的，由工商行政管理部门吊销营业执照；给购买人造成损失的，应当依法承担赔偿责任；造成重大伤亡事故或者其他严重后果，构成犯罪的，依法追究刑事责任。

第三十八条　违反本条例规定，擅自转让房地产开发项目的，由县级以上人民政府负责土地管理工作的部门责令停止违法行为，没收违法所得，可以并处违法所得5倍以下的罚款。

第三十九条　违反本条例规定，擅自预售商品房的，由县级以上人民政府房地产开发主管部门责令停止违法行为，没收违法所得，可以并处已收取的预付款1%以下的罚款。

第四十条　国家机关工作人员在房地产开发经营监督管理工作中玩忽职守、徇私舞弊、滥用职权，构成犯罪的，依法追究刑事责任；尚不构成犯罪的，依法给予行政处分。

第六章　附　　则

第四十一条　在城市规划区外国有土地上从事房地产开发经营，实施房地产开发经营监督管理，参照本条例执行。

第四十二条　城市规划区内集体所有的土地，经依法征用转为国有土地后，方可用于房地产开发经营。

第四十三条　本条例自发布之日(1998年7月20日)起施行。

物业管理条例

中华人民共和国国务院令第 379 号

第一章　总　　则

第一条　为了规范物业管理活动，维护业主和物业管理企业的合法权益，改善人民群众的生活和工作环境，制定本条例。

第二条　本条例所称物业管理，是指业主通过选聘物业管理企业，由业主和物业管理企业按照物业服务合同约定，对房屋及配套的设施设备和相关场地进行维修、养护、管理，维护相关区域内的环境卫生和秩序的活动。

第三条　国家提倡业主通过公开、公平、公正的市场竞争机制选择物业管理企业。

第四条　国家鼓励物业管理采用新技术、新方法，依靠科技进步提高管理和服务水平。

第五条　国务院建设行政主管部门负责全国物业管理活动的监督管理工作。

县级以上地方人民政府房地产行政主管部门负责本行政区域内物业管理活动的监督管理工作。

第二章　业主及业主大会

第六条　房屋的所有权人为业主。

业主在物业管理活动中，享有下列权利：

（一）按照物业服务合同的约定，接受物业管理企业提供的服务；

（二）提议召开业主大会会议，并就物业管理的有关事项提出建议；

（三）提出制定和修改业主公约、业主大会议事规则的建议；

（四）参加业主大会会议，行使投票权；

（五）选举业主委员会委员，并享有被选举权；

（六）监督业主委员会的工作；

（七）监督物业管理企业履行物业服务合同；

（八）对物业共用部位、共用设施设备和相关场地使用情况享有知情权和监督权；

（九）监督物业共用部位、共用设施设备专项维修资金（以下简称专项维修资金）的管理和使用；

（十）法律、法规规定的其他权利。

第七条　业主在物业管理活动中，履行下列义务：

（一）遵守业主公约、业主大会议事规则；

（二）遵守物业管理区域内物业共用部位和共用设施设备的使用、公共秩序和环境卫生的维护等方面的规章制度；

（三）执行业主大会的决定和业主大会授权业主委员会作出的决定；

（四）按照国家有关规定交纳专项维修资金；

（五）按时交纳物业服务费用；

（六）法律、法规规定的其他义务。

第八条 物业管理区域内全体业主组成业主大会。

业主大会应当代表和维护物业管理区域内全体业主在物业管理活动中的合法权益。

第九条 一个物业管理区域成立一个业主大会。

物业管理区域的划分应当考虑物业的共用设施设备、建筑物规模、社区建设等因素。具体办法由省、自治区、直辖市制定。

第十条 同一个物业管理区域内的业主，应当在物业所在地的区、县人民政府房地产行政主管部门的指导下成立业主大会，并选举产生业主委员会。但是，只有一个业主的，或者业主人数较少且经全体业主一致同意，决定不成立业主大会的，由业主共同履行业主大会、业主委员会职责。

业主在首次业主大会会议上的投票权，根据业主拥有物业的建筑面积、住宅套数等因素确定。具体办法由省、自治区、直辖市制定。

第十一条 业主大会履行下列职责：

（一）制定、修改业主公约和业主大会议事规则；

（二）选举、更换业主委员会委员，监督业主委员会的工作；

（三）选聘、解聘物业管理企业；

（四）决定专项维修资金使用、续筹方案，并监督实施；

（五）制定、修改物业管理区域内物业共用部位和共用设施设备的使用、公共秩序和环境卫生的维护等方面的规章制度；

（六）法律、法规或者业主大会议事规则规定的其他有关物业管理的职责。

第十二条 业主大会会议可以采用集体讨论的形式，也可以采用书面征求意见的形式；但应当有物业管理区域内持有1/2以上投票权的业主参加。

业主可以委托代理人参加业主大会会议。

业主大会作出决定，必须经与会业主所持投票权1/2以上通过。业主大会作出制定和修改业主公约、业主大会议事规则，选聘和解聘物业管理企业，专项维修资金使用和续筹方案的决定，必须经物业管理区域内全体业主所持投票权2/3以上通过。

业主大会的决定对物业管理区域内的全体业主具有约束力。

第十三条 业主大会会议分为定期会议和临时会议。

业主大会定期会议应当按照业主大会议事规则的规定召开。经20%以上的业主提议，业主委员会应当组织召开业主大会临时会议。

第十四条 召开业主大会会议，应当于会议召开15日以前通知全体业主。

住宅小区的业主大会会议，应当同时告知相关的居民委员会。

业主委员会应当做好业主大会会议记录。

第十五条 业主委员会是业主大会的执行机构，履行下列职责：

（一）召集业主大会会议，报告物业管理的实施情况；

（二）代表业主与业主大会选聘的物业管理企业签订物业服务合同；

（三）及时了解业主、物业使用人的意见和建议，监督和协助物业管理企业履行物业服务合同；

（四）监督业主公约的实施；

（五）业主大会赋予的其他职责。

第十六条 业主委员会应当自选举产生之日起30日内，向物业所在地的区、县人民政府房地产行政主管部门备案。

业主委员会委员应当由热心公益事业、责任心强、具有一定组织能力的业主担任。

业主委员会主任、副主任在业主委员会委员中推选产生。

第十七条 业主公约应当对有关物业的使用、维护、管理，业主的共同利益，业主应当履行的义务，违反公约应当承担的责任等事项依法作出约定。

业主公约对全体业主具有约束力。

第十八条 业主大会议事规则应当就业主大会的议事方式、表决程序、业主投票权确定办法、业主委员会的组成和委员任期等事项作出约定。

第十九条 业主大会、业主委员会应当依法履行职责，不得作出与物业管理无关的决定，不得从事与物业管理无关的活动。

业主大会、业主委员会作出的决定违反法律、法规的，物业所在地的区、县人民政府房地产行政主管部门，应当责令限期改正或者撤销其决定，并通告全体业主。

第二十条 业主大会、业主委员会应当配合公安机关，与居民委员会相互协作，共同做好维护物业管理区域内的社会治安等相关工作。

在物业管理区域内，业主大会、业主委员会应当积极配合相关居民委员会依法履行自治管理职责，支持居民委员会开展工作，并接受其指导和监督。

住宅小区的业主大会、业主委员会作出的决定，应当告知相关的居民委员会，并认真听取居民委员会的建议。

第三章 前期物业管理

第二十一条 在业主、业主大会选聘物业管理企业之前，建设单位选聘物业管理企业的，应当签订书面的前期物业服务合同。

第二十二条 建设单位应当在销售物业之前，制定业主临时公约，对有关物业的使用、维护、管理，业主的共同利益，业主应当履行的义务，违反公约应当承担的责任等事项依法作出约定。

建设单位制定的业主临时公约，不得侵害物业买受人的合法权益。

第二十三条 建设单位应当在物业销售前将业主临时公约向物业买受人明示，并予以说明。

物业买受人在与建设单位签订物业买卖合同时，应当对遵守业主临时公约予以书面承诺。

第二十四条 国家提倡建设单位按照房地产开发与物业管理相分离的原则，通过招投标的方式选聘具有相应资质的物业管理企业。

住宅物业的建设单位，应当通过招投标的方式选聘具有相应资质的物业管理企业；投标人少于3个或者住宅规模较小的，经物业所在地的区、县人民政府房地产行政主管部门批准，可以采用协议方式选聘具有相应资质的物业管理企业。

第二十五条 建设单位与物业买受人签订的买卖合同应当包含前期物业服务合同约定的内容。

第二十六条 前期物业服务合同可以约定期限；但是，期限未满、业主委员会与物业管理企业签订的物业服务合同生效的，前期物业服务合同终止。

第二十七条 业主依法享有的物业共用部位、共用设施设备的所有权或者使用权，建设单位不得擅自处分。

第二十八条 物业管理企业承接物业时，应当对物业共用部位、共用设施设备进行查验。

第二十九条 在办理物业承接验收手续时，建设单位应当向物业管理企业移交下列资料：

（一）竣工总平面图，单体建筑、结构、设备竣工图，配套设施、地下管网工程竣工图等竣工验收资料；

（二）设施设备的安装、使用和维护保养等技术资料；

（三）物业质量保修文件和物业使用说明文件；

（四）物业管理所必需的其他资料。

物业管理企业应当在前期物业服务合同终止时将上述资料移交给业主委员会。

第三十条 建设单位应当按照规定在物业管理区域内配置必要的物业管理用房。

第三十一条 建设单位应当按照国家规定的保修期限和保修范围，承担物业的保修责任。

第四章 物 业 管 理 服 务

第三十二条 从事物业管理活动的企业应当具有独立的法人资格。

国家对从事物业管理活动的企业实行资质管理制度。具体办法由国务院建设行政主管部门制定。

第三十三条 从事物业管理的人员应当按照国家有关规定，取得职业资格证书。

第三十四条 一个物业管理区域由一个物业管理企业实施物业管理。

第三十五条 业主委员会应当与业主大会选聘的物业管理企业订立书面的物业服务合同。

物业服务合同应当对物业管理事项、服务质量、服务费用、双方的权利义务、专项维修资金的管理与使用、物业管理用房、合同期限、违约责任等内容进行约定。

第三十六条 物业管理企业应当按照物业服务合同的约定，提供相应的服务。

物业管理企业未能履行物业服务合同的约定，导致业主人身、财产安全受到损害的，应当依法承担相应的法律责任。

第三十七条 物业管理企业承接物业时，应当与业主委员会办理物业验收手续。

业主委员会应当向物业管理企业移交本条例第二十九条第一款规定的资料。

第三十八条 物业管理用房的所有权依法属于业主。未经业主大会同意，物业管理企业不得改变物业管理用房的用途。

第三十九条 物业服务合同终止时，物业管理企业应当将物业管理用房和本条例第二十九条第一款规定的资料交还给业主委员会。

物业服务合同终止时，业主大会选聘了新的物业管理企业的，物业管理企业之间应当做好交接工作。

第四十条　物业管理企业可以将物业管理区域内的专项服务业务委托给专业性服务企业，但不得将该区域内的全部物业管理一并委托给他人。

第四十一条　物业服务收费应当遵循合理、公开以及费用与服务水平相适应的原则，区别不同物业的性质和特点，由业主和物业管理企业按照国务院价格主管部门会同国务院建设行政主管部门制定的物业服务收费办法，在物业服务合同中约定。

第四十二条　业主应当根据物业服务合同的约定交纳物业服务费用。业主与物业使用人约定由物业使用人交纳物业服务费用的，从其约定，业主负连带交纳责任。

已竣工但尚未出售或者尚未交给物业买受人的物业，物业服务费用由建设单位交纳。

第四十三条　县级以上人民政府价格主管部门会同同级房地产行政主管部门，应当加强对物业服务收费的监督。

第四十四条　物业管理企业可以根据业主的委托提供物业服务合同约定以外的服务项目，服务报酬由双方约定。

第四十五条　物业管理区域内，供水、供电、供气、供热、通讯、有线电视等单位应当向最终用户收取有关费用。

物业管理企业接受委托代收前款费用的，不得向业主收取手续费等额外费用。

第四十六条　对物业管理区域内违反有关治安、环保、物业装饰装修和使用等方面法律、法规规定的行为，物业管理企业应当制止，并及时向有关行政管理部门报告。

有关行政管理部门在接到物业管理企业的报告后，应当依法对违法行为予以制止或者依法处理。

第四十七条　物业管理企业应当协助做好物业管理区域内的安全防范工作。发生安全事故时，物业管理企业在采取应急措施的同时，应当及时向有关行政管理部门报告，协助做好救助工作。

物业管理企业雇请保安人员的，应当遵守国家有关规定。保安人员在维护物业管理区域内的公共秩序时，应当履行职责，不得侵害公民的合法权益。

第四十八条　物业使用人在物业管理活动中的权利义务由业主和物业使用人约定，但不得违反法律、法规和业主公约的有关规定。

物业使用人违反本条例和业主公约的规定，有关业主应当承担连带责任。

第四十九条　县级以上地方人民政府房地产行政主管部门应当及时处理业主、业主委员会、物业使用人和物业管理企业在物业管理活动中的投诉。

第五章　物业的使用与维护

第五十条　物业管理区域内按照规划建设的公共建筑和共用设施，不得改变用途。

业主依法确需改变公共建筑和共用设施用途的，应当在依法办理有关手续后告知物业管理企业；物业管理企业确需改变公共建筑和共用设施用途的，应当提请业主大会讨论决定同意后，由业主依法办理有关手续。

第五十一条　业主、物业管理企业不得擅自占用、挖掘物业管理区域内的道路、场地，损害业主的共同利益。

因维修物业或者公共利益，业主确需临时占用、挖掘道路、场地的，应当征得业主委员会和物业管理企业的同意；物业管理企业确需临时占用、挖掘道路、场地的，应当征得业主委员会的同意。

业主、物业管理企业应当将临时占用、挖掘的道路、场地，在约定期限内恢复原状。

第五十二条 供水、供电、供气、供热、通讯、有线电视等单位，应当依法承担物业管理区域内相关管线和设施设备维修、养护的责任。

前款规定的单位因维修、养护等需要，临时占用、挖掘道路、场地的，应当及时恢复原状。

第五十三条 业主需要装饰装修房屋的，应当事先告知物业管理企业。

物业管理企业应当将房屋装饰装修中的禁止行为和注意事项告知业主。

第五十四条 住宅物业、住宅小区内的非住宅物业或者与单幢住宅楼结构相连的非住宅物业的业主，应当按照国家有关规定交纳专项维修资金。

专项维修资金属业主所有，专项用于物业保修期满后物业共用部位、共用设施设备的维修和更新、改造，不得挪作他用。

专项维修资金收取、使用、管理的办法由国务院建设行政主管部门会同国务院财政部门制定。

第五十五条 利用物业共用部位、共用设施设备进行经营的，应当在征得相关业主、业主大会、物业管理企业的同意后，按照规定办理有关手续。业主所得收益应当主要用于补充专项维修资金，也可以按照业主大会的决定使用。

第五十六条 物业存在安全隐患，危及公共利益及他人合法权益时，责任人应当及时维修养护，有关业主应当给予配合。

责任人不履行维修养护义务的，经业主大会同意，可以由物业管理企业维修养护，费用由责任人承担。

第六章 法 律 责 任

第五十七条 违反本条例的规定，住宅物业的建设单位未通过招投标的方式选聘物业管理企业或者未经批准，擅自采用协议方式选聘物业管理企业的，由县级以上地方人民政府房地产行政主管部门责令限期改正，给予警告，可以并处10万元以下的罚款。

第五十八条 违反本条例的规定，建设单位擅自处分属于业主的物业共用部位、共用设施设备的所有权或者使用权的，由县级以上地方人民政府房地产行政主管部门处5万元以上20万元以下的罚款；给业主造成损失的，依法承担赔偿责任。

第五十九条 违反本条例的规定，不移交有关资料的，由县级以上地方人民政府房地产行政主管部门责令限期改正；逾期仍不移交有关资料的，对建设单位、物业管理企业予以通报，处1万元以上10万元以下的罚款。

第六十条 违反本条例的规定，未取得资质证书从事物业管理的，由县级以上地方人民政府房地产行政主管部门没收违法所得，并处5万元以上20万元以下的罚款；给业主造成损失的，依法承担赔偿责任。

以欺骗手段取得资质证书的，依照本条第一款规定处罚，并由颁发资质证书的部门吊销资质证书。

第六十一条 违反本条例的规定，物业管理企业聘用未取得物业管理职业资格证书的人员从事物业管理活动的，由县级以上地方人民政府房地产行政主管部门责令停止违法行为，处5万元以上20万元以下的罚款；给业主造成损失的，依法承担赔偿责任。

第六十二条 违反本条例的规定，物业管理企业将一个物业管理区域内的全部物业管理一并委托给他人的，由县级以上地方人民政府房地产行政主管部门责令限期改正，处委托合同价款30%以上50%以下的罚款；情节严重的，由颁发资质证书的部门吊销资质证书。委托所得收益，用于物业管理区域内物业共用部位、共用设施设备的维修、养护，剩余部分按照业主大会的决定使用；给业主造成损失的，依法承担赔偿责任。

第六十三条 违反本条例的规定，挪用专项维修资金的，由县级以上地方人民政府房地产行政主管部门追回挪用的专项维修资金，给予警告，没收违法所得，可以并处挪用数额2倍以下的罚款；物业管理企业挪用专项维修资金，情节严重的，并由颁发资质证书的部门吊销资质证书；构成犯罪的，依法追究直接负责的主管人员和其他直接责任人员的刑事责任。

第六十四条 违反本条例的规定，建设单位在物业管理区域内不按照规定配置必要的物业管理用房的，由县级以上地方人民政府房地产行政主管部门责令限期改正，给予警告，没收违法所得，并处10万元以上50万元以下的罚款。

第六十五条 违反本条例的规定，未经业主大会同意，物业管理企业擅自改变物业管理用房的用途的，由县级以上地方人民政府房地产行政主管部门责令限期改正，给予警告，并处1万元以上10万元以下的罚款；有收益的，所得收益用于物业管理区域内物业共用部位、共用设施设备的维修、养护，剩余部分按照业主大会的决定使用。

第六十六条 违反本条例的规定，有下列行为之一的，由县级以上地方人民政府房地产行政主管部门责令限期改正，给予警告，并按照本条第二款的规定处以罚款；所得收益，用于物业管理区域内物业共用部位、共用设施设备的维修、养护，剩余部分按照业主大会的决定使用：

（一）擅自改变物业管理区域内按照规划建设的公共建筑和共用设施用途的；

（二）擅自占用、挖掘物业管理区域内道路、场地，损害业主共同利益的；

（三）擅自利用物业共用部位、共用设施设备进行经营的。

个人有前款规定行为之一的，处1000元以上1万元以下的罚款；单位有前款规定行为之一的，处5万元以上20万元以下的罚款。

第六十七条 违反物业服务合同约定，业主逾期不交纳物业服务费用的，业主委员会应当督促其限期交纳；逾期仍不交纳的，物业管理企业可以向人民法院起诉。

第六十八条 业主以业主大会或者业主委员会的名义，从事违反法律、法规的活动，构成犯罪的，依法追究刑事责任；尚不构成犯罪的，依法给予治安管理处罚。

第六十九条 违反本条例的规定，国务院建设行政主管部门、县级以上地方人民政府房地产行政主管部门或者其他有关行政管理部门的工作人员利用职务上的便利，收受他人财物或者其他好处，不依法履行监督管理职责，或者发现违法行为不予查处，构成犯罪的，依法追究刑事责任；尚不构成犯罪的，依法给予行政处分。

第七章　附　　则

第七十条 本条例自2003年9月1日起施行。

实施工程建设强制性标准监督规定

中华人民共和国建设部令第81号

第一条 为加强工程建设强制性标准实施的监督工作，保证建设工程质量，保障人民的生命、财产安全，维护社会公共利益，根据《中华人民共和国标准化法》、《中华人民共和国标准化法实施条例》和《建设工程质量管理条例》，制定本规定。

第二条 在中华人民共和国境内从事新建、扩建、改建等工程建设活动，必须执行工程建设强制性标准。

第三条 本规定所称工程建设强制性标准是指直接涉及工程质量、安全、卫生及环境保护等方面的工程建设标准强制性条文。

国家工程建设标准强制性条文由国务院建设行政主管部门会同国务院有关行政主管部门确定。

第四条 国务院建设行政主管部门负责全国实施工程建设强制性标准的监督管理工作。

国务院有关行政主管部门按照国务院的职能分工负责实施工程建设强制性标准的监督管理工作。

县级以上地方人民政府建设行政主管部门负责本行政区域内实施工程建设强制性标准的监督管理工作。

第五条 工程建设中拟采用的新技术、新工艺、新材料，不符合现行强制性标准规定的，应当由拟采用单位提请建设单位组织专题技术论证，报批准标准的建设行政主管部门或者国务院有关主管部门审定。

工程建设中采用国际标准或者国外标准，现行强制性标准未作规定的，建设单位应当向国务院建设行政主管部门或者国务院有关行政主管部门备案。

第六条 建设项目规划审查机构应当对工程建设规划阶段执行强制性标准的情况实施监督。

施工图设计文件审查单位应当对工程建设勘察、设计阶段执行强制性标准的情况实施监督。

建筑安全监督管理机构应当对工程建设施工阶段执行施工安全强制性标准的情况实施监督。

工程质量监督机构应当对工程建设施工、监理、验收等阶段执行强制性标准的情况实施监督。

第七条 建设项目规划审查机关、施工图设计文件审查单位、建筑安全监督管理机构、工程质量监督机构的技术人员必须熟悉、掌握工程建设强制性标准。

第八条 工程建设标准批准部门应当定期对建设项目规划审查机关、施工图设计文件审查单位、建筑安全监督管理机构、工程质量监督机构实施强制性标准的监督进行检查，对监督不力的单位和个人，给予通报批评，建议有关部门处理。

第九条 工程建设标准批准部门应当对工程项目执行强制性标准情况进行监督检查。监督检查可以采取重点检查、抽查和专项检查的方式。

第十条 强制性标准监督检查的内容包括：

（一）有关工程技术人员是否熟悉、掌握强制性标准；

（二）工程项目的规划、勘察、设计、施工、验收等是否符合强制性标准的规定；

（三）工程项目采用的材料、设备是否符合强制性标准的规定；

（四）工程项目的安全、质量是否符合强制性标准的规定；

（五）工程中采用的导则、指南、手册、计算机软件的内容是否符合强制性标准的规定。

第十一条 工程建设标准批准部门应当将强制性标准监督检查结果在一定范围内公告。

第十二条 工程建设强制性标准的解释由工程建设标准批准部门负责。

有关标准具体技术内容的解释，工程建设标准批准部门可以委托该标准的编制管理单位负责。

第十三条 工程技术人员应当参加有关工程建设强制性标准的培训，并可以计入继续教育学时。

第十四条 建设行政主管部门或者有关行政主管部门在处理重大工程事故时，应当有工程建设标准方面的专家参加；工程事故报告应当包括是否符合工程建设强制性标准的意见。

第十五条 任何单位和个人对违反工程建设强制性标准的行为有权向建设行政主管部门或者有关部门检举、控告、投诉。

第十六条 建设单位有下列行为之一的，责令改正，并处以20万元以上50万元以下的罚款：

（一）明示或者暗示施工单位使用不合格的建筑材料、建筑构配件和设备的；

（二）明示或者暗示设计单位或者施工单位违反工程建设强制性标准，降低工程质量的。

第十七条 勘察、设计单位违反工程建设强制性标准进行勘察、设计的，责令改正，并处以10万元以上30万元以下的罚款。

有前款行为，造成工程质量事故的，责令停业整顿，降低资质等级；情节严重的，吊销资质证书；造成损失的，依法承担赔偿责任。

第十八条 施工单位违反工程建设强制性标准的，责令改正，处工程合同价款2%以上4%以下的罚款；造成建设工程质量不符合规定的质量标准的，负责返工、修理，并赔偿因此造成的损失；情节严重的，责令停业整顿，降低资质等级或者吊销资质证书。

第十九条 工程监理单位违反强制性标准规定，将不合格的建设工程以及建筑材料、建筑构配件和设备按照合格签字的，责令改正，处50万元以上100万元以下的罚款，降低资质等级或者吊销资质证书；有违法所得的，予以没收；造成损失的，承担连带赔偿责任。

第二十条　违反工程建设强制性标准造成工程质量、安全隐患或者工程事故的，按照《建设工程质量管理条例》有关规定，对事故责任单位和责任人进行处罚。

第二十一条　有关责令停业整顿、降低资质等级和吊销资质证书的行政处罚，由颁发资质证书的机关决定；其他行政处罚，由建设行政主管部门或者有关部门依照法定职权决定。

第二十二条　建设行政主管部门和有关行政主管部门工作人员，玩忽职守、滥用职权、徇私舞弊的，给予行政处分；构成犯罪的，依法追究刑事责任。

第二十三条　本规定由国务院建设行政主管部门负责解释。

第二十四条　本规定自发布之日(2000 年 8 月 25 日)起施行。

民用建筑节能管理规定

中华人民共和国建设部令第 143 号

第一条 为了加强民用建筑节能管理，提高能源利用效率，改善室内热环境质量，根据《中华人民共和国节约能源法》、《中华人民共和国建筑法》、《建设工程质量管理条例》，制定本规定。

第二条 本规定所称民用建筑，是指居住建筑和公共建筑。

本规定所称民用建筑节能，是指民用建筑在规划、设计、建造和使用过程中，通过采用新型墙体材料，执行建筑节能标准，加强建筑物用能设备的运行管理，合理设计建筑围护结构的热工性能，提高采暖、制冷、照明、通风、给排水和通道系统的运行效率，以及利用可再生能源，在保证建筑物使用功能和室内热环境质量的前提下，降低建筑能源消耗，合理、有效地利用能源的活动。

第三条 国务院建设行政主管部门负责全国民用建筑节能的监督管理工作。

县级以上地方人民政府建设行政主管部门负责本行政区域内民用建筑节能的监督管理工作。

第四条 国务院建设行政主管部门根据国家节能规划，制定国家建筑节能专项规划；省、自治区、直辖市以及设区城市人民政府建设行政主管部门应当根据本地节能规划，制定本地建筑节能专项规划，并组织实施。

第五条 编制城乡规划应当充分考虑能源、资源的综合利用和节约，对城镇布局、功能区设置、建筑特征、基础设施配置的影响进行研究论证。

第六条 国务院建设行政主管部门根据建筑节能发展状况和技术先进、经济合理的原则，组织制定建筑节能相关标准，建立和完善建筑节能标准体系；省、自治区、直辖市人民政府建设行政主管部门应当严格执行国家民用建筑节能有关规定，可以制定严于国家民用建筑节能标准的地方标准或者实施细则。

第七条 鼓励民用建筑节能的科学研究和技术开发，推广应用节能型的建筑、结构、材料、用能设备和附属设施及相应的施工工艺、应用技术和管理技术，促进可再生能源的开发利用。

第八条 鼓励发展下列建筑节能技术和产品：

（一）新型节能墙体和屋面的保温、隔热技术与材料；

（二）节能门窗的保温隔热和密闭技术；

（三）集中供热和热、电、冷联产联供技术；

（四）供热采暖系统温度调控和分户热量计量技术与装置；

（五）太阳能、地热等可再生能源应用技术及设备；

（六）建筑照明节能技术与产品；

（七）空调制冷节能技术与产品；

（八）其他技术成熟、效果显著的节能技术和节能管理技术。

鼓励推广应用和淘汰的建筑节能部品及技术的目录，由国务院建设行政主管部门制定；省、自治区、直辖市建设行政主管部门可以结合该目录，制定适合本区域的鼓励推广应用和淘汰的建筑节能部品及技术的目录。

第九条 国家鼓励多元化、多渠道投资既有建筑的节能改造，投资人可以按照协议分享节能改造的收益；鼓励研究制定本地区既有建筑节能改造资金筹措办法和相关激励政策。

第十条 建筑工程施工过程中，县级以上地方人民政府建设行政主管部门应当加强对建筑物的围护结构(含墙体、屋面、门窗、玻璃幕墙等)、供热采暖和制冷系统、照明和通风等电器设备是否符合节能要求的监督检查。

第十一条 新建民用建筑应当严格执行建筑节能标准要求，民用建筑工程扩建和改建时，应当对原建筑进行节能改造。

既有建筑节能改造应当考虑建筑物的寿命周期，对改造的必要性、可行性以及投入收益比进行科学论证。节能改造要符合建筑节能标准要求，确保结构安全，优化建筑物使用功能。

寒冷地区和严寒地区既有建筑节能改造应当与供热系统节能改造同步进行。

第十二条 采用集中采暖制冷方式的新建民用建筑应当安设建筑物室内温度控制和用能计量设施，逐步实行基本冷热价和计量冷热价共同构成的两部制用能价格制度。

第十三条 供热单位、公共建筑所有权人或者其委托的物业管理单位应当制定相应的节能建筑运行管理制度，明确节能建筑运行状态各项性能指标、节能工作诸环节的岗位目标责任等事项。

第十四条 公共建筑的所有权人或者委托的物业管理单位应当建立用能档案，在供热或者制冷间歇期委托相关检测机构对用能设备和系统的性能进行综合检测评价，定期进行维护、维修、保养及更新置换，保证设备和系统的正常运行。

第十五条 供热单位、房屋产权单位或者其委托的物业管理等有关单位，应当记录并按有关规定上报能源消耗资料。

鼓励新建民用建筑和既有建筑实施建筑能效测评。

第十六条 从事建筑节能及相关管理活动的单位，应当对其从业人员进行建筑节能标准与技术等专业知识的培训。

建筑节能标准和节能技术应当作为注册城市规划师、注册建筑师、勘察设计注册工程师、注册监理工程师、注册建造师等继续教育的必修内容。

第十七条 建设单位应当按照建筑节能政策要求和建筑节能标准委托工程项目的设计。

建设单位不得以任何理由要求设计单位、施工单位擅自修改经审查合格的节能设计文件，降低建筑节能标准。

第十八条 房地产开发企业应当将所售商品住房的节能措施、围护结构保温隔热性能指标等基本信息在销售现场显著位置予以公示，并在《住宅使用说明书》中予以载明。

第十九条 设计单位应当依据建筑节能标准的要求进行设计，保证建筑节能设计质量。

施工图设计文件审查机构在进行审查时，应当审查节能设计的内容，在审查报告中单列节能审查章节；不符合建筑节能强制性标准的，施工图设计文件审查结论应当定为不合格。

第二十条 施工单位应当按照审查合格的设计文件和建筑节能施工标准的要求进行施工，保证工程施工质量。

第二十一条 监理单位应当依照法律、法规以及建筑节能标准、节能设计文件、建设工程承包合同及监理合同对节能工程建设实施监理。

第二十二条 对超过能源消耗指标的供热单位、公共建筑的所有权人或者其委托的物业管理单位，责令限期达标。

第二十三条 对擅自改变建筑围护结构节能措施，并影响公共利益和他人合法权益的，责令责任人及时予以修复，并承担相应的费用。

第二十四条 建设单位在竣工验收过程中，有违反建筑节能强制性标准行为的，按照《建设工程质量管理条例》的有关规定，重新组织竣工验收。

第二十五条 建设单位未按照建筑节能强制性标准委托设计，擅自修改节能设计文件，明示或暗示设计单位、施工单位违反建筑节能设计强制性标准，降低工程建设质量的，处 20 万元以上 50 万元以下的罚款。

第二十六条 设计单位未按照建筑节能强制性标准进行设计的，应当修改设计。未进行修改的，给予警告，处 10 万元以上 30 万元以下罚款；造成损失的，依法承担赔偿责任；两年内，累计三项工程未按照建筑节能强制性标准设计的，责令停业整顿，降低资质等级或者吊销资质证书。

第二十七条 对未按照节能设计进行施工的施工单位，责令改正；整改所发生的工程费用，由施工单位负责；可以给予警告，情节严重的，处工程合同价款 2%以上 4%以下的罚款；两年内，累计三项工程未按照符合节能标准要求的设计进行施工的，责令停业整顿，降低资质等级或者吊销资质证书。

第二十八条 本规定的责令停业整顿、降低资质等级和吊销资质证书的行政处罚，由颁发资质证书的机关决定；其他行政处罚，由建设行政主管部门依照法定职权决定。

第二十九条 农民自建低层住宅不适用本规定。

第三十条 本规定自 2006 年 1 月 1 日起施行。原《民用建筑节能管理规定》(建设部令第 76 号)同时废止。

商品房销售管理办法

中华人民共和国建设部令第88号

第一章 总 则

第一条 为了规范商品房销售行为，保障商品房交易双方当事人的合法权益，根据《中华人民共和国城市房地产管理法》、《城市房地产开发经营管理条例》，制定本办法。

第二条 商品房销售及商品房销售管理应当遵守本办法。

第三条 商品房销售包括商品房现售和商品房预售。

本办法所称商品房现售，是指房地产开发企业将竣工验收合格的商品房出售给买受人，并由买受人支付房价款的行为。

本办法所称商品房预售，是指房地产开发企业将正在建设中的商品房预先出售给买受人，并由买受人支付定金或者房价款的行为。

第四条 房地产开发企业可以自行销售商品房，也可以委托房地产中介服务机构销售商品房。

第五条 国务院建设行政主管部门负责全国商品房的销售管理工作。

省、自治区人民政府建设行政主管部门负责本行政区域内商品房的销售管理工作。

直辖市、市、县人民政府建设行政主管部门、房地产行政主管部门(以下统称房地产开发主管部门)按照职责分工，负责本行政区域内商品房的销售管理工作。

第二章 销 售 条 件

第六条 商品房预售实行预售许可制度。

商品房预售条件及商品房预售许可证明的办理程序，按照《城市房地产开发经营管理条例》和《城市商品房预售管理办法》的有关规定执行。

第七条 商品房现售，应当符合以下条件：

(一) 现售商品房的房地产开发企业应当具有企业法人营业执照和房地产开发企业资质证书；

(二) 取得土地使用权证书或者使用土地的批准文件；

(三) 持有建设工程规划许可证和施工许可证；

(四) 已通过竣工验收；

(五) 拆迁安置已经落实；

(六) 供水、供电、供热、燃气、通讯等配套基础设施具备交付使用条件，其他配套基础设施和公共设施具备交付使用条件或者已确定施工进度和交付日期；

(七) 物业管理方案已经落实。

第八条 房地产开发企业应当在商品房现售前将房地产开发项目手册及符合商品房现

售条件的有关证明文件报送房地产开发主管部门备案。

第九条 房地产开发企业销售设有抵押权的商品房，其抵押权的处理按照《中华人民共和国担保法》、《城市房地产抵押管理办法》的有关规定执行。

第十条 房地产开发企业不得在未解除商品房买卖合同前，将作为合同标的物的商品房再行销售给他人。

第十一条 房地产开发企业不得采取返本销售或者变相返本销售的方式销售商品房。

房地产开发企业不得采取售后包租或者变相售后包租的方式销售未竣工商品房。

第十二条 商品住宅按套销售，不得分割拆零销售。

第十三条 商品房销售时，房地产开发企业选聘了物业管理企业的，买受人应当在订立商品房买卖合同时与房地产开发企业选聘的物业管理企业订立有关物业管理的协议。

第三章 广告与合同

第十四条 房地产开发企业、房地产中介服务机构发布商品房销售宣传广告，应当执行《中华人民共和国广告法》、《房地产广告发布暂行规定》等有关规定，广告内容必须真实、合法、科学、准确。

第十五条 房地产开发企业、房地产中介服务机构发布的商品房销售广告和宣传资料所明示的事项，当事人应当在商品房买卖合同中约定。

第十六条 商品房销售时，房地产开发企业和买受人应当订立书面商品房买卖合同。

商品房买卖合同应当明确以下主要内容：

（一）当事人名称或者姓名和住所；

（二）商品房基本状况；

（三）商品房的销售方式；

（四）商品房价款的确定方式及总价款、付款方式、付款时间；

（五）交付使用条件及日期；

（六）装饰、设备标准承诺；

（七）供水、供电、供热、燃气、通讯、道路、绿化等配套基础设施和公共设施的交付承诺和有关权益、责任；

（八）公共配套建筑的产权归属；

（九）面积差异的处理方式；

（十）办理产权登记有关事宜；

（十一）解决争议的方法；

（十二）违约责任；

（十三）双方约定的其他事项。

第十七条 商品房销售价格由当事人协商议定，国家另有规定的除外。

第十八条 商品房销售可以按套(单元)计价，也可以按套内建筑面积或者建筑面积计价。

商品房建筑面积由套内建筑面积和分摊的共有建筑面积组成，套内建筑面积部分为独立产权，分摊的共有建筑面积部分为共有产权，买受人按照法律、法规的规定对其享有权利，承担责任。

按套(单元)计价或者按套内建筑面积计价的，商品房买卖合同中应当注明建筑面积和分摊的共有建筑面积。

第十九条 按套(单元)计价的现售房屋，当事人对现售房屋实地勘察后可以在合同中直接约定总价款。

按套(单元)计价的预售房屋，房地产开发企业应当在合同中附所售房屋的平面图。平面图应当标明详细尺寸，并约定误差范围。房屋交付时，套型与设计图纸一致，相关尺寸也在约定的误差范围内，维持总价款不变；套型与设计图纸不一致或者相关尺寸超出约定的误差范围，合同中未约定处理方式的，买受人可以退房或者与房地产开发企业重新约定总价款。买受人退房的，由房地产开发企业承担违约责任。

第二十条 按套内建筑面积或者建筑面积计价的，当事人应当在合同中载明合同约定面积与产权登记面积发生误差的处理方式。

合同未作约定的，按以下原则处理：

（一）面积误差比绝对值在3%以内(含3%)的，据实结算房价款；

（二）面积误差比绝对值超出3%时，买受人有权退房。买受人退房的，房地产开发企业应当在买受人提出退房之日起30日内将买受人已付房价款退还给买受人，同时支付已付房价款利息。买受人不退房的，产权登记面积大于合同约定面积时，面积误差比在3%以内(含3%)部分的房价款由买受人补足；超出3%部分的房价款由房地产开发企业承担，产权归买受人。产权登记面积小于合同约定面积时，面积误差比绝对值在3%以内(含3%)部分的房价款由房地产开发企业返还买受人；绝对值超出3%部分的房价款由房地产开发企业双倍返还买受人。

$$\text{面积误差比}=\frac{\text{产权登记面积}-\text{合同约定面积}}{\text{合同约定面积}}\times 100\%$$

因本办法第二十四条规定的规划设计变更造成面积差异，当事人不解除合同的，应当签署补充协议。

第二十一条 按建筑面积计价的，当事人应当在合同中约定套内建筑面积和分摊的共有建筑面积，并约定建筑面积不变而套内建筑面积发生误差以及建筑面积与套内建筑面积均发生误差时的处理方式。

第二十二条 不符合商品房销售条件的，房地产开发企业不得销售商品房，不得向买受人收取任何预订款性质费用。

符合商品房销售条件的，房地产开发企业在订立商品房买卖合同之前向买受人收取预订款性质费用的，订立商品房买卖合同时，所收费用应当抵作房价款；当事人未能订立商品房买卖合同的，房地产开发企业应当向买受人返还所收费用；当事人之间另有约定的，从其约定。

第二十三条 房地产开发企业应当在订立商品房买卖合同之前向买受人明示《商品房销售管理办法》和《商品房买卖合同示范文本》；预售商品房的，还必须明示《城市商品房预售管理办法》。

第二十四条 房地产开发企业应当按照批准的规划、设计建设商品房。商品房销售后，房地产开发企业不得擅自变更规划、设计。

经规划部门批准的规划变更、设计单位同意的设计变更导致商品房的结构型式、户型、空间尺寸、朝向变化，以及出现合同当事人约定的其他影响商品房质量或者使用功能情形的，房地产开发企业应当在变更确立之日起10日内，书面通知买受人。

买受人有权在通知到达之日起15日内做出是否退房的书面答复。买受人在通知到达之日起15日内未作书面答复的，视同接受规划、设计变更以及由此引起的房价款的变更。房地产开发企业未在规定时限内通知买受人的，买受人有权退房；买受人退房的，由房地产开发企业承担违约责任。

第四章 销 售 代 理

第二十五条 房地产开发企业委托中介服务机构销售商品房的，受托机构应当是依法设立并取得工商营业执照的房地产中介服务机构。

房地产开发企业应当与受托房地产中介服务机构订立书面委托合同，委托合同应当载明委托期限、委托权限以及委托人和被委托人的权利、义务。

第二十六条 受托房地产中介服务机构销售商品房时，应当向买受人出示商品房的有关证明文件和商品房销售委托书。

第二十七条 受托房地产中介服务机构销售商品房时，应当如实向买受人介绍所代理销售商品房的有关情况。

受托房地产中介服务机构不得代理销售不符合销售条件的商品房。

第二十八条 受托房地产中介服务机构在代理销售商品房时不得收取佣金以外的其他费用。

第二十九条 商品房销售人员应当经过专业培训，方可从事商品房销售业务。

第五章 交 付

第三十条 房地产开发企业应当按照合同约定，将符合交付使用条件的商品房按期交付给买受人。未能按期交付的，房地产开发企业应当承担违约责任。

因不可抗力或者当事人在合同中约定的其他原因，需延期交付的，房地产开发企业应当及时告知买受人。

第三十一条 房地产开发企业销售商品房时设置样板房的，应当说明实际交付的商品房质量、设备及装修与样板房是否一致，未作说明的，实际交付的商品房应当与样板房一致。

第三十二条 销售商品住宅时，房地产开发企业应当根据《商品住宅实行质量保证书和住宅使用说明书制度的规定》（以下简称《规定》），向买受人提供《住宅质量保证书》、《住宅使用说明书》。

第三十三条 房地产开发企业应当对所售商品房承担质量保修责任。当事人应当在合同中就保修范围、保修期限、保修责任等内容做出约定。保修期从交付之日起计算。

商品住宅的保修期限不得低于建设工程承包单位向建设单位出具的质量保修书约定保修期的存续期；存续期少于《规定》中确定的最低保修期限的，保修期不得低于《规定》中确定的最低保修期限。

非住宅商品房的保修期限不得低于建设工程承包单位向建设单位出具的质量保修书约定保修期的存续期。

在保修期限内发生的属于保修范围的质量问题，房地产开发企业应当履行保修义务，并对造成的损失承担赔偿责任。因不可抗力或者使用不当造成的损坏，房地产开发企业不承担责任。

第三十四条 房地产开发企业应当在商品房交付使用前按项目委托具有房产测绘资格的单位实施测绘，测绘成果报房地产行政主管部门审核后用于房屋权属登记。

房地产开发企业应当在商品房交付使用之日起60日内，将需要由其提供的办理房屋权属登记的资料报送房屋所在地房地产行政主管部门。

房地产开发企业应当协助商品房买受人办理土地使用权变更和房屋所有权登记手续。

第三十五条 商品房交付使用后，买受人认为主体结构质量不合格的，可以依照有关规定委托工程质量检测机构重新核验。经核验，确属主体结构质量不合格的，买受人有权退房；给买受人造成损失的，房地产开发企业应当依法承担赔偿责任。

第六章 法 律 责 任

第三十六条 未取得营业执照，擅自销售商品房的，由县级以上人民政府工商行政管理部门依照《城市房地产开发经营管理条例》的规定处罚。

第三十七条 未取得房地产开发企业资质证书，擅自销售商品房的，责令停止销售活动，处5万元以上10万元以下的罚款。

第三十八条 违反法律、法规规定，擅自预售商品房的，责令停止违法行为，没收违法所得；收取预付款的，可以并处已收取的预付款1%以下的罚款。

第三十九条 在未解除商品房买卖合同前，将作为合同标的物的商品房再行销售给他人的，处以警告，责令限期改正，并处2万元以上3万元以下罚款；构成犯罪的，依法追究刑事责任。

第四十条 房地产开发企业将未组织竣工验收、验收不合格或者对不合格按合格验收的商品房擅自交付使用的，按照《建设工程质量管理条例》的规定处罚。

第四十一条 房地产开发企业未按规定将测绘成果或者需要由其提供的办理房屋权属登记的资料报送房地产行政主管部门的，处以警告，责令限期改正，并可处以2万元以上3万元以下罚款。

第四十二条 房地产开发企业在销售商品房中有下列行为之一的，处以警告，责令限期改正，并可处以1万元以上3万元以下罚款。

（一）未按照规定的现售条件现售商品房的；

（二）未按照规定在商品房现售前将房地产开发项目手册及符合商品房现售条件的有关证明文件报送房地产开发主管部门备案的；

（三）返本销售或者变相返本销售商品房的；

（四）采取售后包租或者变相售后包租方式销售未竣工商品房的；

（五）分割拆零销售商品住宅的；

（六）不符合商品房销售条件，向买受人收取预订款性质费用的；

（七）未按照规定向买受人明示《商品房销售管理办法》、《商品房买卖合同示范文本》、《城市商品房预售管理办法》的；

（八）委托没有资格的机构代理销售商品房的。

第四十三条 房地产中介服务机构代理销售不符合销售条件的商品房的，处以警告，责令停止销售，并可处以2万元以上3万元以下罚款。

第四十四条 国家机关工作人员在商品房销售管理工作中玩忽职守、滥用职权、徇私舞弊，依法给予行政处分；构成犯罪的，依法追究刑事责任。

第七章 附 则

第四十五条 本办法所称返本销售，是指房地产开发企业以定期向买受人返还购房款的方式销售商品房的行为。

本办法所称售后包租，是指房地产开发企业以在一定期限内承租或者代为出租买受人所购该企业商品房的方式销售商品房的行为。

本办法所称分割拆零销售，是指房地产开发企业以将成套的商品住宅分割为数部分分别出售给买受人的方式销售商品住宅的行为。

本办法所称产权登记面积，是指房地产行政主管部门确认登记的房屋面积。

第四十六条 省、自治区、直辖市人民政府建设行政主管部门可以根据本办法制定实施细则。

第四十七条 本办法由国务院建设行政主管部门负责解释。

第四十八条 本办法自2001年6月1日起施行。

住宅室内装饰装修管理办法

中华人民共和国建设部令第110号

第一章 总 则

第一条 为加强住宅室内装饰装修管理，保证装饰装修工程质量和安全，维护公共安全和公众利益，根据有关法律、法规，制定本办法。

第二条 在城市从事住宅室内装饰装修活动，实施对住宅室内装饰装修活动的监督管理，应当遵守本办法。

本办法所称住宅室内装饰装修，是指住宅竣工验收合格后，业主或者住宅使用人(以下简称装修人)对住宅室内进行装饰装修的建筑活动。

第三条 住宅室内装饰装修应当保证工程质量和安全，符合工程建设强制性标准。

第四条 国务院建设行政主管部门负责全国住宅室内装饰装修活动的管理工作。

省、自治区人民政府建设行政主管部门负责本行政区域内的住宅室内装饰装修活动的管理工作。

直辖市、市、县人民政府房地产行政主管部门负责本行政区域内的住宅室内装饰装修活动的管理工作。

第二章 一 般 规 定

第五条 住宅室内装饰装修活动，禁止下列行为：

（一）未经原设计单位或者具有相应资质等级的设计单位提出设计方案，变动建筑主体和承重结构；

（二）将没有防水要求的房间或者阳台改为卫生间、厨房间；

（三）扩大承重墙上原有的门窗尺寸，拆除连接阳台的砖、混凝土墙体；

（四）损坏房屋原有节能设施，降低节能效果；

（五）其他影响建筑结构和使用安全的行为。

本办法所称建筑主体，是指建筑实体的结构构造，包括屋盖、楼盖、梁、柱、支撑、墙体、连接接点和基础等。

本办法所称承重结构，是指直接将本身自重与各种外加作用力系统地传递给基础地基的主要结构构件和其连接接点，包括承重墙体、立杆、柱、框架柱、支墩、楼板、梁、屋架、悬索等。

第六条 装修人从事住宅室内装饰装修活动，未经批准，不得有下列行为：

（一）搭建建筑物、构筑物；

（二）改变住宅外立面，在非承重外墙上开门、窗；

（三）拆改供暖管道和设施；

（四）拆改燃气管道和设施。

本条所列第(一)项、第(二)项行为，应当经城市规划行政主管部门批准；第(三)项行为，应当经供暖管理单位批准；第(四)项行为应当经燃气管理单位批准。

第七条 住宅室内装饰装修超过设计标准或者规范增加楼面荷载的，应当经原设计单位或者具有相应资质等级的设计单位提出设计方案。

第八条 改动卫生间、厨房间防水层的，应当按照防水标准制订施工方案，并做闭水试验。

第九条 装修人经原设计单位或者具有相应资质等级的设计单位提出设计方案变动建筑主体和承重结构的，或者装修活动涉及本办法第六条、第七条、第八条内容的，必须委托具有相应资质的装饰装修企业承担。

第十条 装饰装修企业必须按照工程建设强制性标准和其他技术标准施工，不得偷工减料，确保装饰装修工程质量。

第十一条 装饰装修企业从事住宅室内装饰装修活动，应当遵守施工安全操作规程，按照规定采取必要的安全防护和消防措施，不得擅自动用明火和进行焊接作业，保证作业人员和周围住房及财产的安全。

第十二条 装修人和装饰装修企业从事住宅室内装饰装修活动，不得侵占公共空间，不得损害公共部位和设施。

第三章 开工申报与监督

第十三条 装修人在住宅室内装饰装修工程开工前，应当向物业管理企业或者房屋管理机构(以下简称物业管理单位)申报登记。

非业主的住宅使用人对住宅室内进行装饰装修，应当取得业主的书面同意。

第十四条 申报登记应当提交下列材料：

（一）房屋所有权证(或者证明其合法权益的有效凭证)；

（二）申请人身份证件；

（三）装饰装修方案；

（四）变动建筑主体或者承重结构的，需提交原设计单位或者具有相应资质等级的设计单位提出的设计方案；

（五）涉及本办法第六条行为的，需提交有关部门的批准文件，涉及本办法第七条、第八条行为的，需提交设计方案或者施工方案；

（六）委托装饰装修企业施工的，需提供该企业相关资质证书的复印件。

非业主的住宅使用人，还需提供业主同意装饰装修的书面证明。

第十五条 物业管理单位应当将住宅室内装饰装修工程的禁止行为和注意事项告知装修人和装修人委托的装饰装修企业。

装修人对住宅进行装饰装修前，应当告知邻里。

第十六条 装修人，或者装修人和装饰装修企业，应当与物业管理单位签订住宅室内装饰装修管理服务协议。

住宅室内装饰装修管理服务协议应当包括下列内容：

（一）装饰装修工程的实施内容；

（二）装饰装修工程的实施期限；
（三）允许施工的时间；
（四）废弃物的清运与处置；
（五）住宅外立面设施及防盗窗的安装要求；
（六）禁止行为和注意事项；
（七）管理服务费用；
（八）违约责任；
（九）其他需要约定的事项。

第十七条 物业管理单位应当按照住宅室内装饰装修管理服务协议实施管理，发现装修人或者装饰装修企业有本办法第五条行为的，或者未经有关部门批准实施本办法第六条所列行为的，或者有违反本办法第七条、第八条、第九条规定行为的，应当立即制止；已造成事实后果或者拒不改正的，应当及时报告有关部门依法处理。对装修人或者装饰装修企业违反住宅室内装饰装修管理服务协议的，追究违约责任。

第十八条 有关部门接到物业管理单位关于装修人或者装饰装修企业有违反本办法行为的报告后，应当及时到现场检查核实，依法处理。

第十九条 禁止物业管理单位向装修人指派装饰装修企业或者强行推销装饰装修材料。

第二十条 装修人不得拒绝和阻碍物业管理单位依据住宅室内装饰装修管理服务协议的约定，对住宅室内装饰装修活动的监督检查。

第二十一条 任何单位和个人对住宅室内装饰装修中出现的影响公众利益的质量事故、质量缺陷以及其他影响周围住户正常生活的行为，都有权检举、控告、投诉。

第四章 委托与承接

第二十二条 承接住宅室内装饰装修工程的装饰装修企业，必须经建设行政主管部门资质审查，取得相应的建筑业企业资质证书，并在其资质等级许可的范围内承揽工程。

第二十三条 装修人委托企业承接其装饰装修工程的，应当选择具有相应资质等级的装饰装修企业。

第二十四条 装修人与装饰装修企业应当签订住宅室内装饰装修书面合同，明确双方的权利和义务。

住宅室内装饰装修合同应当包括下列主要内容：
（一）委托人和被委托人的姓名或者单位名称、住所地址、联系电话；
（二）住宅室内装饰装修的房屋间数、建筑面积，装饰装修的项目、方式、规格、质量要求以及质量验收方式；
（三）装饰装修工程的开工、竣工时间；
（四）装饰装修工程保修的内容、期限；
（五）装饰装修工程价格，计价和支付方式、时间；
（六）合同变更和解除的条件；
（七）违约责任及解决纠纷的途径；
（八）合同的生效时间；

（九）双方认为需要明确的其他条款。

第二十五条 住宅室内装饰装修工程发生纠纷的，可以协商或者调解解决。不愿协商、调解或者协商、调解不成的，可以依法申请仲裁或者向人民法院起诉。

第五章 室内环境质量

第二十六条 装饰装修企业从事住宅室内装饰装修活动，应当严格遵守规定的装饰装修施工时间，降低施工噪音，减少环境污染。

第二十七条 住宅室内装饰装修过程中所形成的各种固体、可燃液体等废物，应当按照规定的位置、方式和时间堆放和清运。严禁违反规定将各种固体、可燃液体等废物堆放于住宅垃圾道、楼道或者其他地方。

第二十八条 住宅室内装饰装修工程使用的材料和设备必须符合国家标准，有质量检验合格证明和有中文标识的产品名称、规格、型号、生产厂厂名、厂址等。禁止使用国家明令淘汰的建筑装饰装修材料和设备。

第二十九条 装修人委托企业对住宅室内进行装饰装修的，装饰装修工程竣工后，空气质量应当符合国家有关标准。装修人可以委托有资格的检测单位对空气质量进行检测。检测不合格的，装饰装修企业应当返工，并由责任人承担相应损失。

第六章 竣工验收与保修

第三十条 住宅室内装饰装修工程竣工后，装修人应当按照工程设计合同约定和相应的质量标准进行验收。验收合格后，装饰装修企业应当出具住宅室内装饰装修质量保修书。

物业管理单位应当按照装饰装修管理服务协议进行现场检查，对违反法律、法规和装饰装修管理服务协议的，应当要求装修人和装饰装修企业纠正，并将检查记录存档。

第三十一条 住宅室内装饰装修工程竣工后，装饰装修企业负责采购装饰装修材料及设备的，应当向业主提交说明书、保修单和环保说明书。

第三十二条 在正常使用条件下，住宅室内装饰装修工程的最低保修期限为二年，有防水要求的厨房、卫生间和外墙面的防渗漏为五年。保修期自住宅室内装饰装修工程竣工验收合格之日起计算。

第七章 法律责任

第三十三条 因住宅室内装饰装修活动造成相邻住宅的管道堵塞、渗漏水、停水停电、物品毁坏等，装修人应当负责修复和赔偿；属于装饰装修企业责任的，装修人可以向装饰装修企业追偿。

装修人擅自拆改供暖、燃气管道和设施造成损失的，由装修人负责赔偿。

第三十四条 装修人因住宅室内装饰装修活动侵占公共空间，对公共部位和设施造成损害的，由城市房地产行政主管部门责令改正，造成损失的，依法承担赔偿责任。

第三十五条 装修人未申报登记进行住宅室内装饰装修活动的，由城市房地产行政主管部门责令改正，处5百元以上1千元以下的罚款。

第三十六条 装修人违反本办法规定，将住宅室内装饰装修工程委托给不具有相应资质等级企业的，由城市房地产行政主管部门责令改正，处5百元以上1千元以下的罚款。

第三十七条　装饰装修企业自行采购或者向装修人推荐使用不符合国家标准的装饰装修材料，造成空气污染超标的，由城市房地产行政主管部门责令改正，造成损失的，依法承担赔偿责任。

第三十八条　住宅室内装饰装修活动有下列行为之一的，由城市房地产行政主管部门责令改正，并处罚款：

（一）将没有防水要求的房间或者阳台改为卫生间、厨房间的，或者拆除连接阳台的砖、混凝土墙体的，对装修人处5百元以上1千元以下的罚款，对装饰装修企业处1千元以上1万元以下的罚款；

（二）损坏房屋原有节能设施或者降低节能效果的，对装饰装修企业处1千元以上5千元以下的罚款；

（三）擅自拆改供暖、燃气管道和设施的，对装修人处5百元以上1千元以下的罚款；

（四）未经原设计单位或者具有相应资质等级的设计单位提出设计方案，擅自超过设计标准或者规范增加楼面荷载的，对装修人处5百元以上1千元以下的罚款，对装饰装修企业处1千元以上1万元以下的罚款。

第三十九条　未经城市规划行政主管部门批准，在住宅室内装饰装修活动中搭建建筑物、构筑物的，或者擅自改变住宅外立面、在非承重外墙上开门、窗的，由城市规划行政主管部门按照《城市规划法》及相关法规的规定处罚。

第四十条　装修人或者装饰装修企业违反《建设工程质量管理条例》的，由建设行政主管部门按照有关规定处罚。

第四十一条　装饰装修企业违反国家有关安全生产规定和安全生产技术规程，不按照规定采取必要的安全防护和消防措施，擅自动用明火作业和进行焊接作业的，或者对建筑安全事故隐患不采取措施予以消除的，由建设行政主管部门责令改正，并处1千元以上1万元以下的罚款；情节严重的，责令停业整顿，并处1万元以上3万元以下的罚款；造成重大安全事故的，降低资质等级或者吊销资质证书。

第四十二条　物业管理单位发现装修人或者装饰装修企业有违反本办法规定的行为不及时向有关部门报告的，由房地产行政主管部门给予警告，可处装饰装修管理服务协议约定的装饰装修管理服务费2至3倍的罚款。

第四十三条　有关部门的工作人员接到物业管理单位对装修人或者装饰装修企业违法行为的报告后，未及时处理，玩忽职守的，依法给予行政处分。

第八章　附　　则

第四十四条　工程投资额在30万元以下或者建筑面积在300平方米以下，可以不申请办理施工许可证的非住宅装饰装修活动参照本办法执行。

第四十五条　住宅竣工验收合格前的装饰装修工程管理，按照《建设工程质量管理条例》执行。

第四十六条　省、自治区、直辖市人民政府建设行政主管部门可以依据本办法，制定实施细则。

第四十七条　本办法由国务院建设行政主管部门负责解释。

第四十八条　本办法自2002年5月1日起施行。

关于加强住宅工程质量管理的若干意见

建质［2004］18号

各省、自治区建设厅，直辖市建委、房地局，江苏省、山东省建管局，新疆生产建设兵团建设局：

近年来，我国住宅工程质量的总体水平有很大提高，但各地的质量状况还不平衡。为进一步加强住宅工程质量管理，切实提高住宅工程质量水平，现提出如下意见：

一、进一步提高对抓好住宅工程质量工作重要意义的认识

住宅工程质量，不仅关系到国家社会经济的房地产市场持续健康发展，而且直接关系到广大人民群众的切身利益。各地建设行政主管部门和工程建设各方责任主体要从实践“三个代表”重要思想的高度，充分认识当前做好住宅工程质量工作的重要意义，增强搞好住宅工程质量的紧迫感和使命感。各地要根据本地区经济发展水平和住宅工程质量的现状，确立提高住宅工程质量的阶段目标和任务，确保住宅工程结构安全和使用功能。各地要通过开展创建“无质量通病住宅工程”和“精品住宅工程”活动，不断促进住宅工程质量总体水平的提高。

二、突出重点环节，强化工程建设各方主体的质量管理责任

（一）建设单位(含开发企业，下同)是住宅工程质量的第一责任者，对建设的住宅工程的质量全面负责。建设单位应设立质量管理机构并配备相应人员，加强对设计和施工质量的过程控制和验收管理。在工程建设中，要保证合理工期、造价和住宅设计标准，不得擅自变更已审查批准的施工图设计文件等。

要综合、系统地考虑住宅小区的给水、排水、供暖、燃气、电气、电讯等管网系统的统一设计、施工，编制统一的管网综合图，在保证各专业技术标准要求的前提下，合理安排管线，统筹设计和施工。

建设单位应在住宅工程的显著部位镶刻铭牌，将工程建设的有关单位名称和工程竣工日期向社会公示。

（二）开发企业应在房屋销售合同中明确因住宅工程质量原因所产生的退房和保修的具体内容以及保修赔偿方式等相关条款。保修期内发生住宅工程质量投诉的，由开发企业负责查明责任，并组织有关责任方解决质量问题。暂时无法落实责任的，开发企业也应先行解决，待质量问题的原因查明后由责任方承担相关费用。

（三）设计单位应严格执行国家有关强制性技术标准，注重提高住宅工程的科技含量。要坚持以人为本，注重生态环境建设和住宅内部功能设计，在确保结构安全的基础上，保证设计文件能够满足对日照、采光、隔声、节能、抗震、自然通风、无障碍设计、公共卫生和居住方便的需要，并对容易产生质量通病的部位和环节，尽量优化细化设计做法。

（四）施工单位应严格执行国家《建筑工程施工质量验收规范》，强化施工质量过程控制，保证各工序质量达到验收规范的要求。要制定本企业的住宅工程施工工艺标准，结合工程实际，落实设计图纸会审中保证施工质量的设计交底措施，对容易产生空鼓、开裂、渗漏等质量通病的部位和容易影响空气质量的厨房、卫生间管材等环节，采取相应的技术保障措施。

（五）监管单位应针对工程的具体情况制定监理规划和监理实施细则，按国家技术标准进行验收，工序质量验收不合格的，不得进行下道工序。要将住宅工程结构质量、使用功能和建筑材料对室内环境的污染作为监理工作的控制重点，并按有关规定做好旁站监理和见证取样工作，特别是要做好厕浴间蓄水试验等重要使用功能的检查工作。

三、采取有效措施，切实加强对住宅工程质量的监督管理

（一）各地建设行政主管部门要加大对住宅工程质量的监管力度。对工程建设各方违法违规降低住宅工程质量的行为，要严格按照国家有关法律法规进行处罚。

对工程造价和工期明显低于本地区一般水平的住宅工程，要作为施工图审查和工程质量监督的重点。特别要加大对经济适用房、旧城改造回迁房以及城乡结合部商品房的设计和施工质量的监管力度。对检查中发现问题较多的住宅工程，要加大检查频次，并将其列入企业的不良记录。

（二）要加强对住宅工程施工图设计文件的审查，要对结构安全、容易造成质量通病的设计和厨房、卫生间的设计是否符合强制性条文进行重点审查。

（三）各地建设行政主管部门要对进行住宅工程现场的建筑材料、构配件和设备加强监督抽查，强化对住宅工程竣工验收前的室内环境质量检测工作的监督。

（四）各地建设行政主管部门要加强对住宅工程竣工验收备案工作的管理，将竣工验收备案情况及时向社会公布。单体住宅工程未经竣工验收备案的，不得进行住宅小区的综合验收。住宅工程经竣工验收备案后，方可办理产权证。

（五）各地建设行政主管部门要完善住宅工程质量投诉处理制度，对经查实的违法违规行为应依法进行处罚。要建立住宅工程的工程质量信用档案，将建设过程中违反工程建设强制性标准和使用后投诉处理等情况进行记录，并向社会公布。

四、加强政策引导，依靠科技进步，不断提高住宅工程质量

（一）各地建设行政主管部门要充分发挥协会、科研单位和企业的技术力量，针对本地区的住宅工程质量通病，研究制定克服住宅工程质量通病技术规程，积极开展质量通病专项治理。要结合创建“精品住宅工程”的活动，制定地方或企业的质量创优评审技术标准，并建立相应的激励机制。

（二）各地建设行政主管部门要结合本地区实际，积极推行住宅产业现代化，完善住宅性能认定和住宅部品认证、淘汰制度。大力推广建筑业新技术示范工程的经验，及时淘汰住宅工程建设中的落后产品、施工机具和工艺。

（三）各地建设行政主管部门要积极组织开展住宅工程质量保证的试点工作，鼓励实行住宅工程的工程质量保险制度，引导建设单位积极投保。

（四）各地建设行政主管部门要培育和发展住宅工程质量评估中介机构。当用户与开发企业对住宅工程的质量问题存在较大争议时，可委托具有相应资质的工程质量检测机构进行检测。逐步建立住宅工程质量评估和工程质量保险相结合的工程质量纠纷处理仲裁机制。

中华人民共和国建设部

二〇〇四年一月三十日

关于印发《“采用不符合工程建设强制性标准的新技术、新工艺、新材料核准”行政许可实施细则》的通知

建标［2005］124号

各省、自治区建设厅，直辖市建委，新疆生产建设兵团建设局，国务院有关部门：

为加强对“采用不符合工程建设强制性标准的新技术、新工艺、新材料核准”行政许可(简称“三新核准”)事项的管理，规范建设市场的行为，确保建设工程的质量和安全，促进建设领域的技术进步，我部根据《行政许可法》、《建设工程勘察设计管理条例》、《关于建设部机关直接实施的行政许可事项有关规定和内容的公告》以及《建设部机关实施行政许可工作规程》等有关规定，结合“三新核准”事项的特点，组织制定了《“采用不符合工程建设强制性标准的新技术、新工艺、新材料核准”行政许可实施细则》。现印发给你们，请遵照执行。

中华人民共和国建设部

二〇〇五年七月二十日

第一章　总　　则

第一条　为加强工程建设强制性标准的实施与监督，规范“采用不符合工程建设强制性标准的新技术、新工艺、新材料核准”行政许可事项的管理，根据《行政许可法》、《建设工程勘察设计管理条例》、《关于建设部机关直接实施的行政许可事项有关规定和内容的公告》以及《建设部机关实施行政许可工作规程》等有关法律、法规和规定，制定本实施细则。

第二条　本实施细则适用于“采用不符合工程建设强制性标准的新技术、新工艺、新材料核准”行政许可(以下简称“三新核准”)事项的申请、办理与监督管理。

本实施细则所称“不符合工程建设强制性标准”是指与现行工程建设强制性标准不一致的情况，或直接涉及建设工程质量安全、人身健康、生命财产安全、环境保护、能源资源节约和合理利用以及其他社会公共利益，且工程建设强制性标准没有规定又没有现行工程建设国家标准、行业标准和地方标准可依的情况。

第三条　在中华人民共和国境内的建设工程，拟采用不符合工程建设强制性标准的新技术、新工艺、新材料时，应当由该工程的建设单位依法取得行政许可，并按照行政许可决定的要求实施。

未取得行政许可的，不得在建设工程中采用。

第四条　国务院建设行政主管部门负责“三新核准”的统一管理，由建设部标准定额司具体办理。

第五条 国务院有关行政主管部门的标准化管理机构出具本行业“三新核准”的审核意见，并对审核意见负责；

省、自治区、直辖市建设行政主管部门出具本行政区域“三新核准”的审核意见，并对审核意见负责。

第六条 法律、法规另有规定的，按照相关的法律、法规的规定执行。

第二章 申请与受理

第七条 申请“三新核准”的事项，应当符合下列条件：

（一）申请事项不符合现行相关的工程建设强制性标准；

（二）申请事项直接涉及建设工程质量安全、人身健康、生命财产安全、环境保护、能源资源节约和合理利用以及其他社会公共利益；

（三）申请事项已通过省级、部级或国家级的鉴定或评估，并经过专题技术论证。

第八条 建设部标准定额司应在指定的办公场所、建设部网站等公布审批“三新核准”的依据、条件、程序、期限、所需提交的全部资料目录以及申请书示范文本等。

第九条 申请“三新核准”时，建设单位应当提交下列材料：

（一）《采用不符合工程建设强制性标准的新技术、新工艺、新材料核准申请书》（见附件一）；

（二）采用不符合工程建设强制性标准的新技术、新工艺、新材料的理由；

（三）工程设计图（或施工图）及相应的技术条件；

（四）省级、部级或国家级的鉴定或评估文件，新材料的产品标准文本和国家认可的检验、检测机构的意见（报告），以及专题技术论证会纪要；

（五）新技术、新工艺、新材料在国内或国外类似工程应用情况的报告或中试（生产）试验研究情况报告；

（六）国务院有关行政主管部门的标准化管理机构或省、自治区、直辖市建设行政主管部门的审核意见。

第十条 《采用不符合工程建设强制性标准的新技术、新工艺、新材料核准申请书》（示范文本）可向国务院有关行政主管部门的标准化管理机构或省、自治区、直辖市建设行政主管部门申领，也可在建设部网站下载。

第十一条 专题技术论证会应当由建设单位提出和组织，在报请国务院有关行政主管部门的标准化管理机构或省、自治区、直辖市建设行政主管部门的标准化管理机构同意后召开。

专题技术论证会应有相应标准的管理机构代表、相关单位的专家或技术人员参加，专家组不得少于7人，专家组成员应具备高级技术职称并熟悉相关标准的规定。

专题技术论证会纪要应当包括会议概况、不符合工程建设强制性标准的情况说明、应用的可行性概要分析、结论、专家组成员签字、会议记录。专题技术论证会的结论应当由专家组全体成员认可，一般包括：不同意、同意、同意但需要补充有关材料或同意但需要按照论证会提出的意见进行修改。

第十二条 国务院有关行政主管部门的标准化管理机构或省、自治区、直辖市建设行政主管部门出具审核意见时，应全面审核建设单位提交的专题技术论证会纪要和其他有关材料，必要时可召开专家会议进行复核。审核意见应加盖公章，审核材料应归档。

审核意见应当包括同意或不同意。对不同意的审核意见应当提出相应的理由。

第十三条 建设单位应对申请材料实质内容的真实性负责。主管部门不得要求建设单位提交与其申请的行政许可事项无关的技术材料和其他材料，对建设单位提出的需要保密的材料不得对外公开。任何单位或个人不得擅自修改申报资料，属特殊情况确需修改的应符合有关规定。

第十四条 建设单位向国务院建设行政主管部门提交“三新核准”材料时应同时提交其电子文本。

第十五条 建设部标准定额司统一受理“三新核准”的申请，并应当在收到申请后，根据下列情况分别作出处理：

（一）对依法不需要取得“三新核准”或者不属于核准范围的，申请人隐瞒有关情况或者提供虚假材料的，按照附件二的要求即时制作《建设行政许可不予受理通知书》，发送申请人；

（二）对申请材料存在可以当场更正的错误的，应当允许申请人当场更正；

（三）对属于符合材料申报要求的申请，按照附件三的要求即时制作《建设行政许可申请材料接收凭证》，发送申请人；

（四）对申请材料不齐全或者不符合法定形式的申请，应按照附件四的要求当场或者在五个工作日内制作《建设行政许可补正材料通知书》，发送申请人。逾期不告知的，自收到申请材料之日起即为受理；

（五）对属于本核准职权范围，材料(或补正材料)齐全、符合法定形式的行政许可申请，按照附件五的要求在五个工作日内制作《建设行政许可受理通知书》，发送申请人。

第三章　审 查 与 决 定

第十六条 建设部标准定额司受理申请后，按照建设部行政许可工作的有关规定和评审细则(另行制定)的要求，组织有关专家对申请事项进行审查，提出审查意见。

第十七条 建设部标准定额司对依法需要听证、检验、检测、鉴定、咨询评估、评审的申请事项，应按照附件六的要求制作《建设行政许可特别程序告知书》，告知申请人所需时间，所需时间不计算在许可期限内。

第十八条 建设部标准定额司自受理“三新核准”申请之日起，在二十个工作日内作出行政许可决定。情况复杂，不能在规定期限内作出决定的，经分管部长批准，可以延长十个工作日，并按照附件七的要求制作《建设行政许可延期通知书》，发送申请人，说明延期理由。

第十九条 建设部标准定额司根据审查意见提出处理意见：

（一）对符合法定条件的，按照附件八的要求制作《准予建设行政许可决定书》；

（二）对不符合法定条件的，按照附件九的要求制作《不予建设行政许可决定书》，说明理由，并告知申请人享有依法申请行政复议或者提起行政诉讼的权利。

第二十条 建设部依法作出建设行政许可决定后，建设部标准定额司应当自作出决定之日起十个工作日内将《准予建设行政许可决定书》或《不予建设行政许可决定书》，发送申请人。

第二十一条 对于建设部作出的“三新核准”准予行政许可决定，建设部标准定额司应在建设部网站等媒体予以公告，供公众免费查阅，并将有关资料归档保存。

第二十二条 对于建设部已经作出准予行政许可决定的同一种新技术、新工艺或新材料，需要在其他相同类型工程中采用，且应用条件相似的，可以由建设单位直接向建设部标准定额司提出行政许可申请，并提供本实施细则第九条(一)、(二)、(三)规定的材料和原《准予建设行政许可决定书》，依法办理行政许可。

第四章 听证、变更与延续

第二十三条 “三新核准”事项需要听证的，应当按照《建设行政许可听证工作规定》(建法［2004］108号)办理。建设部标准定额司应当按照附件十、十一、十二的要求制作《建设行政许可听证告知书》、《建设行政许可听证通知书》、《建设行政许可听证公告》。

第二十四条 被许可人要求变更“三新核准”事项的，应当向建设部标准定额司提出变更申请。变更申请应当阐明变更的理由、依据，并提供相关材料。

第二十五条 当符合下列条件时，建设部标准定额司应当依法办理变更手续。

(一) 被许可人的法定名称发生变更的；

(二) 行政许可决定所适用的工程名称发生变更的。

第二十六条 被许可人提出变更行政许可事项申请的，建设部标准定额司按规定在二十个工作日内依法办理变更手续。对符合变更条件的应当按照附件十三的要求制作《准予变更建设行政许可决定书》；对不符合变更条件的，应当按照附件十四的要求制作《不予变更建设行政许可决定书》，发送被许可人。

第二十七条 发生下列情形之一时，建设部可依法变更或者撤回已经生效的行政许可，建设部标准定额司应当按照附件十五的要求制作《变更、撤回建设行政许可决定书》，发送被许可人。

(一) 建设行政许可所依据的法律、法规、规章修改或者废止；

(二) 建设行政许可所依据的客观情况发生重大变化的。

第二十八条 被许可人在行政许可有效期届满三十个工作日前提出延续申请的，建设部标准定额司应当在该行政许可有效期届满前提出是否准予延续的意见，按照附件十六、十七的要求制作《准予延续建设行政许可决定书》或《不予延续建设行政许可决定书》，发送被许可人。逾期未作决定的，视为准予延续。

被许可人在行政许可有效期届满后未提出延续申请的，其所取得的“三新核准”《准予建设行政许可决定书》将不再有效。

第二十九条 被许可人所取得的“三新核准”《准予建设行政许可决定书》在有效期内丢失，可向建设部标准定额司阐明理由，提出补办申请，建设部标准定额司按规定在二十个工作日内依法办理补发手续。

第五章 监 督 检 查

第三十条 建设部标准定额司应按照《建设部机关对被许可人监督检查的规定》，加强对被许可人从事行政许可事项活动情况的监督检查。

第三十一条 国务院有关行政主管部门或各地建设行政主管部门应当对本行业或本行政区域内“三新核准”事项的实施情况进行监督检查。

第三十二条 建设部标准定额司根据利害关系人的请求或者依据职权，可以依法撤销、注销行政许可，按照附件十八的要求制作《撤销建设行政许可决定书》和附件十九的要求制作《注销建设行政许可决定书》发送被许可人。

第三十三条 国务院有关行政主管部门或各地建设行政主管部门对“三新核准”事项进行监督检查，不得收取任何费用。但法律、行政法规另有规定的，依照其规定。

第六章 附 则

第三十四条 本细则由建设部负责解释。

第三十五条 本细则自发布之日起实施。

关于做好《住宅建筑规范》、《住宅性能评定技术标准》和《绿色建筑评价标准》宣贯培训工作的通知

建办标函［2006］183号

各省、自治区建设厅，直辖市建委，新疆生产建设兵团建设局，各有关单位：

为贯彻落实中央关于构建社会主义和谐社会、建设节约型社会和大力发展节能省地型住宅和公共建筑等有关精神，我部会同国家质量监督检验检疫总局，先后发布实施了国家标准《住宅建筑规范》GB 50368—2005、《住宅性能评定技术标准》GB/T 50362—2005、《绿色建筑评价标准》GB/T 50378—2006。为做好这三项国家标准宣贯培训工作，现将有关事项通知如下：

一、进一步提高对标准重要性的认识

工程建设标准是从事建设活动的技术依据和准则，实施工程建设标准是贯彻落实党和国家有关方针政策以及法律法规的具体体现。近年来，我部围绕房屋建筑组织制定并发布实施了一大批技术标准规范，明确了相关的强制性条文，基本涵盖了房屋建筑的各个方面，对指导具体建筑活动发挥了作用。根据中央经济工作会议提出大力发展节能省地型住宅，制定并强制推行更严格的节能节材节水标准的要求，我部针对住宅建筑的特点，从住宅的总体性能出发，重点突出与节能、节水、节材、节地以及安全有关的技术要求，组织编制了《住宅建筑规范》、《住宅性能评定技术标准》和《绿色建筑评价标准》，作为住宅建筑的基本技术要求，将更好地推动住宅建筑健康发展。

二、认真组织有关人员参加师资培训

加强标准的宣贯培训是确保工程建设标准得到贯彻实施的基本要求。为确保标准中有关规定得到准确理解和掌握，我部委托中国建筑科学研究院、建设部住宅产业化促进中心等单位，自2006年4月起，举办师资培训班，为各地开展标准培训活动提供师资力量。请各省、自治区、直辖市建设行政主管部门统一选派培训从事住宅建设的有关专业技术人员参加，并不少于10人。师资培训的具体安排另行通知。

三、因地制宜开展标准的宣贯培训工作

《住宅建筑规范》是我国的一项以住宅建筑为一个完整的对象，从住宅的性能、功能和目标的基本技术要求出发，在现有《强制性条文》和现行有关标准的基础上，全文提出对住宅建筑的强制性要求。《住宅性能评定技术标准》和《绿色建筑评价标准》，是在《住宅建筑规范》的基础上，进一步引导住宅建筑向更加科学合理、更加节约能源资源、更加注重性能要求的方向发展，将对我国住宅建筑的建设、使用、维护、管理发挥重要作用。

因此，各地要结合本地工作实际，认真组织宣贯工作方案和培训计划，采取有力措施，因地制宜地开展形式多样的宣贯培训工作，切实取得成效，确保从事住宅工程建设的有关主要管理人员和技术人员普遍得到轮训，提高贯彻执行标准的自觉性。

中华人民共和国建设部
二〇〇六年三月三十一日